全国中等职业技术学校电子类专业教材

电子 CAD
（第二版）

人力资源社会保障部教材办公室组织编写

中国劳动社会保障出版社

简介

本书分为电路原理图绘制和印制电路板设计两个模块，主要内容包括运用 Protel DXP 2004 软件绘制、设计电路原理图，编辑、制作电路原理图元件，创建、分析原理图报表信息，设计双面、单面印制电路板，编辑、制作元件封装等。

本书由阮艳主编，李琼副主编，李军参加编写；都晔凯主审，朱文彬参审。其中，模块一的任务 1 ~ 任务 5 由阮艳编写；模块二的任务 2 ~ 任务 4 由李琼编写；模块一的任务 6 和模块二的任务 1 及附录由李军编写。

图书在版编目（CIP）数据

电子 CAD/人力资源社会保障部教材办公室组织编写. —2 版. —北京：中国劳动社会保障出版社，2017

全国中等职业技术学校电子类专业教材

ISBN 978 - 7 - 5167 - 3053 - 9

Ⅰ.①电… Ⅱ.①人… Ⅲ.①印刷电路-计算机辅助设计-应用软件-中等专业学校-教材 Ⅳ.①TN410.2

中国版本图书馆 CIP 数据核字(2017)第 149568 号

中国劳动社会保障出版社出版发行

（北京市惠新东街 1 号 邮政编码：100029）

*

河北品睿印刷有限公司印刷装订 新华书店经销

787 毫米 × 1092 毫米 16 开本 12.5 印张 252 千字

2017 年 7 月第 2 版 2025 年 6 月第11次印刷

定价：23.00 元

营销中心电话：400-606-6496

出版社网址：http://www.class.com.cn

http://jg.class.com.cn

前　言

为了更好地适应全国中等职业技术学校电子类专业的教学要求，全面提升教学质量，人力资源社会保障部教材办公室组织有关学校的骨干教师和行业、企业专家，对全国中等职业技术学校电子类专业教材进行了修订和补充开发。此项工作以人力资源社会保障部颁布的《技工院校电子类通用专业课教学大纲（2016）》《技工院校电子技术应用专业教学计划和教学大纲（2016）》《技工院校音像电子设备应用与维修专业教学计划和教学大纲（2016）》《技工院校通信终端设备制造与维修专业教学计划和教学大纲（2016）》为依据，充分调研了企业生产和学校教学情况，广泛听取了教师对现行教材使用情况的反馈意见，吸收和借鉴了各地职业技术院校教学改革的成功经验。

教材体系

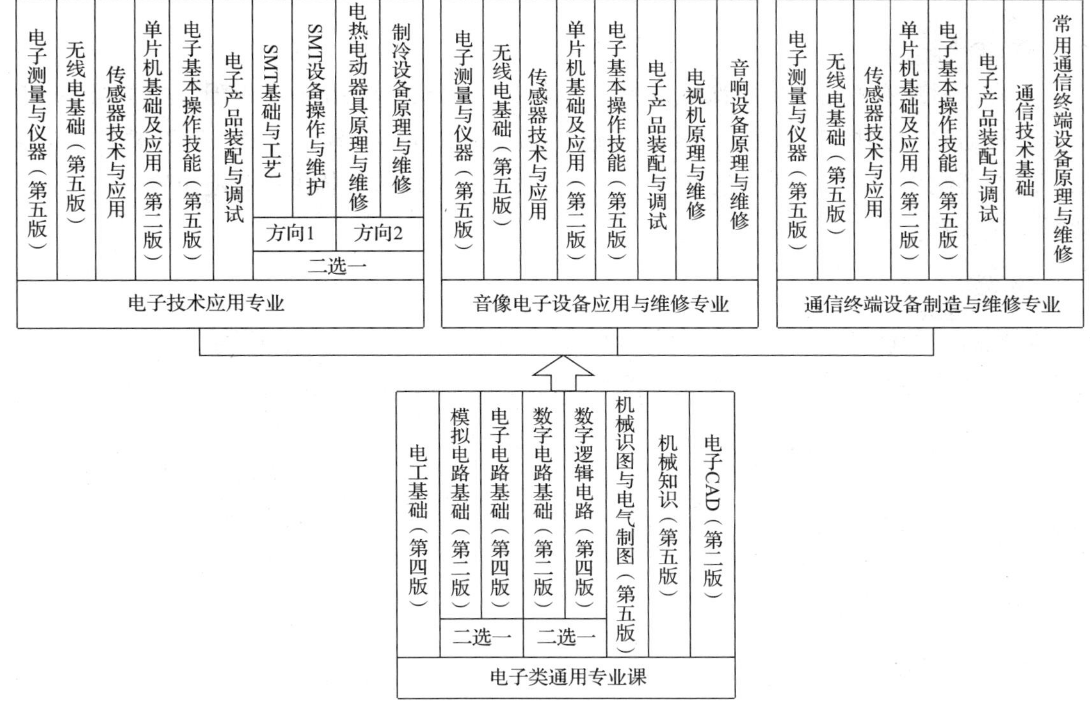

使用对象

电子技术应用专业、音像电子设备应用与维修专业、通信终端设备制造与维修专业中级、高级两个层次和以下 3 种学制：

- 初中毕业生 3 年学制培养中级工
- 高中毕业生 3 年学制培养高级工（中级阶段）
- 初中毕业生 5 年学制培养高级工（中级阶段）

编写特色

◆ **紧贴国家职业标准** 紧密贴合《中华人民共和国职业分类大典（2015 年版）》中对广电和通信设备电子装接工、广电和通信设备调试工、家用电器产品维修工、家用电子产品维修工等职业的职业能力要求，同时参照相关国家职业标准。

◆ **体现行业技术发展** 根据电子行业的最新发展，在教材中充实了电子产品表面贴装、数字电视维修、智能手机维修等方面的新技术，体现教材的先进性。

◆ **注重职业能力培养** 根据就业岗位对技能型人才所需能力的要求，进一步加强实践性教学内容。同时，在教材中突出对学生获取信息、与人交流、分析解决问题以及自学等职业能力的培养。

◆ **符合学生阅读习惯** 在教材内容的呈现形式上，尽可能使用图片、实物照片和表格等形式将知识点生动地展示出来，力求让学生更直观地理解和掌握所学内容。

教学服务

本套教材配有方便教师上课使用的电子课件，部分教材还配有习题册，电子课件等教学资源可通过中国技工教育网（http://jg.class.com.cn）下载。此外，针对教材中的重点、难点还制作了动画、视频等多媒体素材，使用移动终端扫描书中相应位置处的二维码即可在线观看。

致谢

本次教材的修订工作得到了江苏、山东、河南、湖北、广东、广西、四川等省（自治区）人力资源社会保障厅及有关学校的大力支持，在此我们表示诚挚的谢意。

人力资源社会保障部教材办公室

2017 年 6 月

目　录

模块一　电路原理图绘制

电子 CAD 的基本功能是借助计算机及相关软件完成电子产品从设计构思、电学设计到物理结构设计的全过程。使用目前较为实用的 Protel DXP 2004 软件进行电路板设计的总体流程如图 1—0—1 所示。

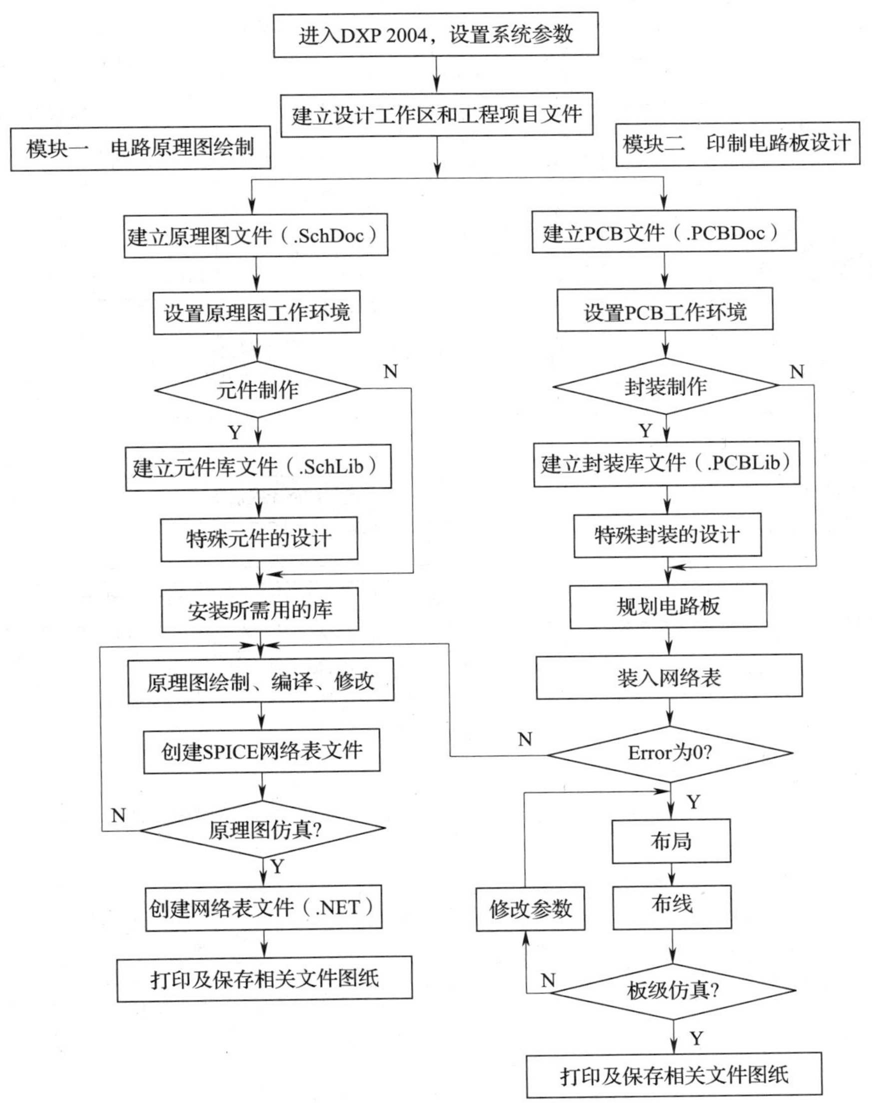

图 1—0—1　电路板设计总体流程图

模块一涉及图 1—0—1 中的左侧内容，其目标是在识读电路原理图基础上，利用 Protel DXP 2004 进行电路原理图绘制，如图 1—0—2 所示，从简单电路原理图绘制入手，到复杂电路原理图绘制，电路原理图绘制后创建、分析报表信息，并对电路原理图进行修改和完善。

模块二涉及图 1—0—1 中的右侧内容，即运用 Protel DXP 2004 实现电路系统设计的最终目标——PCB 设计，如图 2—1—1 所示。在识读印制电路板及其 PCB 图基础上，进行从简单双面 PCB 自动设计到单面 PCB 手动设计以及元件封装的编辑设计，并进行 PCB 设计后的处理。

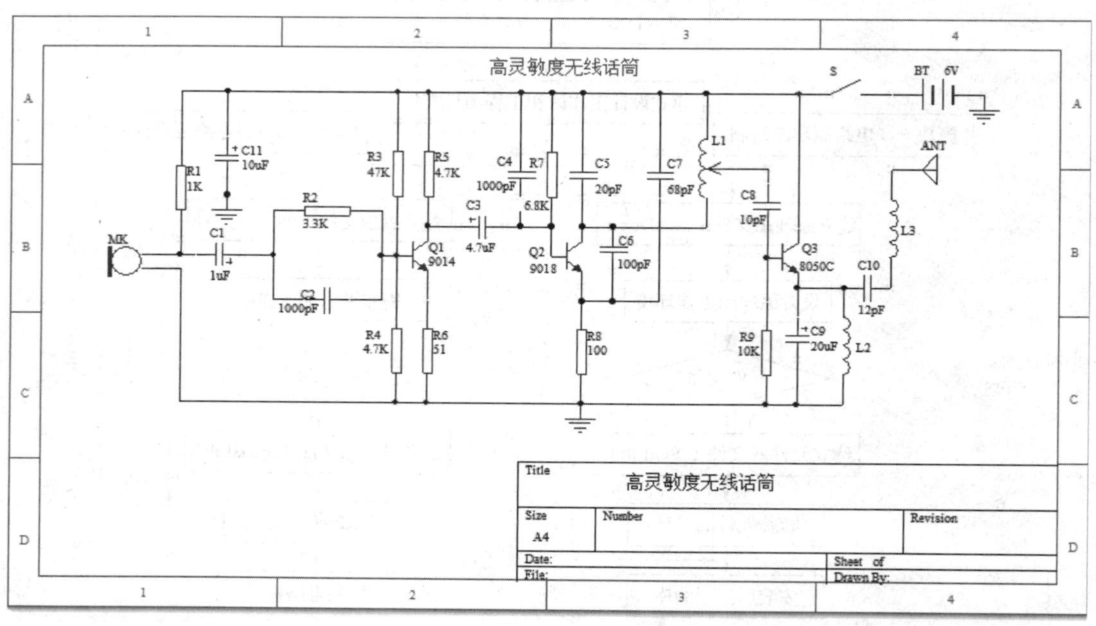

图 1—0—2　电路原理图

课题一　电路原理图绘制初步

本课题为电子 CAD 的基础入门知识，主要介绍 Protel DXP 2004 软件安装及其功能，并在识读电路原理图的基础上，利用 Protel DXP 2004 原理图编辑器绘制简单电路原理图。

任务1　绘 图 准 备

学习目标

1. 掌握 Protel DXP 2004 的安装、启动方法。
2. 熟悉 Protel DXP 2004 的主窗口界面、系统参数的设置方法及文件管理模式。
3. 了解各类电路板设计文件之间的关系。

任务引入

使用 Protel DXP 2004 进行电路板设计之前，应了解该软件的特性及功能、安装软件的方法，熟悉操作环境及窗口界面，做好如下准备工作：

1. 安装 Protel DXP 2004 软件。
2. 启动并进入 Protel DXP 2004 环境，认识操作环境及窗口界面，包括常用菜单及工具栏的功能，并对相关系统参数进行设置。
3. 创建一个电路板设计工程文件，取名为“第一次设计.PrjPCB”，并保存在规定的路径下。在该设计工程中创建各类设计文件，并对各文件进行复制、删除等操作。

任务分析

与其他应用软件一样，Protel DXP 2004 的安装采用向导方式按提示进行。为了创建各类设计文件，首先应熟悉软件环境界面的菜单、工具栏等。本任务流程如图 1—1—1 所示。

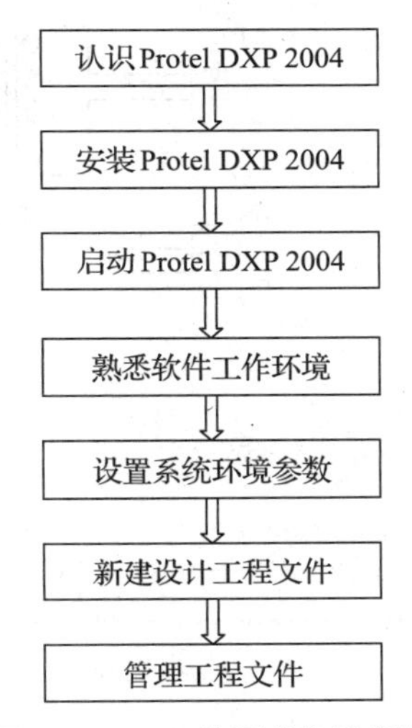

图 1—1—1　绘图准备流程图

一、Protel DXP 2004 概述

随着科技发展的突飞猛进，电路设计自动化（Electronic Design Automation，EDA）已成为不可逆转的时代潮流，而计算机辅助电路设计软件（如 Cadence Allegro、PowerPCB、GENESIS、PADS、OrCAD、Protel）已成为电子电路设计不可或缺的工具。其中，Altium 公司于 2002 年推出 Protel DXP，随后陆续发布 Protel、Altium Designer 6.9、Altium Designer 09、Altium Designer 10 及 Altium Designer 16 等，不断完善元器件库及软件功能，使电子电路设计更智能、快捷、高效，是目前国内使用较为广泛的电子 CAD 软件。综合考虑初学者对软件学习的易学、易用性，及软件对硬件设备的需求，本教材以目前应用较多的 Protel DXP 2004 SP2（汉化版）进行讲解。

1．Protel DXP 2004 体系结构

Protel DXP 2004 采用优化的设计浏览器（Design Explorer），集成程度在 PCB 设计领域很独特，主要由以下功能模块组成（本书主要涉及前两个模块）：

（1）原理图（Schematics）设计编辑模块。主要用于电路原理图设计，为印制电路板设计、制作做好前期准备。如图 1—1—2 所示为一张完整的电路原理图。

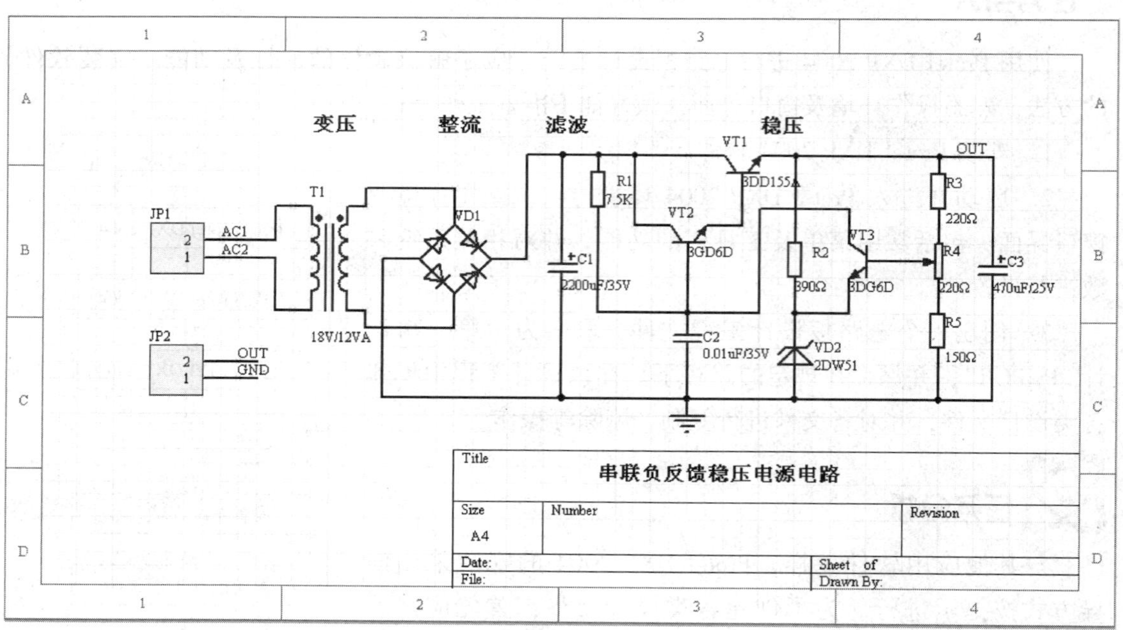

图 1—1—2　电路原理图

(2) 印制电路板 (PCB) 设计模块。主要用于印制电路板设计，如图 1—1—3 所示为根据原理图 1—1—2 设计的 PCB 图。

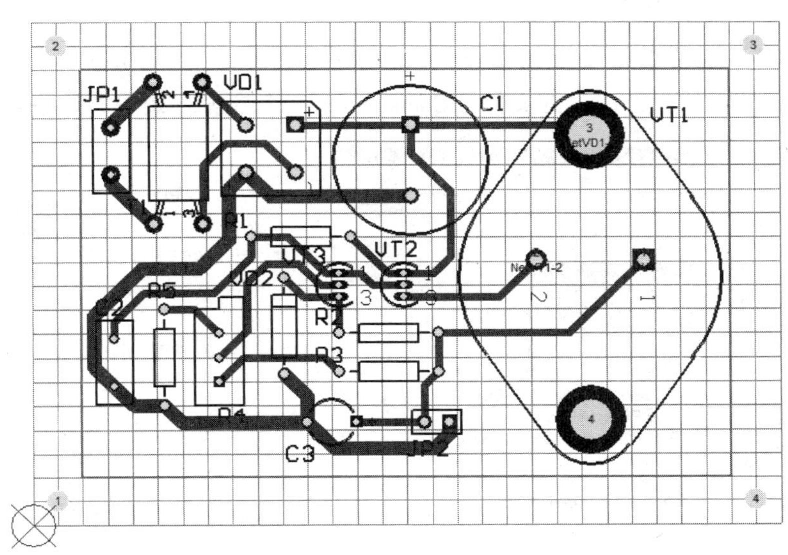

图 1—1—3　PCB 图

(3) 信号模拟仿真模块。主要对电路原理图中的电路信号进行模拟仿真，从而分析电路的工作状态以及电路原理图的合理性。

(4) 现场可编程门阵列 (FPGA) 电路设计模块。它是专用集成电路领域中的一种半定制电路，既解决了定制电路的不足，又克服了原有可编程器件门电路数有限的缺点。

(5) 硬件描述语言 (VHDL) 设计编译模块。主要用于描述数字系统的结构、行为、功能和接口。

2. Protel DXP 2004 运行环境要求

可按照表 1—1—1 推荐的计算机系统配置要求运行该软件。

表 1—1—1　　Protel DXP 2004 运行环境硬件配置

主要指标	基本配置	推荐配置
操作系统	Windows 2000 Professional	Windows XP 或 Windows 7
CPU 主频	Pentium PC 500 MHz	Pentium PC 1.2 GHz 或更高处理器
内存	128 MB	512 MB
硬盘空间	620 MB	1 GB
显示器	分辨率 1 024×768，增强 16 色	分辨率 1 280×1 024，真彩 32 色
显存	8 MB	32 MB

二、Protel DXP 中的文件

1．设计文件组织结构

Protel DXP 引入了设计工程的概念，设计文件分为工作区（Workspace）、工程项目（Project）和含有具体设计内容的文件（Document）三个层次，如图 1—1—4 所示。

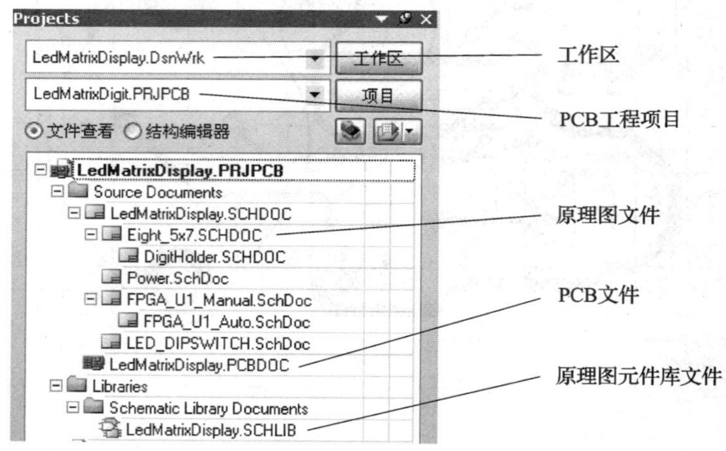

图 1—1—4　设计文件组织结构

工作区文件（扩展名为 . DsnWrk）是关于工作区的文本文件，总管一个大型设计任务的所有文件，具有链接作用，记录其所管辖下各种文件的有关信息，以便集成环境调用。工作区可包含多个工程项目，有 PCB 工程（扩展名为 . PrjPCB）、FPGA 工程、Integrated Library 工程等。不同工程项目又包含如原理图文件、PCB 文件、库文件等各种具体内容文件。

2．Protel DXP 2004 的文件类型

Protel DXP 2004 中主要设计文件及其扩展名见表 1—1—2。

表 1—1—2　　Protel DXP 2004 主要设计文件及其扩展名

主要设计文件	扩展名	主要设计文件	扩展名
工作区	. DsnWrk	原理图文件	. SchDoc
PCB 设计工程	. PrjPCB	PCB 文件	. PCBDoc
FPGA 设计工程	. PrjFpg	原理图元件库文件	. SchLib
VHDL 设计文件	. Vhd	PCB 封装库文件	. PCBLib
工程组文件	. PrjGrp	集成库文件	. IntLib
辅助制造工艺文件	. Cam	文本文件	. Txt

任务实施

一、安装和启动 Protel DXP 2004

1. 安装 Protel DXP 2004

在 Windows XP 操作系统（或 Win 7 系统）中运行安装文件，按照“安装向导”提示安装，步骤如下：

（1）打开 Protel DXP 2004 源文件所在路径（光盘或硬盘），双击 setup. exe 文件，进入如图 1—1—5 所示的初始安装向导界面。

图 1—1—5　初始安装向导界面

（2）单击 Next > ，进入如图 1—1—6 所示的对话框，接受软件使用协议。

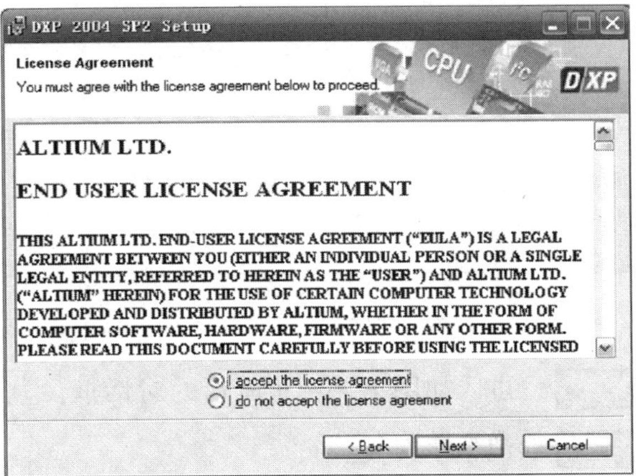

图 1—1—6　许可说明

（3）单击 Next >，进入如图 1—1—7 所示的对话框，填入用户名及单位，并限定软件使用权限。

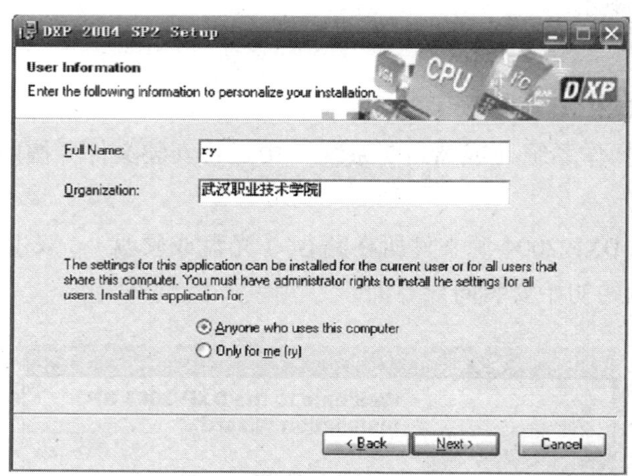

图 1—1—7　用户信息

（4）单击 Next >，进入如图 1—1—8 所示的对话框，指定软件安装路径。若需修改软件安装路径，可单击 Browse，选择合适的安装位置。安装过程中可随时单击 < Back，返回前面步骤重新设置。

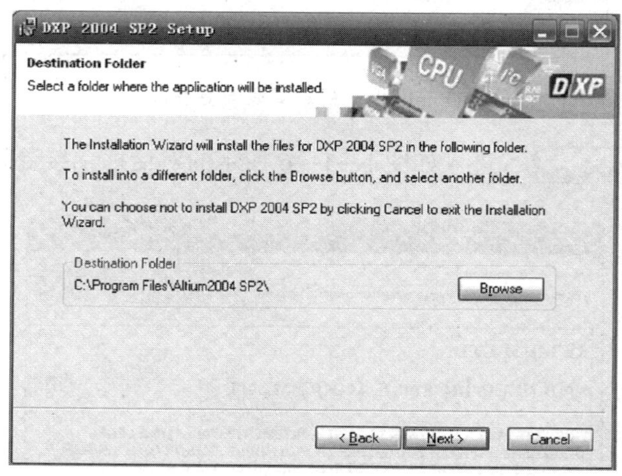

图 1—1—8　安装路径

（5）单击 Next >，进入如图 1—1—9 所示的对话框，显示安装进度。安装过程中可随时单击 Cancel 取消程序安装。

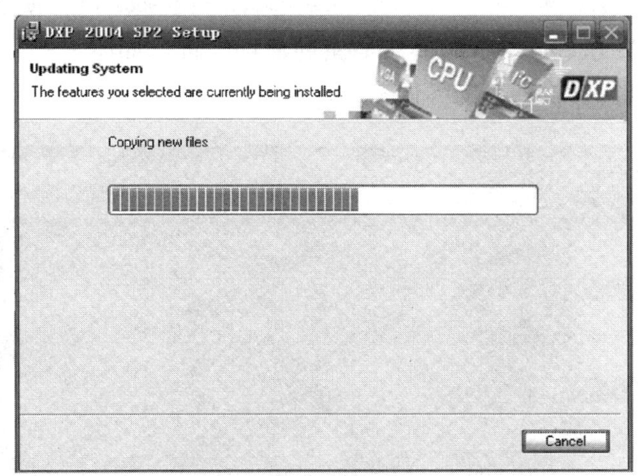

图 1—1—9　安装进度显示

（6）等待一段时间后提示安装完成，单击 Finish ，完成 Protel DXP 2004 软件的安装。

2. 启动 Protel DXP 2004

启动 Protel DXP 2004 的三种方式：

（1）方式一：双击桌面快捷图标。

（2）方式二：在 Windows XP 操作系统中执行 Windows 的菜单命令【开始】/【所有程序】/【Altium SP2】/【DXP 2004 SP2】。

（3）方式三：进入软件所在的安装路径中，执行 dxp. exe 文件即可。

打开的 Protel DXP 2004 系统设计主界面如图 1—1—10 所示。

二、熟悉 Protel DXP 2004 操作环境

1. Protel DXP 2004 主界面

如图 1—1—10 所示，主界面从上到下依次为标题栏、菜单栏、工具栏；从左至右分别为项目管理器面板（文件栏）和工作区（图纸）。工作区底部和右侧分别有不同的面板标签，可通过单击相应面板标签而出现其对话框或进行工作面板切换。

2. Protel DXP 2004 系统设置

（1）系统中英文界面切换。系统默认的设计界面为英文，因其支持中文菜单方式，可进行中英文界面的切换设置：

首先执行图 1—1—10 左上角的【 DXP 】/【Preferences…】命令，弹出如图 1—1—11 所示的对话框，展开左侧的“DXP System”，打开“General”选项，在对应

的右下端找到“Localization”选项，并在“Use localized resources”复选框内打“√”，经提示后确定即可。关闭 Protel DXP 2004 后重新启动，进入如图 1—1—12 所示中文界面。重新还原上述操作即可切换回英文界面。

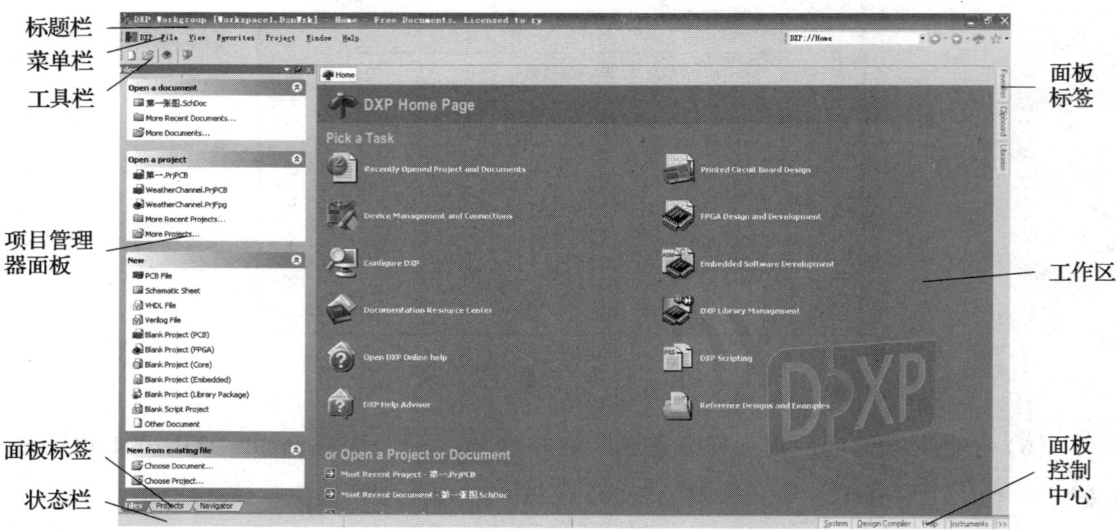

图 1—1—10　Protel DXP 2004 主界面

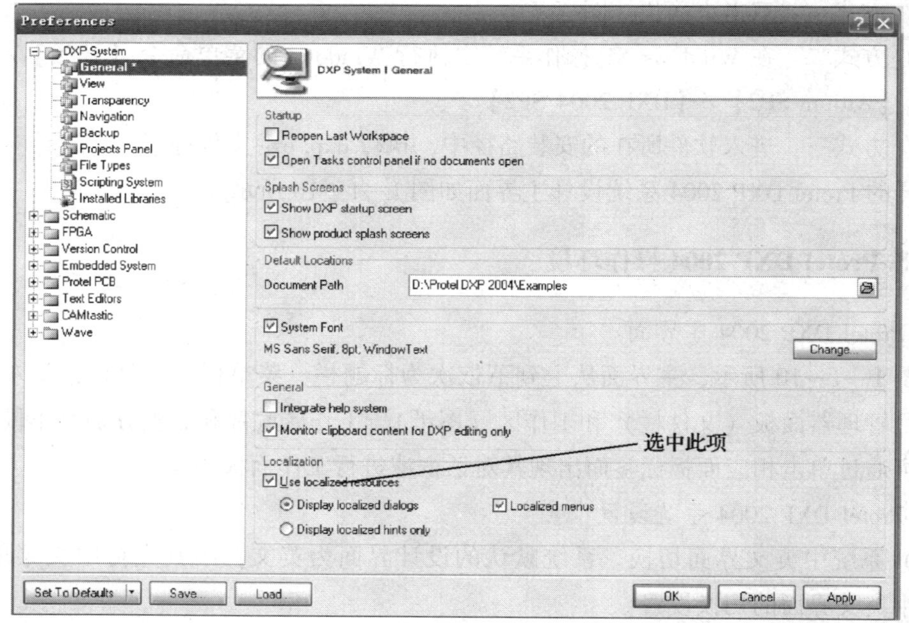

图 1—1—11　Protel DXP 2004 中英文界面切换设置

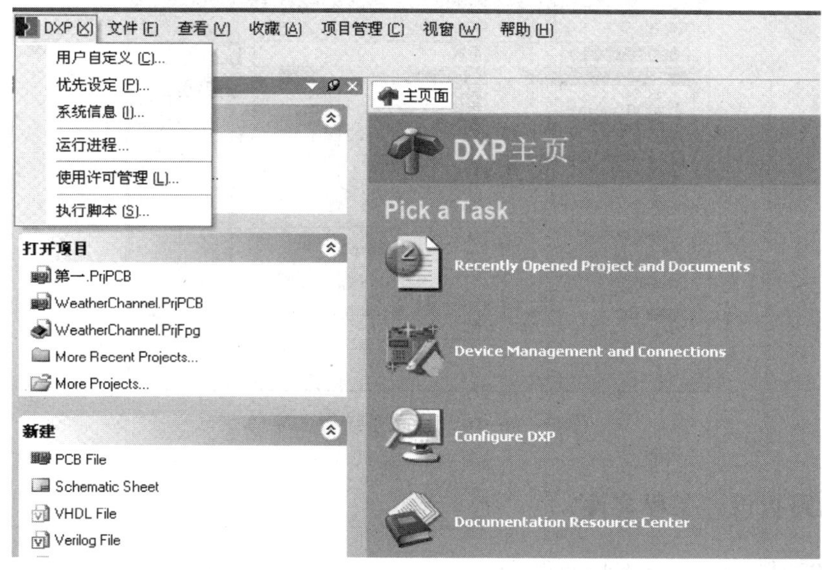

图 1—1—12　Protel DXP 2004 中文界面

（2）系统界面的字体设置。在图 1—1—12 中执行【 DXP 】/【优先设定（P）】菜单命令，弹出如图 1—1—13 所示的对话框，单击图示“变更”按钮，可在图 1—1—14 中修改系统界面字体。

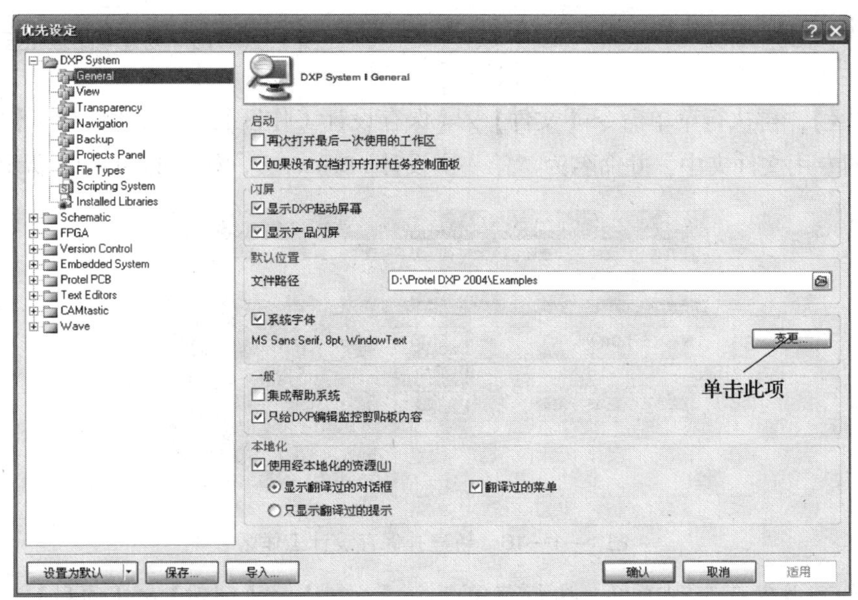

图 1—1—13　“优先设定”对话框

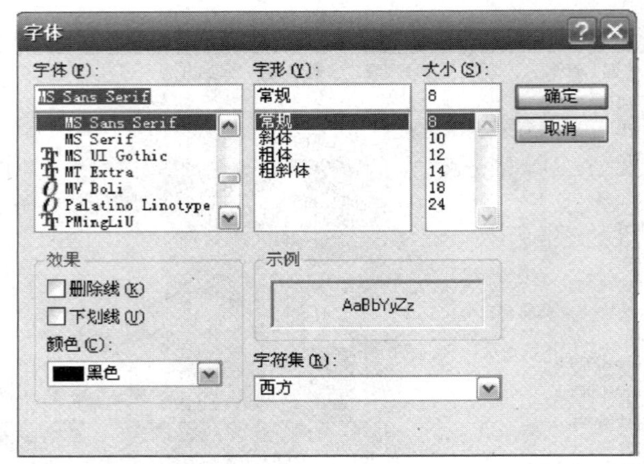

图 1—1—14　修改系统界面字体

三、管理电路板设计工程文件

1. 创建和保存电路板工程文件

按照如图 1—1—15 所示流程创建工程文件。

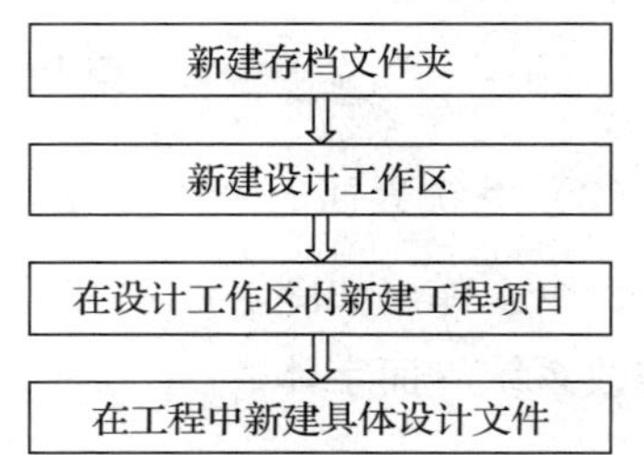

图 1—1—15　创建电路板工程文件流程

（1）新建存档文件夹。在 Windows 资源管理器或“我的电脑”窗口选择合适路径，新建一个存放 Protel DXP 设计的专用文件夹，便于后续文件管理。本书中所有 Protel DXP 设计文件存放于 F：\ Protel DXP 练习。

（2）新建并保存设计工作区。打开 Protel DXP 2004 进入主界面，执行菜单命令【文件】/【创建】/【设计工作区】，再执行菜单命令【文件】/【保存设计工作区】，将新建设计工作区保存在上述建立的专用文件夹中，并命名为“第一次设计 . DsnWrk”，如图 1—1—16 所示。

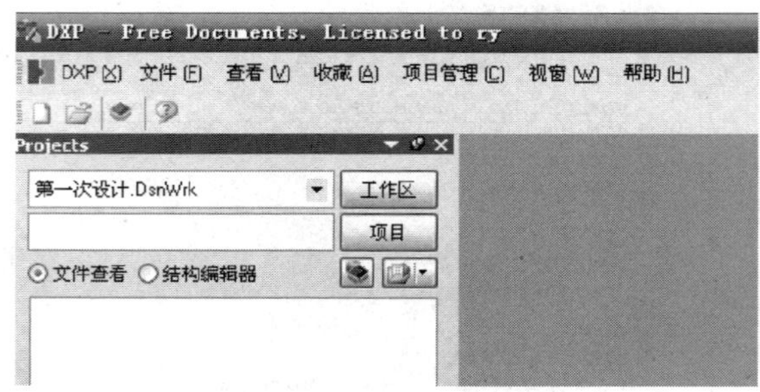

图 1—1—16　新建并保存设计工作区

（3）新建并保存工程项目。执行菜单命令【文件】/【创建】/【项目】/【PCB 项目】，或在项目管理器上单击 工作区 /【追加新项目】/【PCB 项目】，再执行菜单命令

【文件】/【保存项目】，将新建工程项目保存在上述建立的专用文件夹中，并命名为“第一次设计 . PrjPCB”，如图 1—1—17 所示。

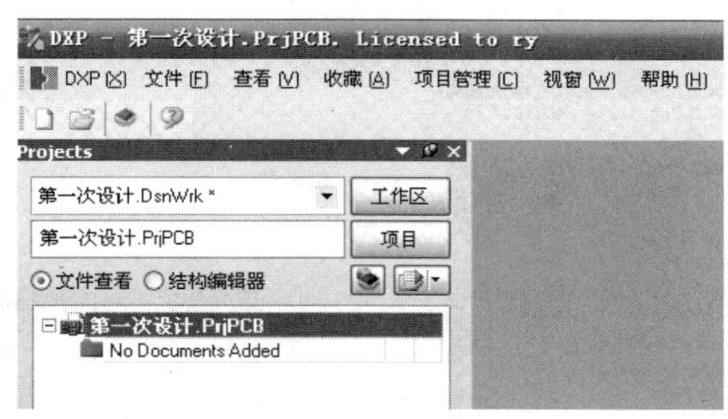

图 1—1—17　新建并保存工程项目

（4）新建并保存具体设计文件。执行菜单命令【文件】/【创建】，如图 1—1—18 所示，可新建各种设计文件，如原理图、PCB 文件、原理图库、PCB 库等文件。或者右键单击项目管理器中“第一次设计 . PrjPCB”/【追加新文件到项目中】，可新建各种所需的设计文件，也可追加已有文件到项目中。再执行菜单命令【文件】/【保存】，或右键单击该设计文件，执行【保存】命令，可保存到上述建立的工程项目中。如图 1—1—19 中新建并保存了“第一次设计 . SchDoc”和“第一次设计 . PcbDoc”两个设计文件。

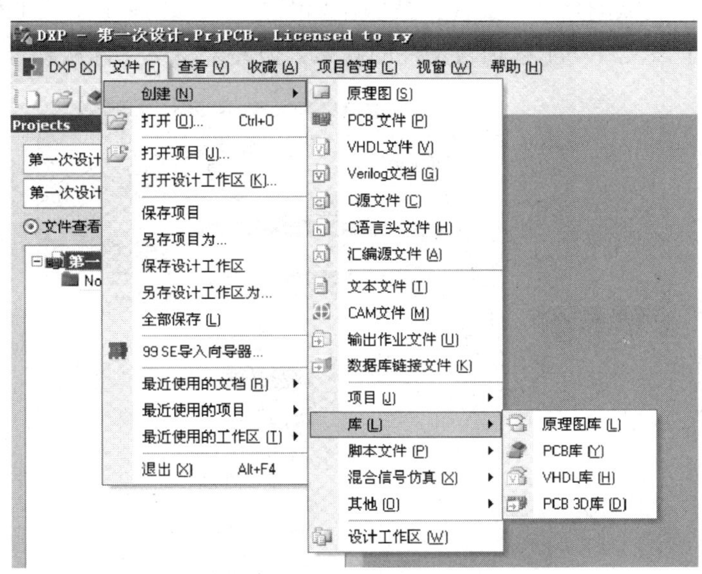

图 1—1—18　新建并保存各种设计文件

2. 文件管理

（1）关闭工程项目文件。其操作如图 1—1—19 所示，即右键单击工程项目文件，在弹出的菜单中选择“Close Project”。

（2）创建自由文件。在未创建或打开任何工程项目文件时，新建的各种设计文件以自由文件的方式存在，保存后不属于任何工程项目，如图 1—1—20 所示，可通过追加方法使其成为某工程的文件。

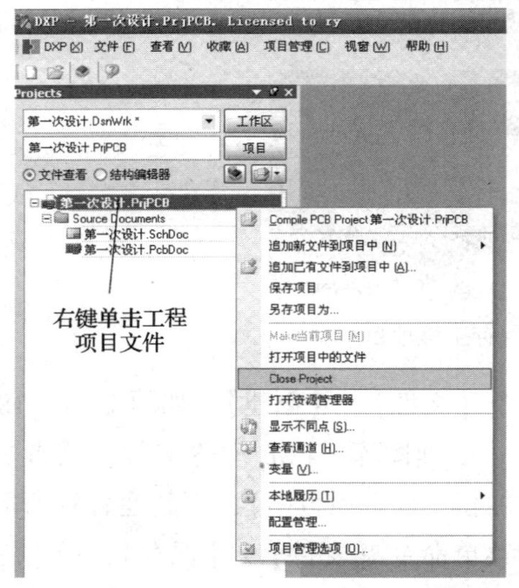

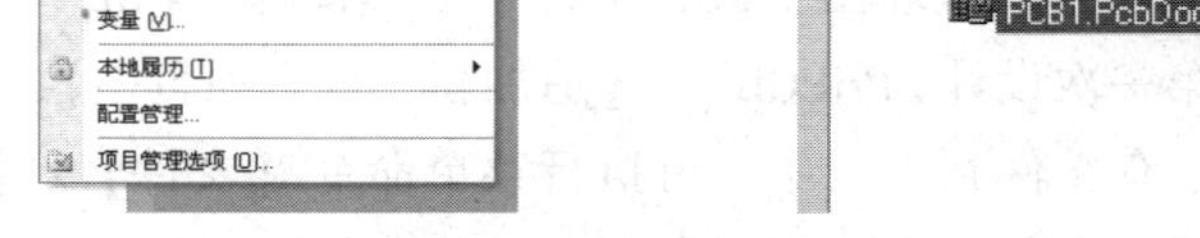

图 1—1—19　关闭工程项目文件　　图 1—1—20　自由文件

（3）移除文件。欲删除某一文件，其操作如图 1—1—21 所示。从工程项目中移除某文件，只是切断了该文件与工程项目文件的联系，但并未将该文件从磁盘中删除。

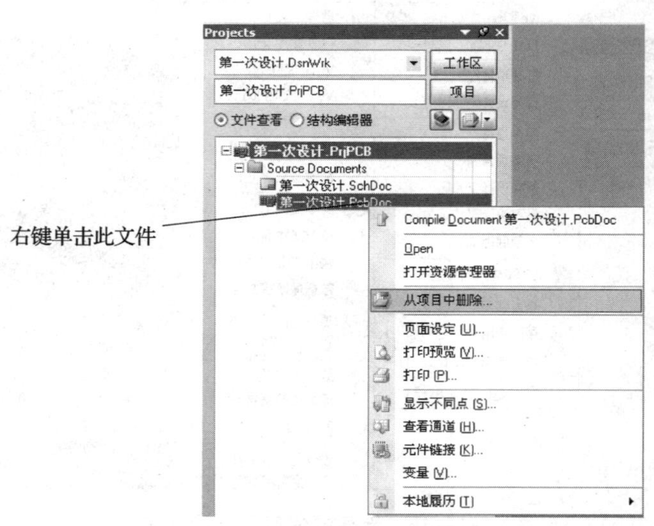

图 1—1—21　从工程项目中移除文件

（4）查看文件。Protel DXP 设计过程中建立的原理图、PCB 文件、库文件等均以独立形式保存在计算机中。在“资源管理器”或“我的电脑”中打开工程文件所在文件夹，即可直接看到与工程相关的所有文件，如图 1—1—22 所示。故 Protel DXP 中的具体设计文件可以在图 1—1—22 中被方便地删除、复制、剪切、粘贴等。

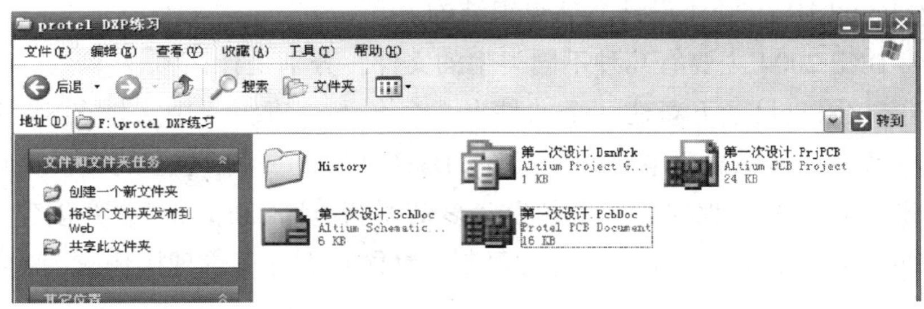

图 1—1—22　Protel DXP 中与工程相关的所有文件

任务评价

按表 1—1—3 中内容进行任务评价。

表 1—1—3　　　　任务评价表

评价项目	评价标准	配分（分）	自我评价	小组评价	教师评价
职业素养	安全意识、责任意识、服从意识强	5			
	积极参加教学活动，按时完成各项学习任务	5			
	团队合作意识强，善于与人交流和沟通	5			
	自觉遵守劳动纪律，尊敬师长，团结同学	5			
	爱护公物，节约材料，工作环境整洁	5			
专业能力	上机准备路径和命名正确	5			
	软件安装顺利，启动正常	15			
	工作界面中标题栏、菜单栏、工具条功能使用及设置正确，工作面板操作正确，工作区选择正确	15			
	创建电路板工程文件正确，文件管理和编辑器的启动与切换操作正确	40			
合计		100			
总评	自我评价×20%＋小组评价×20%＋教师评价×60%＝	综合等级	教师（签名）：		

注：学习任务考核采用自我评价、小组评价和教师评价三种方式，考核分为 A（90～100）、B（80～89）、C（70～79）、D（60～69）、E（0～59）五个等级。

思考与练习

1. 简述 Protel DXP 2004 设计文件组织结构。

2. Protel DXP 2004 主要有几种不同类型的文件？分别是什么？

3. 在给定权限盘目录下新建一个文件夹，命名为“班级 + 中文姓名”，创建一个设计工作区，命名为“多谐振荡电路设计工程 . DsnWrk”，并保存于上述文件夹中；在此设计工作区创建一个 PCB 工程项目，命名为“多谐振荡电路 . PrjPCB”，并创建、保存新原理图文件、PCB 文件、元件库文件，进行复制、粘贴、删除等管理操作。

任务 2　简单电路原理图绘制

学习目标

1. 熟悉电路原理图设计的基本流程。

2. 熟悉简单电路原理图的构成，并能熟练识读。

3. 理解元件库的概念。

4. 熟悉原理图工作面板，掌握图纸设置、原理图环境参数设置、加载及卸载元件库、放置常见电气对象等基本操作。

5. 能绘制出符合规范的简单电路原理图。

任务引入

电路原理图是电子线路 CAD 设计的灵魂所在，它表达了电路设计者的设计思想，同时提供了各个元件连线的依据。电路原理图编辑、设计是电子 CAD 最基本的功能。

任何电子产品的设计都必须先从设计、绘制电路原理图开始。绘制如图 1—2—1 所示的串联负反馈稳压电源电路原理图，具体要求如下：

1. 设置图纸大小为 620 × 350①，编辑标题栏；设置图纸边框的颜色为 235 号色；设置可视网格为线状，可视网格和捕获网格大小均为 10。

2. 绘制如图 1—2—1 所示的完整电路原理图。

---

① 此处使用 Protel DXP 2004 默认的英制单位设置（DXP Defaults），1 个 DXP Defaults = 10 倍 mil，而 1 000 mil ≈ 25. 4 mm。

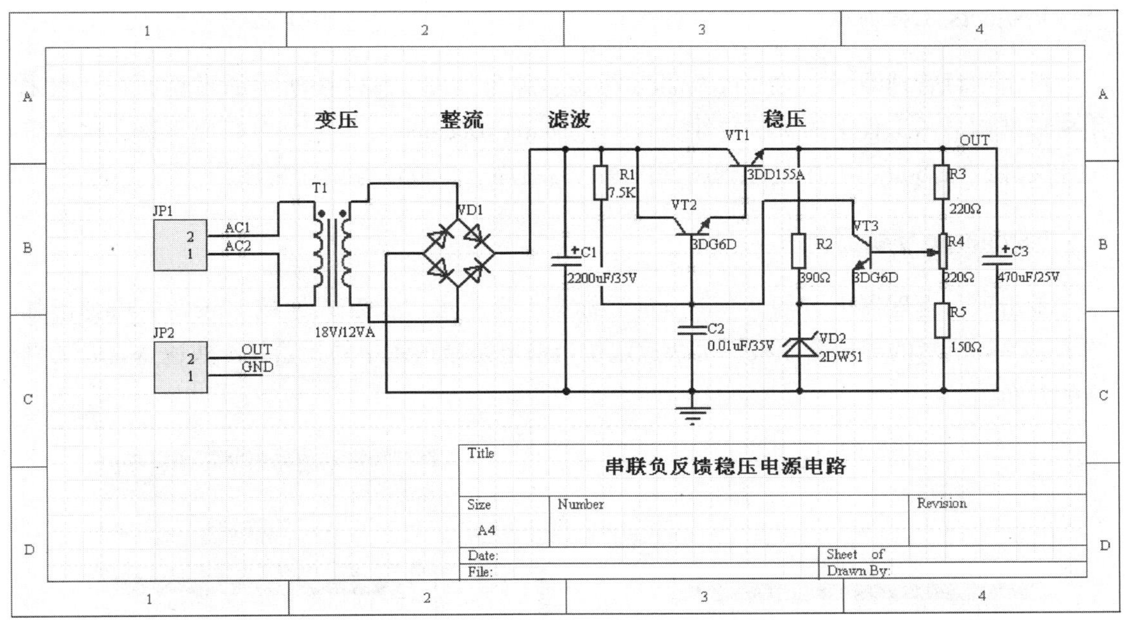

图 1—2—1 串联负反馈稳压电源电路原理图

任务分析

如图 1—2—1 所示电路由变压、整流、滤波、稳压四部分组成。交流电网电压经 T1 变压后输出额定电压约 18 V，再经整流桥（VD1）将正、负交变的 50 Hz 电网电压变成单方向脉动的电压和电流（其中含有较大的交流成分），经滤波电路（C1）滤除交流分量，但滤波后的直流电压会随着电网输入电压或负载的变化而产生变化，还须经过稳压电路，才能使输出电压在一定范围内稳定不变。利用 Protel DXP 2004 原理图编辑器绘制该电路原理图之前，应熟悉原理图工作环境的设置以及图纸的设置，再学习原理图中电气对象的放置与编辑等。简单电路原理图绘制流程如图 1—2—2 所示。

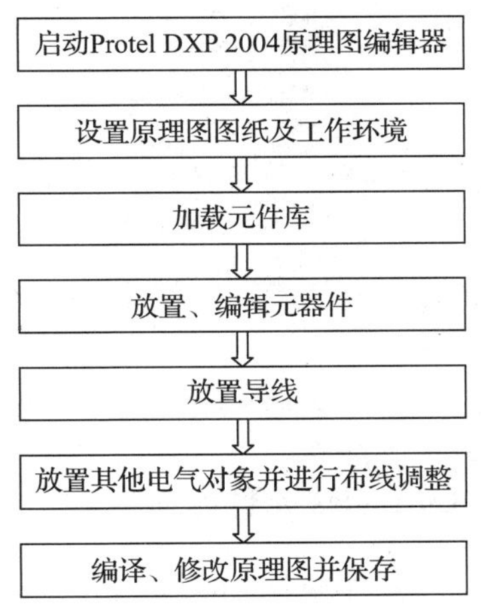

图 1—2—2 简单电路原理图绘制流程

相关知识

在 Protel DXP 2004 主界面下打开某一原理图文件，可进入原理图编辑器环境。

一、Projects 工程面板

单击项目管理器下方的“Projects”标签，弹出如图 1—2—3 所示的工程面板，它采用树形结构显示工程中的所有文件。其中“Source Documents”中是电路原理图、PCB 等设计文件，“Libraries”中是原理图元件库、封装库、集成库等设计文件。

二、Navigator 导航器面板

单击项目管理器下方的“Navigator”标签，再单击“交互式导航”按钮，可弹出如图 1—2—4 所示的导航器面板，可快速定位当前电路原理图中的元器件，快速查看有关网络的分布。

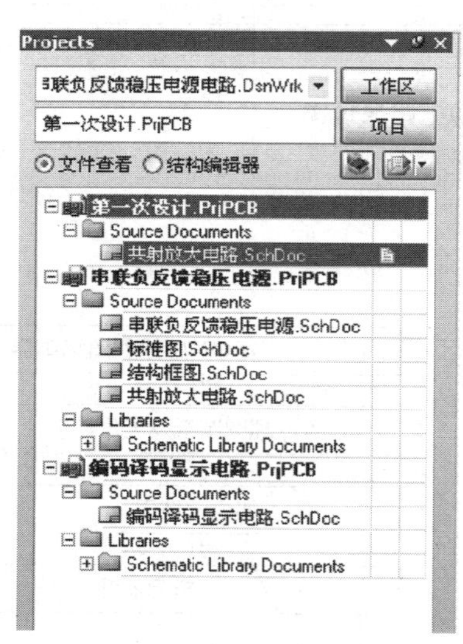

图 1—2—3　Projects 工程面板

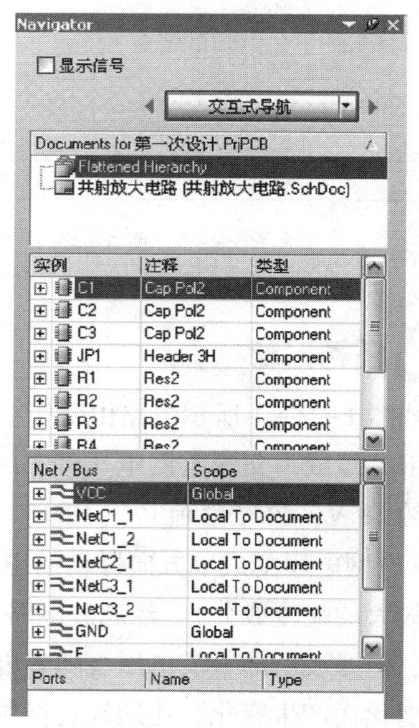

图 1—2—4　Navigator 导航器面板

三、Libraries 元件库面板

1．元件库（Libraries）

原理图、PCB 图中的各元件并非绘图者绘制，而是从 Protel DXP 2004 的元件库中提取得到，元器件按照生产厂商和类别分别保存在不同的元件库中，要取用某种元器件时只需要加载该元器件所在库文件到当前元件库面板中即可。

单击工作区右侧的“元件库”标签，弹出如图 1—2—5 所示的元件库面板。

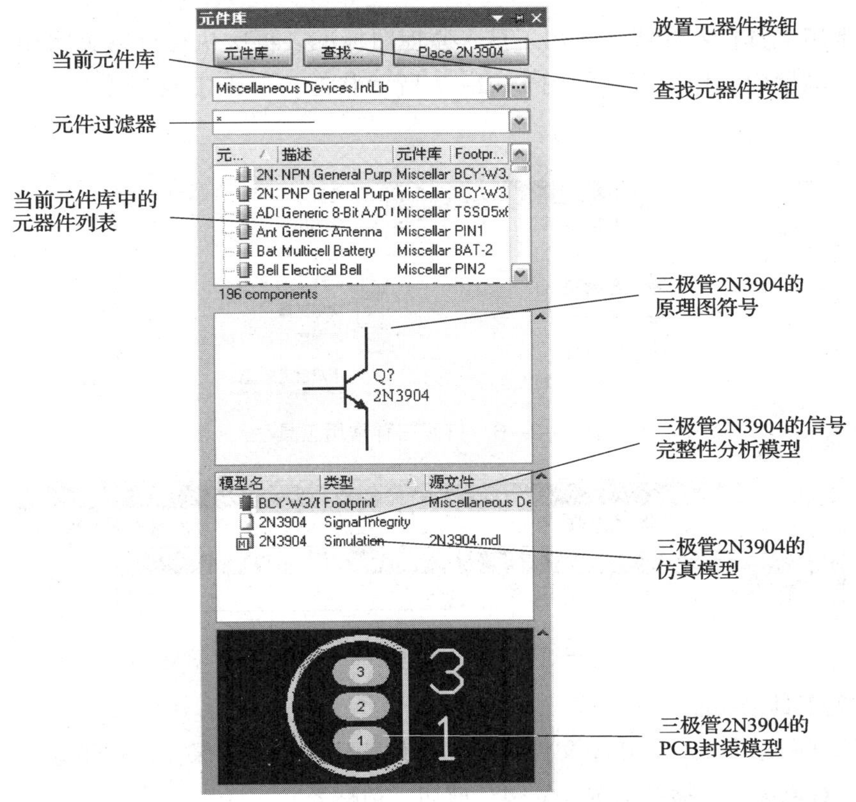

图 1—2—5　元件库面板

在元件过滤器一栏中输入元器件名称的第一个字母，则可在下面元器件列表中显示出所有以该字母开头的元器件名称和元器件描述。

"查找"按钮可以利用原理图编辑器提供的强大搜索功能来查找所需元器件所在的元器件库并加载。

2. Protel DXP 2004 集成库

集成库是指将与元器件相关的原理图符号、封装形式、仿真模型和信号完整性分析模型等信息集成在一个库文件中，扩展名为 . IntLib。调用某个元器件时，上述相关信息同时被调用，如图 1—2—5 中显示了三极管 2N3904 在元件库中的所有信息。Protel DXP 2004 常用默认元件库有 Miscellaneous Devices. IntLib（一般常用元件库）和 Miscellaneous Connectors. IntLib（常用连接器库）。若 Protel DXP 2004 存放路径在 C 盘，则其元件库缺省路径为 C:\ Program Files \ Protel DXP 2004 （或 Altium 2004）\ Library。

四、工具栏的开、关

1. 常见工具栏的开、关

执行菜单命令【查看】/【工具栏】可控制工具栏的开、关，如图 1—2—6 所示打开了三种常用工具栏：配线、实用工具、原理图标准。再次执行可以关闭相应工具栏。左键拖拽工具栏到工作区可见如图 1—2—7 所示状态，单击工具栏上的“×”可将其关闭。

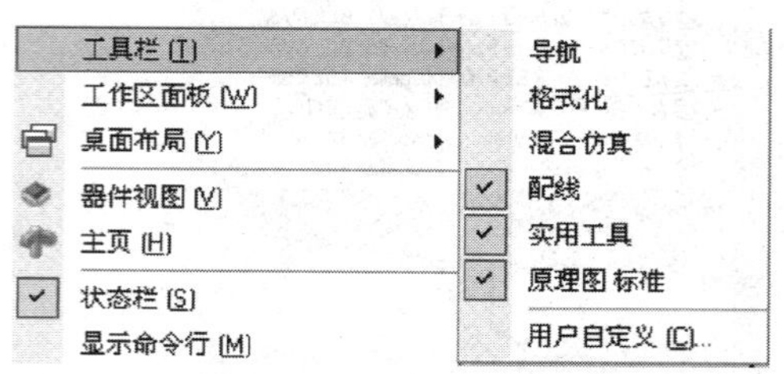

图 1—2—6　打开三种常用工具栏

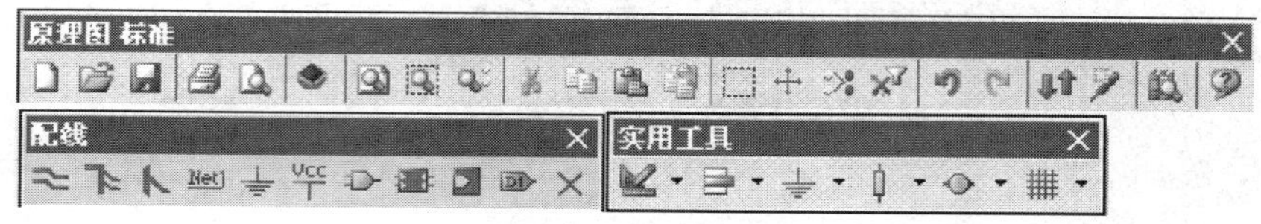

图 1—2—7　三种常用工具栏

2. 常见工具栏功能

（1）原理图标准工具。用于文件管理（文件新建、打开、保存、打印等）、原理图中对象管理（对象选定、撤销选定、复制、剪切、粘贴等）。

（2）配线工具。用于放置原理图中所有与电气特性有关的对象，如导线、元器件、网络标签、电源等。

（3）实用工具。其中的描画工具主要用于绘制原理图中非电气特性的对象，如直线、多边形、椭圆、矩形、注释文本等。

注意

各种工具按钮的功能可通过将光标放在其按钮上获取功能提示，以便正确使用。

五、电路原理图

1. 图纸信息

串联负反馈稳压电源电路图的图纸信息如图 1—2—8 所示，元件信息见表 1—2—1。图纸水平铺开，内外边框之间水平参考区分为 1、2、3、4 区，垂直参考区分为 A、B、C、D 区，图纸右下角标题栏中注明电路原理图的相关设计信息，包括图纸名称、图幅、图纸数量、版本、设计日期及设计人等。

图纸背景为淡色，且可见直线状设计用网格。

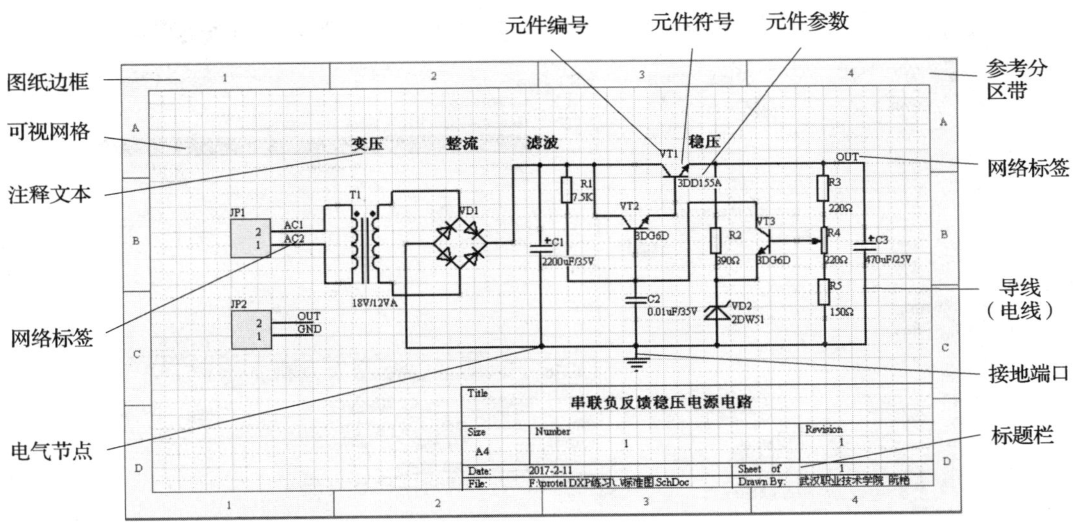

图 1—2—8　串联负反馈稳压电源电路图的图纸信息

表 1—2—1　　串联负反馈稳压电源电路图元件信息

元件编号	元件名称	元件标称值或型号	元件编号	元件名称	元件标称值或型号
JP1	两接头连接器	—	JP2	两接头连接器	—
R1	电阻	7.5 kΩ	T1	变压器	18 V/12 VA
R2	电阻	390 Ω	VD1	整流桥	—
R3	电阻	220 Ω	VD2	稳压二极管	2DW51
R4	电位器	220 Ω	VT1	NPN 型三极管	3DD155A
R5	电阻	150 Ω	VT2	NPN 型三极管	3DG6D
C1	极性电容	2 200 μF	VT3	NPN 型三极管	3DG6D
C2	无极性电容	0.01 μF	C3	极性电容	470 μF

2. 元器件属性

元器件是电路原理图中主要的电气对象，双击某一元器件即可进入其属性对话框进行编辑修改，如图 1—2—9 所示，图中圈出了必须填写的几项属性。

（1）标识符。元器件在原理图中的编号，此项必须填写且不能重复。复杂电路图按照功能可由若干子电路组成，其元器件编号通常加入子电路序号，如子电路 1 中所有电阻编号设置为“R1？”。

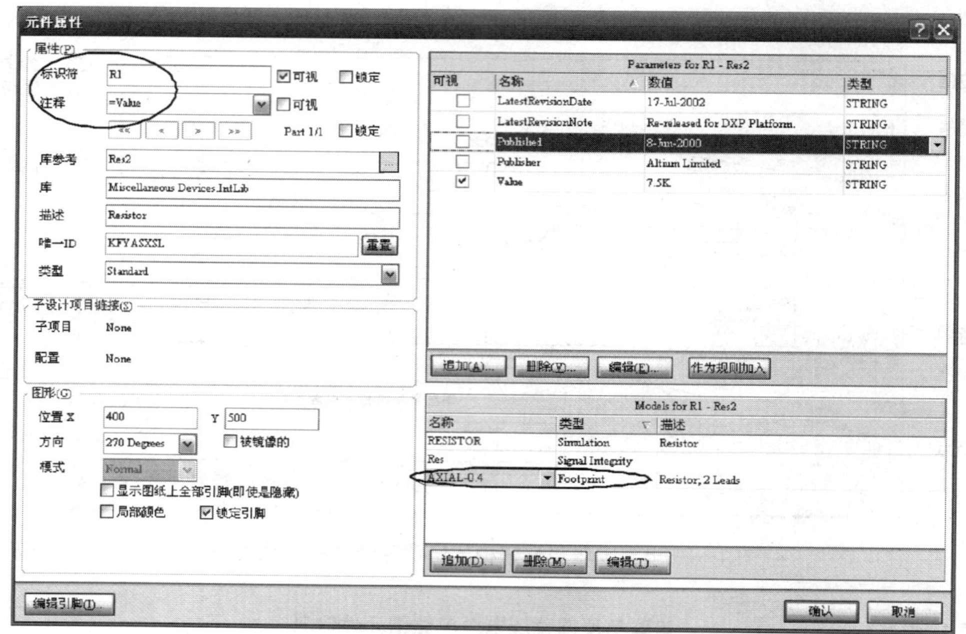

图 1—2—9 “元件属性”对话框

（2）注释。元器件说明、标称值等。通过其后“可视”复选框的选择来决定此项信息是否显示于原理图中。

（3）封装（Footprint）。后续若需要设计原理图的印制电路板，则每个元器件都必须在此项给出封装方式。具体封装方式见模块一任务 6。

3. 导线（电线）

如图 1—2—8 所示电路原理图中的连线是连接元器件引脚的直线，即实际电路中的导线，其上可通电流，体现在印制电路板中是指各种形状的铜箔块或铜膜导线。

4. 电气节点

如图 1—2—8 所示电路原理图中的电气结点表示若干元器件引脚或导线之间相互导通的关系。

5. 网络和网络标签

（1）网络与网络标签的概念。两个或两个以上元器件的引脚连接在一起，就建立了一条网络，如图 1—2—8 中 VD1、C1、R1、VT1、VT2 的五个引脚通过导线与电气节点构成一条网络。给该网络连接设置名称，即为网络标签，每条网络均有一个唯一的网络标签，如图 1—2—8 中 JP1 两个引脚上的网络标签 AC1、AC2 以及 JP2 两个引脚上的 OUT、GND。

（2）网络标签的意义

1）实现电气连接。Protel DXP 系统规定：具有相同网络标签的多条网络的电气连接关系是相通的，等同于它们之间画了一条导线。如图 1—2—10 中两处圈出的网络标签均为 OUT，说明 JP2－2（即 JP2 的 2 号引脚，其余元件类同）与 VT1－3、R2－2、R3－2、C3－1 的引脚电气关系是连通的，相当于它们之间画了一条连接导线。

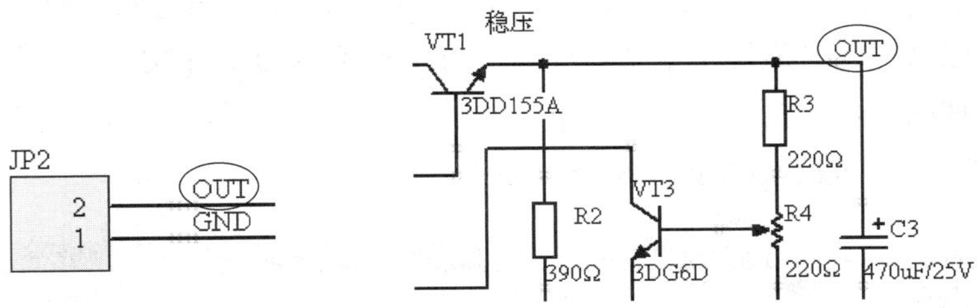

图 1—2—10　具有相同网络标签的网络电气互连关系

网络标签不能直接放置在元器件引脚上，必须首先在元器件引脚上放置一段电连接导线，然后将网络标签放置在此导线上。

2）在电路仿真中可根据网络标签提取相应网络上的数据与波形。

3）在制作印制电路板时，可根据网络标签设置相应网络的布线宽度。

6. 电源端口

电源端口用于标识电源网络，通常有 VCC 和 GND 两种端口，如图 1—2—8 中的接地端口。一般电路必须具备电源端口，否则电路无法工作。

一、新建电路板工程文件

在用户目录中新建“串联负反馈稳压电源”文件夹。

1. 新建、保存设计工作区

启动 Protel DXP 2004，执行菜单命令【文件】/【创建】/【设计工作区】，再执行菜单命令【文件】/【另存设计工作区为】，将该设计工作区保存在上述文件夹中，并命名为“串联负反馈稳压电源 . DsnWrk”。

2. 新建、保存工程项目文件

执行菜单命令【文件】/【创建】/【项目】/【PCB 项目】（或在项目管理器上单击“工作区”按钮/【追加新项目】/【PCB 项目】），再执行菜单命令【文件】/【另存项目为】，将该工程项目保存在上述相同文件夹中，并命名为“串联负反馈稳压电源 . PrjPCB”。

二、新建、启动原理图编辑器

执行菜单命令【文件】/【创建】/【原理图】（或右键单击项目管理器中“串联负反馈稳压电源 . PrjPCB”/【追加新文件到项目中】/【Schematic】），新建一个原理图文件，同时绘图区域进入该原理图编辑器环境，再执行菜单命令【文件】/【另存为】（或右键单击该原理图文件，执行【另存为】），将该原理图文件保存在上述相同专用文件夹中，并命名为“串联负反馈稳压电源 . SchDoc”，如图 1—2—11 所示。

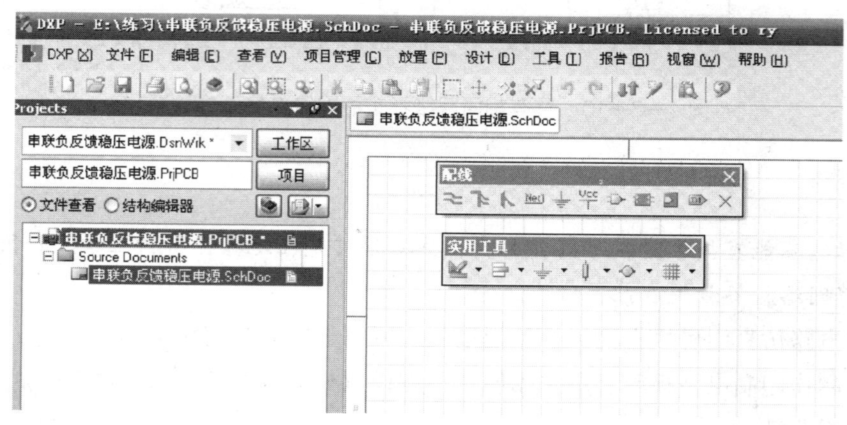

图 1—2—11　启动原理图编辑器

注意

快捷键 PageUp 、 PageDown 可控制绘图区的放大与缩小，或执行菜单命令【查看】选择其他显示形式。

三、设置原理图图纸和工作参数

1. 设置图纸参数

执行菜单命令【设计】/【文档选项】，弹出如图 1—2—12 所示的“文档选项”对话框，选中“图纸选项”标签，在对话框左侧设置图纸方向、图纸边框及参考分区、边框色彩、图纸背景色彩；在右侧设置图幅大小。图纸有“Landscape”（水平）和“Portrait”（垂直）两种方向，图幅有“标准风格”和“自定义风格”。

根据任务目标要求选择图纸方向为“Landscape”，图幅大小选择“自定义风格”，在下面填写自定义宽度为 620，自定义高度为 350。单击“边缘色”，进入“选择颜色”对话框，选择 235 号颜色。其他参数采用默认设置即可。

2. 设置网格

可视网格是图纸上实际显示的网格，便于绘图时对象的对齐。捕获网格是指图中光标运动的最小步长。图 1—2—12 中间是图纸网格参数设置，一般网格的“可视”和“捕获”选项前默认均打“√”，值为 10，表示图纸中显现网格距离为 10，最小网格步长为 10。参数值可根据实际情况设置。电气网格设置是为了使系统在绘制导线时能够自动找到电气节点。

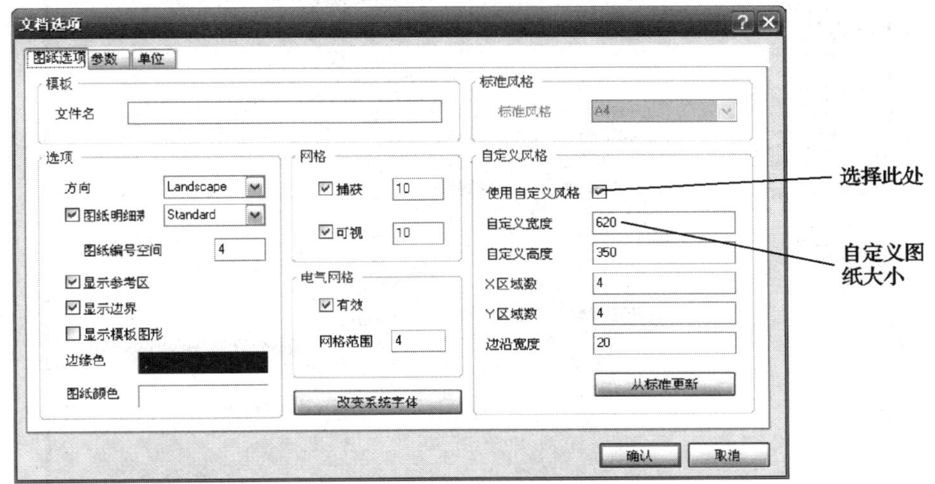

图 1—2—12 “文档选项”对话框

3. 设置图纸标题栏

（1）设置图纸标题栏参数。在图 1—2—12 中单击“参数”标签，根据需要填写如图 1—2—13所示相关内容后，单击“确认”按钮关闭。其中，DrawnBy 为设计者，Revision 为设计版本，SheetNumber 为图纸编号，SheetTotal 为图纸总数，Title 为图纸设计名称。

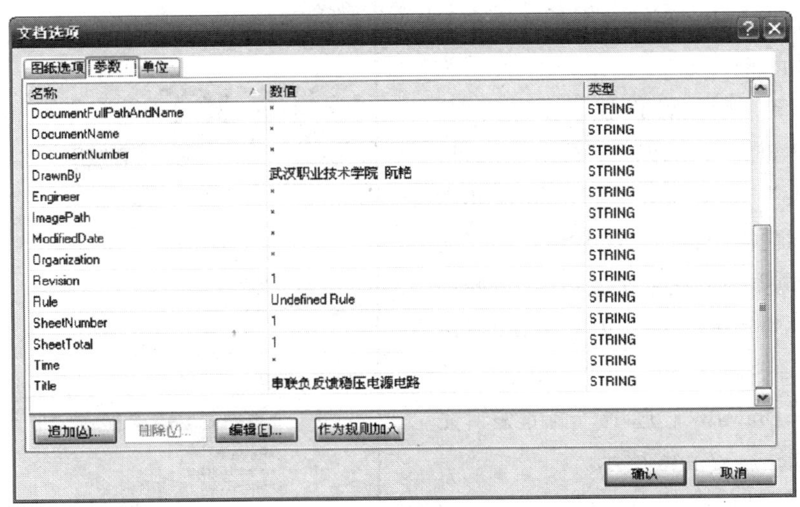

名称	数值	类型
DocumentFullPathAndName	*	STRING
DocumentName	*	STRING
DocumentNumber	*	STRING
DrawnBy	武汉职业技术学院 阮艳	STRING
Engineer	*	STRING
ImagePath	*	STRING
ModifiedDate	*	STRING
Organization	*	STRING
Revision	1	STRING
Rule	Undefined Rule	STRING
SheetNumber	1	STRING
SheetTotal	1	STRING
Time	*	STRING
Title	串联负反馈稳压电源电路	STRING

图 1—2—13 设置标题栏参数

（2）转换特殊字符串。执行菜单命令【工具】/【原理图优先设定】，弹出“优先设定”对话框，如图 1—2—14 所示，选中“Graphical Editing”，在“转换特殊字符串”选项处打“√”，否则标题栏中无法正常显示字符串。

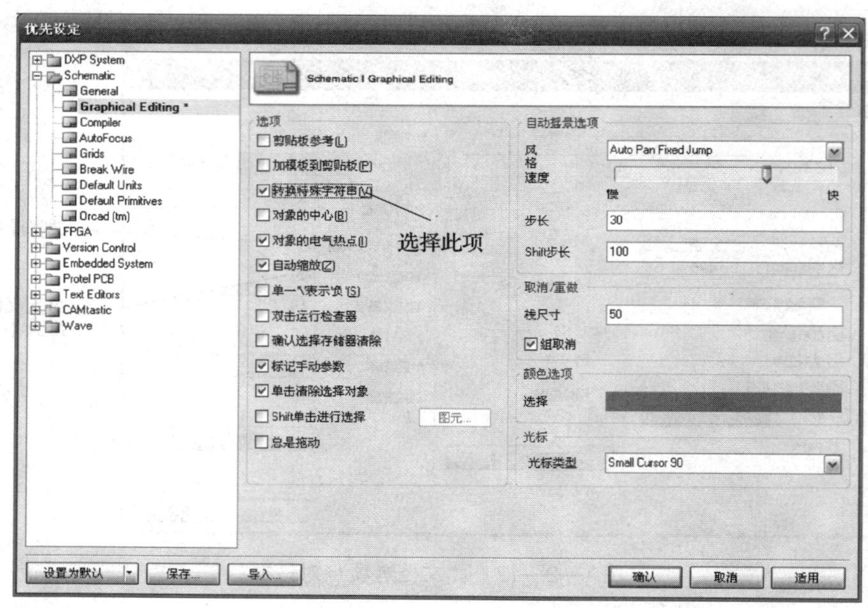

图 1—2—14　“优先设定”对话框

（3）放置、编辑文本字符串。执行菜单命令【放置】/【文本字符串】，首先在图纸标题栏相应位置（Title、Number、Revision、Sheet of、DrawnBy 处）放置字符串，然后双击每一个字符串进入其属性对话框，如图 1—2—15 所示为“Title”处的文本字符串属性设置。在“文本”一栏点开下拉列表框，可修改该字符串的属性，此处选择“=Title”选项，单击即可得到如图 1—2—16 所示的标题栏处名称“串联负反馈稳压电源电路”。采用同样的方法依次编辑“Number”“Revision”“Sheet of”“DrawnBy”处字符串文本属性，对应选择“=SheetNumber”“=Revision”“=SheetTotal”“=DrawnBy”选项。全部编辑完成后标题栏显示如图 1—2—16 所示。

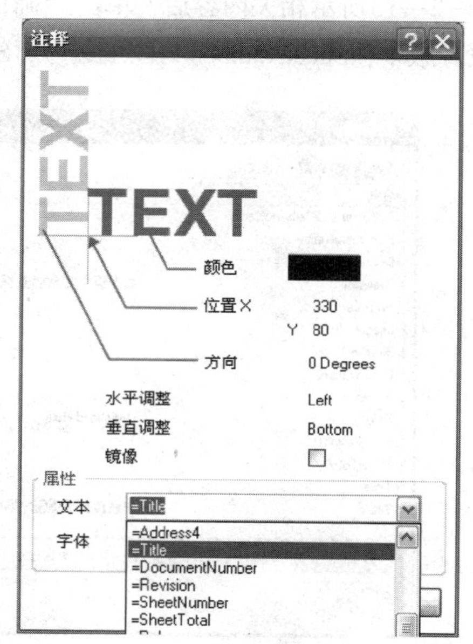

图 1—2—15　“Title”处的文本字符串属性设置

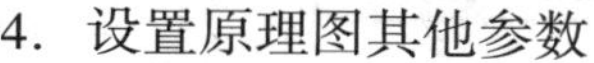

4. 设置原理图其他参数

本任务要求可视网格为线状，可选择

图 1—2—14 “优先设定” 对话框中的 “Grids” 进行线状网格设置，该对话框中还可设置原理图的其他参数。

Title	串联负反馈稳压电源电路		
Size A4	Number 1		Revision 1
Date:	2017-2-11	Sheet of	1
File:	F:\protel DXP练习\..\标准图.SchDoc	DrawnBy:	武汉职业技术学院 阮艳

图 1—2—16　编辑完成后的标题栏显示

四、加载元件库

1. 单击图 1—2—5 中的“元件库”按钮（或执行菜单命令【设计】/【浏览元件库】），可进入如图 1—2—17 所示的“可用元件库”对话框。

2. 若需加载元件库，单击“安装”按钮后，可在如图 1—2—18 所示的库文件中选择，然后单击“打开”按钮后回到图 1—2—17，可见被加载好的元件库。串联负反馈稳压电源电路中的元器件均在两个默认的元件库中，故无须额外加载。

3. 若欲卸载某个元件库，可在图 1—2—17 中选中该文件，单击“删除”按钮即可。

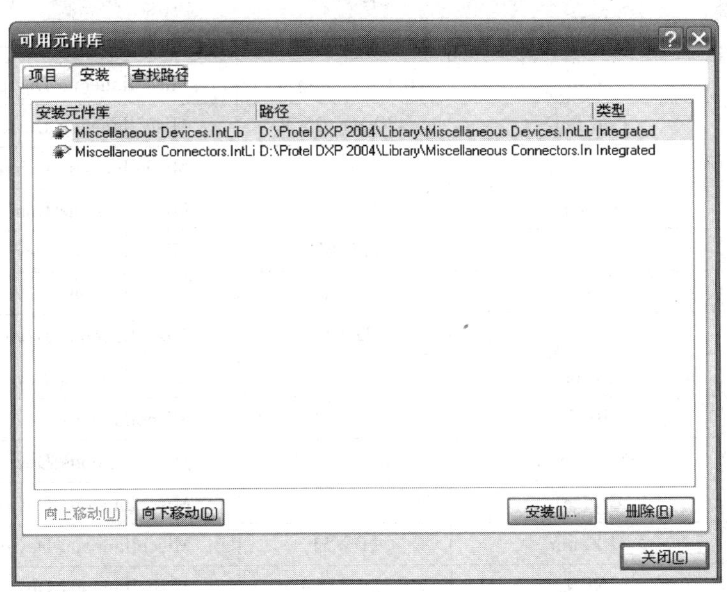

图 1—2—17　“可用元件库”对话框

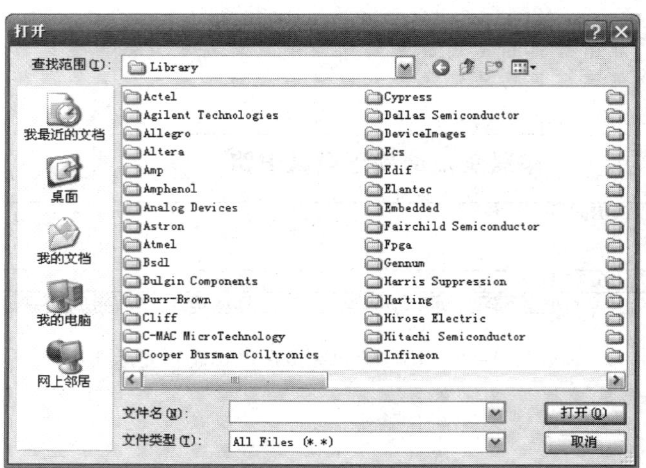

图 1—2—18　可供选择的库文件

五、放置、编辑元器件

1. 方法一：利用元件库面板放置元件。

串联负反馈稳压电源电路图中元器件的放置可参见表 1—2—2 中信息进行。

表 1—2—2　　串联负反馈稳压电源电路图元件信息

元器件标识	元件库中元器件名	元器件参数	元器件所在元件库
C1	Cap Pol2	2 200 μF/35 V	Miscellaneous Devices. IntLib
C2	Cap	0. 01 μF/35 V	Miscellaneous Devices. IntLib
C3	Cap Pol2	470 μF/25 V	Miscellaneous Devices. IntLib
JP1	Header 2	—	Miscellaneous Connectors. IntLib
JP2	Header 2	—	Miscellaneous Connectors. IntLib
R1	Res2	7. 5 kΩ	Miscellaneous Devices. IntLib
R2	Res2	390 Ω	Miscellaneous Devices. IntLib
R3	Res2	220 Ω	Miscellaneous Devices. IntLib
R4	RPot	220 Ω	Miscellaneous Devices. IntLib
R5	Res2	150 Ω	Miscellaneous Devices. IntLib
T1	Trans Cupl	18 V/12VA	Miscellaneous Devices. IntLib
VD1	Bridge1	—	Miscellaneous Devices. IntLib
VD2	D Zener	2DW51	Miscellaneous Devices. IntLib
VT1	NPN	3DD155A	Miscellaneous Devices. IntLib
VT2	NPN	3DG6D	Miscellaneous Devices. IntLib
VT3	NPN	3DG6D	Miscellaneous Devices. IntLib

（1）放置、编辑三极管 VT1。首先，在图 1—2—5 所示对话框的当前元件库中选择“Miscellaneous Devices. IntLib”，在元件过滤器框内输入 npn，则下面元件列表中列出以 npn 开头的元器件。选择其中一个三极管（注意：电路中 VT1 的型号 3DD155A 为国产型号，此列表中没有，可用 2N3904 代替），再单击右上角的“Place”按钮（或左键双击该三极管），三极管 2N3904 的图形会随着光标移动到绘图区，此时元件处于浮动状态，如图 1—2—19 所示。按Tab键，弹出如图 1—2—20 所示的“元件属性”对话框，编辑左侧“标识符”项为 VT1，“注释”项为 3DD155A，且在其后的“可视”选项前打“√”，即显示注释字符串。确认后如图1—2—21 所示。按Space键后如图 1—2—22 所示，此时 VT1 逆时针方向旋转 90°，移动 VT1 到图纸合适的位置，单击鼠标左键或按Enter键完成放置，单击鼠标右键或按Esc键可取消操作。

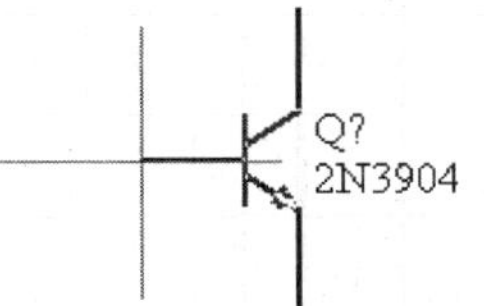

图 1—2—19　浮动状态的元件

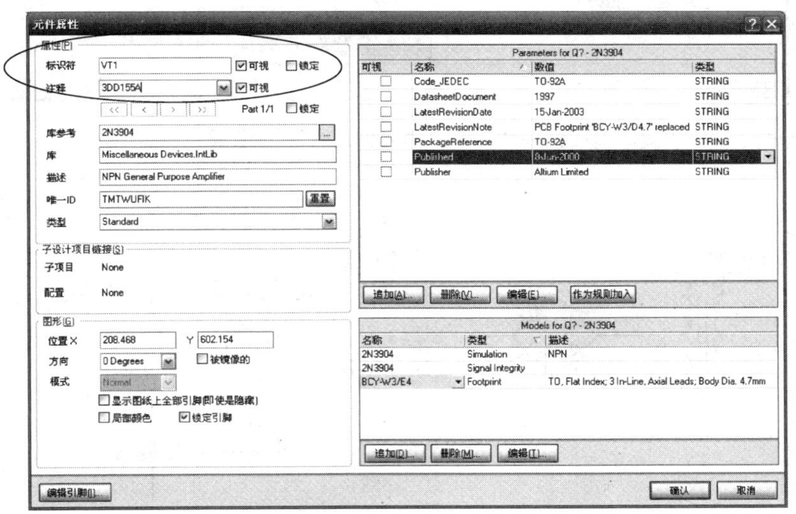

图 1—2—20　“元件属性”对话框

图 1—2—21　编辑后的元件　　　　图 1—2—22　旋转后的元件

（2）放置、编辑电阻 R1。从 Miscellaneous Devices. IntLib 中选中 Res2 放置到图纸中，编辑其属性如图 1—2—23 所示，重点编辑圈中内容：编辑左侧“标识符”项为 R1，“注释”项选中下拉列表中的“=Value”，取消其后面“可视”选项的“√”；右侧“Value”

项数值输入 7.5 k，且在前面的“可视”选项打“√”。

其他元器件可参照表 1—2—2，按照上述方法放置、编辑完成，如图 1—2—24 所示。

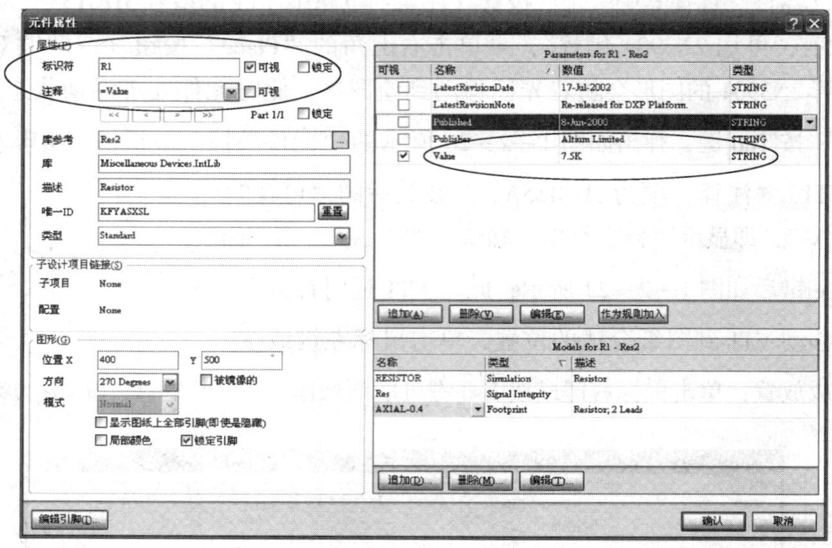

图 1—2—23 “元件属性”对话框

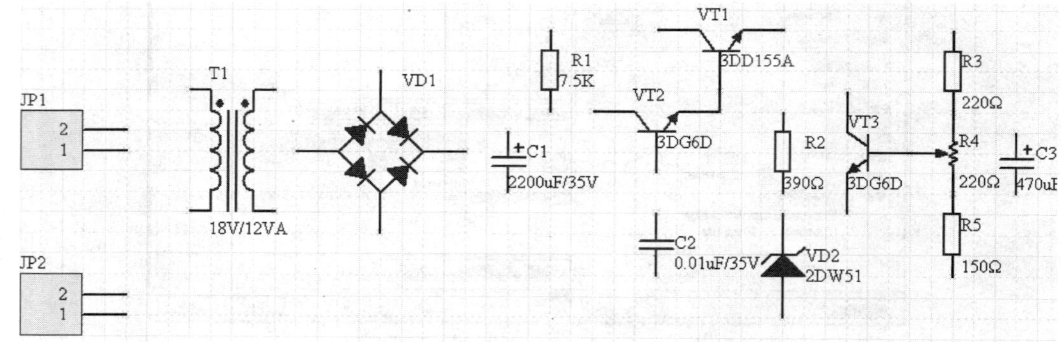

图 1—2—24 完成元器件放置、编辑

注意

图 1—2—24 中 VD1、VD2 和 R4 从元件库中调用的符号与图 1—2—1 中标准符号有差异，是因为图 1—2—1 已经利用元件库编辑器对这些元件进行了编辑修改，修改元件符号的方法将在模块一任务 4 中详细介绍。

（3）调整元件位置

1）元件的移动。移动单个元件时，可将光标对准元件并按住鼠标左键，拖拽鼠标可移动元器件到合适位置。移动多个元件时，可首先选定多个元件，使之处于被选定的虚线状态，然后对准任意被选定元件按住鼠标左键拖拽，从而移动多个元件到合适位置。

2）元件的旋转。选定要旋转的元件，按住鼠标左键后，再按下相应快捷键可调整元件方向：Space键可使元件逆时针旋转 90°；X键可使元件左右翻转；Y键可使元件上下翻转。

2．方法二：利用菜单命令或工具栏放置元件。

执行菜单命令，或右键单击工作区，执行【放置】/【元件】命令，或单击配线工具栏中的 ，进入如图 1—2—25 所示的“放置元件”对话框，放置与编辑元件。

3．方法三：利用查找元件库方式放置元件。

单击图 1—2—5 中的“查找”按钮，进入如图 1—2—26 所示的“元件库查找”对话框。在最上端空白处填写欲查找元件类型的关键字，如上述 VT1 的 NPN 型三极管，输入“＊npn”，其中“＊”表示任意字符。在“范围”选项中选择“路径中的库”，在右侧路径中选择 DXP 2004 软件的安装路径，并找到其所带的“Library”，单击下方“查找”按钮，软件将在内置元件库中逐一查找符合要求的元件，并显示于类似图 1—2—5 的界面中。

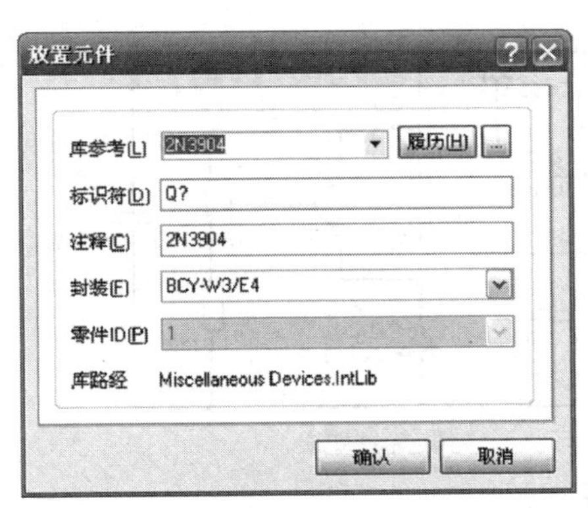

图 1—2—25　“放置元件”对话框

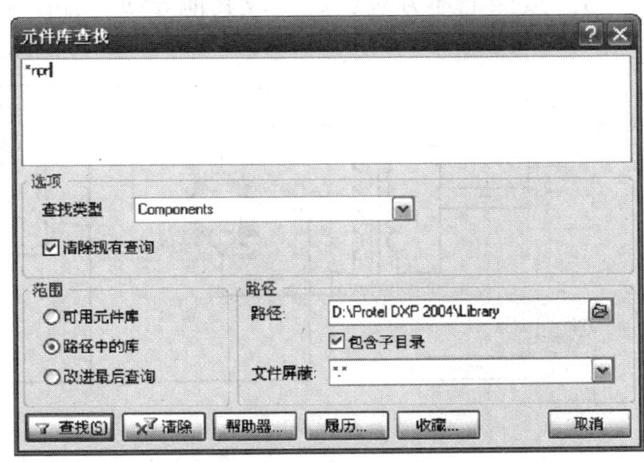

图 1—2—26　“元件库查找”对话框

六、原理图连线

1．执行菜单命令，或右键单击工作区，执行【放置】/【导线】命令，或单击配线工具栏中的 ，将十字光标移到导线起点位置（即要连接的元件引脚处），此时出现一个大的红色星形连接标志，单击左键确定导线的起点位置，如图 1—2—27 中 T1 的引脚。

2．移动十字光标到导线终点位置，如图 1—2—27 中 VT1 的集电极引脚，中间遇到折点则单击左键确认，到达终点位置后再次单击左键确定导线的终点位置，此次连线操作结束。

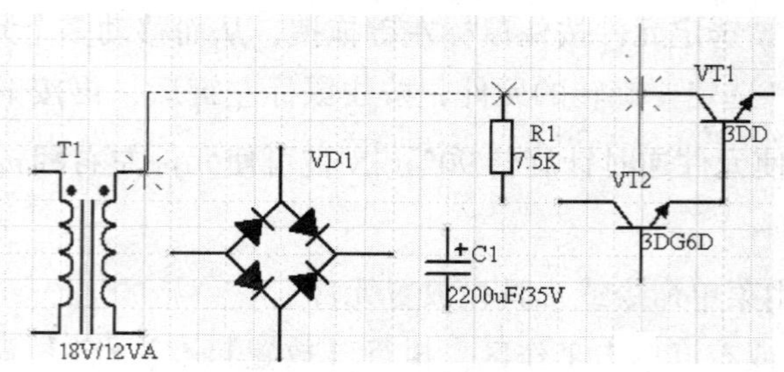

图 1—2—27　放置导线

注意

（1）放置导线时光标只能从元件引脚端头开始或结束，导线不能覆盖元件引脚，且不能重复绘制，否则会出现多余的错误节点。

（2）导线在布线状态下可以在光标处于十字形状时按 Shift + Space 键切换导线形式：90°转角、45°转角、任意角度转角。

3. 按照上述方法放置完成其他导线，如图 1—2—28 所示。

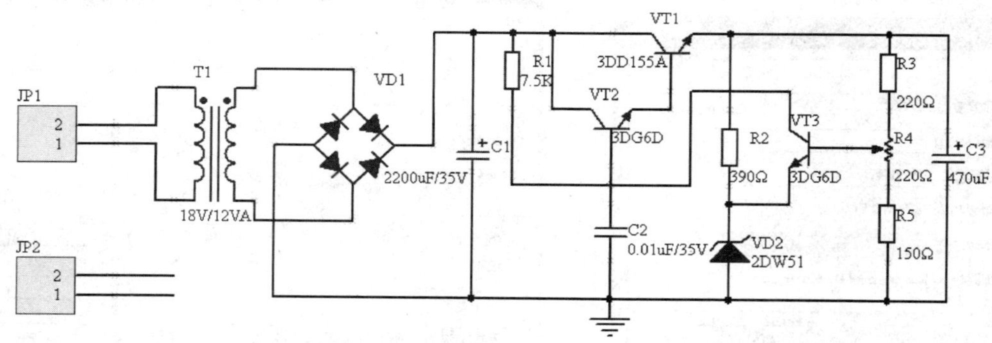

图 1—2—28　完成原理图连线

4. 设置导线属性。双击某一条导线进入其属性对话框，可设置导线的颜色、线宽，如图 1—2—29 所示。

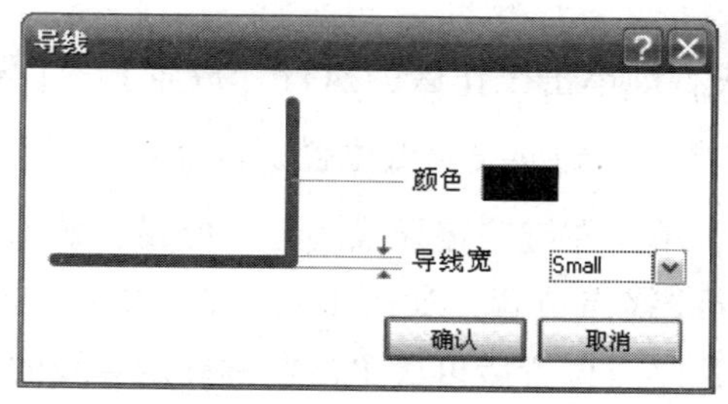

图 1—2—29　导线属性设置

七、放置、编辑其他对象并调整布线

1．放置手工节点

图1—2—28中VT2的基极、C2－1、R1－2及VT3的集电极必须连接在一起构成一条电气导通网络，故执行菜单命令或右键单击工作区【放置】/【手工放置节点】，放置一个红色节点。

2．放置电源端口

（1）方法一：执行菜单命令，或右键单击工作区，执行【放置】/【电源端口】命令，十字光标上有一个VCC电源端口，按Tab键，弹出如图1—2—30所示的“电源端口”对话框，将“属性”一栏修改为“GND”，在“风格”一栏选择“Power Ground”，确认后出现一个接地端口，将其放置到图中合适位置。

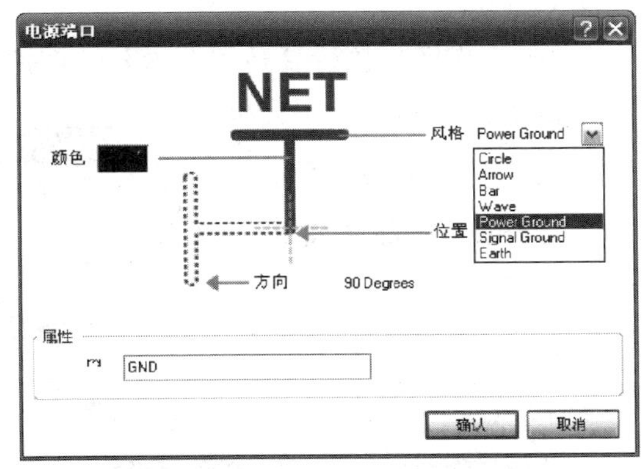

图1—2—30　“电源端口”对话框

（2）方法二：单击配线工具栏中的 ⏚ 和 VCC ，或单击实用工具栏中的工具，如图1—2—31所示，可直接放置接地端口和电源端口。

3．放置网络标签

执行菜单命令，或右键单击工作区，执行【放置】/【网络标签】命令，或单击配线工具栏中的 Net1 ，十字光标上出现网络标签，按Tab键，弹出如图1—2—32所示的“网络标签”对话框，将“属性”一栏修改为“OUT”，单击“变更”按钮可修改OUT的字体、字形和字号，确认后出现OUT网络标签，将其放置到与JP2－2引脚相连的导线上方。用同样的方法放置图中网络标签AC1、AC2、GND。

注意

网络标签必须放置在导线上，不可放置于元件引脚上，也不可悬空放置。

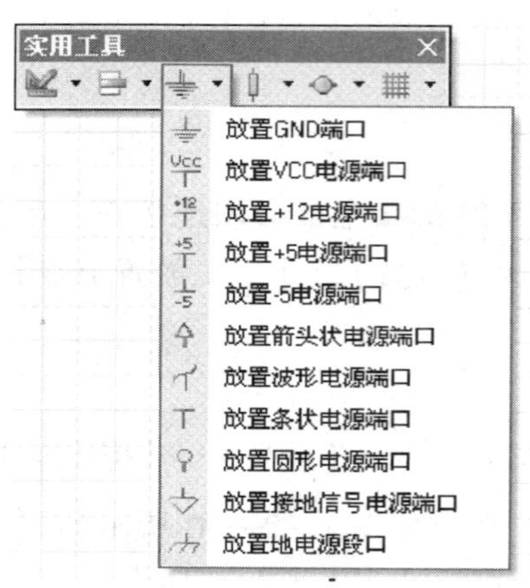

图 1—2—31　实用工具栏中放置电源端口

图 1—2—32　“网络标签”对话框

4. 放置注释文本

执行菜单命令，或右键单击工作区，执行【放置】/【文本字符串】命令，或单击实用工具栏如图 1—2—33 所示的工具按钮，十字光标上出现注释字符，按Tab键，弹出如图 1—2—34 所示的“注释”对话框，在“文本”一栏修改注释字符串，单击“变更”按钮可修改注释文本的字体、字形和字号，确认后出现注释文本，将其放置到合适的位置即可。

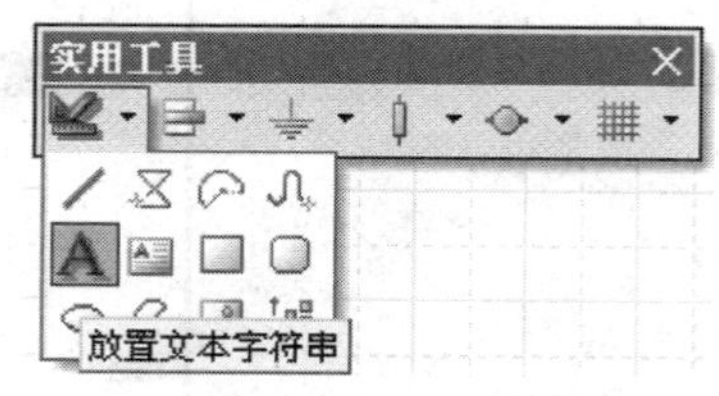

图 1—2—33　放置文本

最终完成的电路原理图如图 1—2—35 所示。

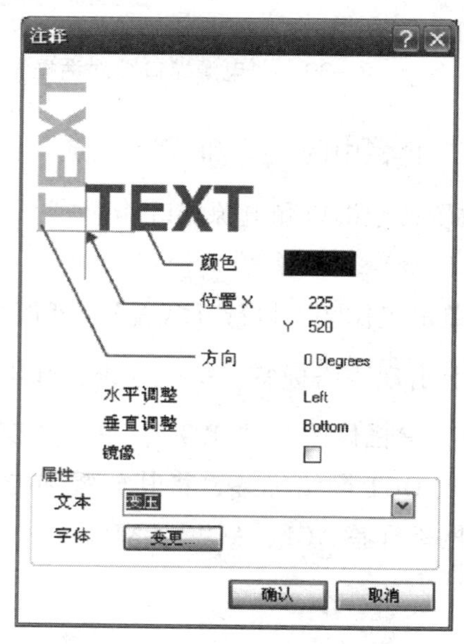

图 1—2—34　“注释”对话框

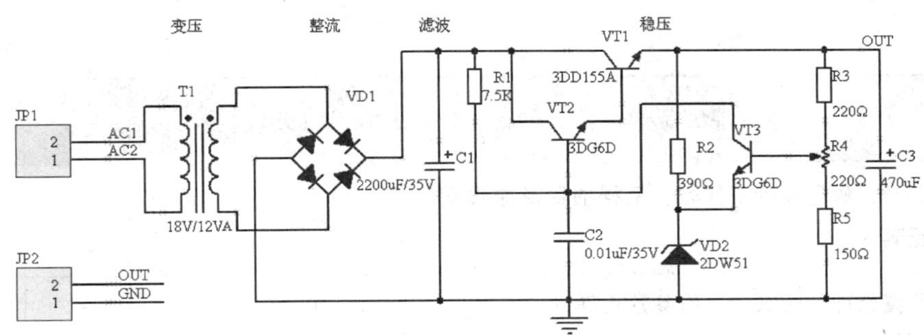

图 1—2—35　完成的串联负反馈稳压电源电路原理图

注意

图 1—2—35 中的 VD1、VD2 元件符号不是标准元件符号，如何编辑修改及操作得到图 1—2—1，详见模块一任务 4。

八、编译、修改原理图并保存

1. 编译、修改原理图

执行菜单命令【项目管理】/【Compile Document 串联负反馈稳压电源 . SchDoc】，系统将自动对该电路进行检查，即对电路进行电气规则检查，检查结果显示于 Messages 窗口中，根据窗口提示修改原理图，详细内容参见模块一任务 6。

2. 保存

原理图设计过程中经常单击原理图标准工具栏中的 ，可随时保存当前设计图，以防止绘图中因意外故障等原因而丢失设计。执行菜单命令【文件】/【打印】可对原理图进行打印输出。

任务评价

按表 1—2—3 中内容进行任务评价。

表 1—2—3　任务评价表

评价项目	评价标准	配分（分）	自我评价	小组评价	教师评价
职业素养	安全意识、责任意识、服从意识强	5			
	积极参加教学活动，按时完成各项学习任务	5			
	团队合作意识强，善于与人交流和沟通	5			
	自觉遵守劳动纪律，尊敬师长，团结同学	5			
	爱护公物，节约材料，工作环境整洁	5			

续表

评价项目	评价标准	配分（分）	自我评价	小组评价	教师评价
专业能力	创建、保存设计工作区、工程项目及原理图文件正确	6			
	设置原理图图纸和工作参数正确	10			
	加载、卸载元件库正确	4			
	放置、编辑元器件正确	25			
	放置、编辑导线、节点、电源等电气对象正确	30			
合计		100			
总评	自我评价 ×20% + 小组评价 ×20% + 教师评价 ×60% =	综合等级	教师（签名）：		

注：学习任务考核采用自我评价、小组评价和教师评价三种方式，考核分为 A（90～100）、B（80～89）、C（70～79）、D（60～69）、E（0～59）五个等级。

思考与练习

1. 简述简单电路原理图绘制流程。
2. 绘制共射放大电路原理图，如图 1—2—36 所示，元件信息见表 1—2—4。
3. 绘制集成功率放大器电路原理图，如图 1—2—37 所示，元件信息见表 1—2—5。
4. 绘制实用门铃电路原理图，如图 1—2—38 所示，元件信息见表 1—2—6。

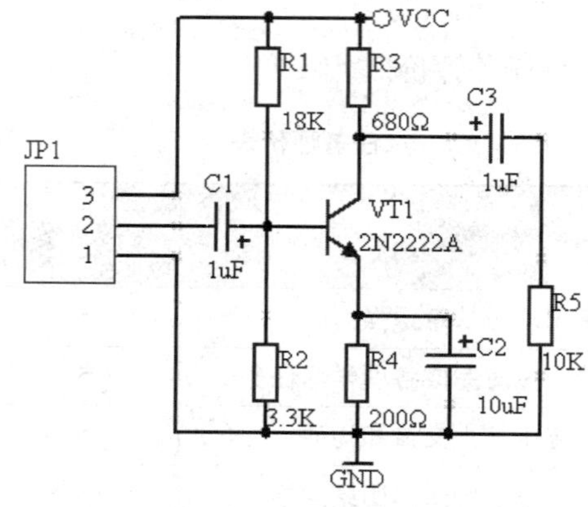

图 1—2—36　共射放大电路

表 1—2—4　　共射放大电路图元件信息

元件编号	库中参考名称	元件标称值或型号	元件封装型号
R1、R2、R3、R4、R5	Res2	18 kΩ、3.3 kΩ、680 Ω、200 Ω、10 kΩ	AXIAL－0.4
VT1	2N3904	2N2222A	BCY－W3/B.8
C1、C2、C3	Cap Pol2	1 μF、10 μF、1 μF	CAPPR2－5x6.8
J	Header 3	Header 3	HDR1X3H

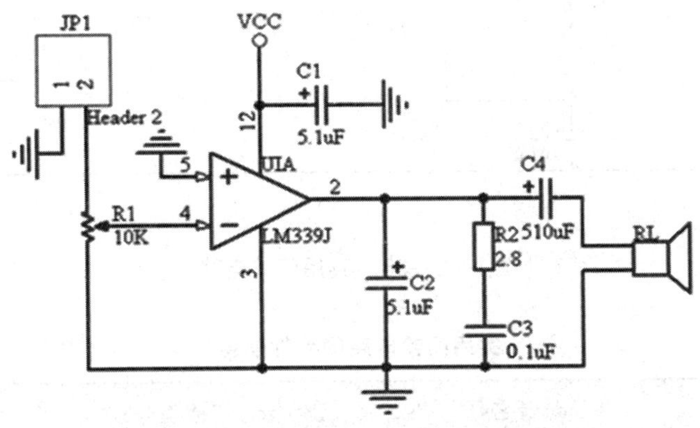

图 1—2—37　集成功率放大器

表 1—2—5　　集成功率放大器电路图元件信息

元件编号	库中参考名称	元件标称值或型号	元件封装型号
R1	RPot	10 kΩ	VR5
R2	Res2	2.8 Ω	AXIAL－0.4
C1、C2、C4	Cap Pol2	5.1 μF、5.1 μF、510 μF	CAPPR2－5x6.8
C3	CAP	0.1 μF	RAD－0.2
JP1	Header 2	Header 2	HDR1X2
U1	LM339	LM339J	DIP－14
RL	Speaker	—	PIN2

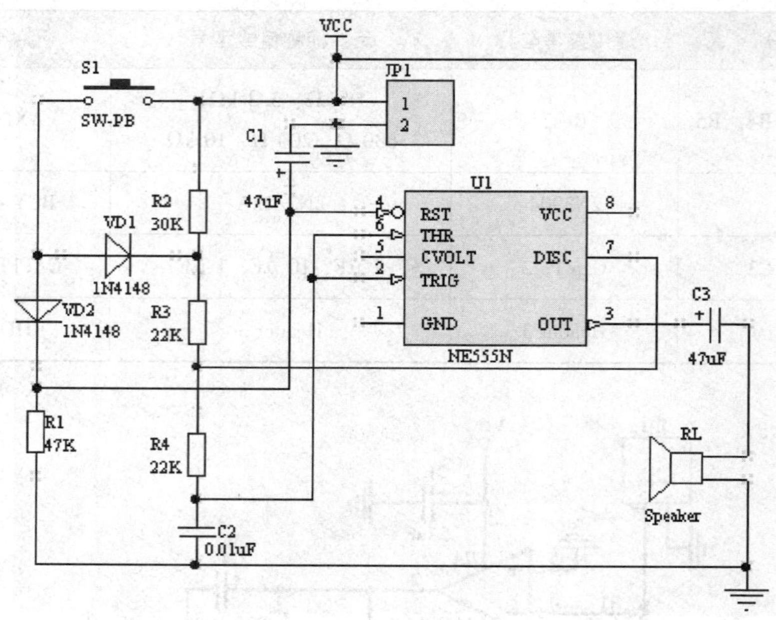

图 1—2—38　实用门铃电路

表 1—2—6　　　　　　实用门铃电路图元件信息

元件编号	库中参考名称	元件标称值或型号	元件封装型号
R1、R2、R3、R4	Res2	47 kΩ、30 kΩ、22 kΩ、22 kΩ	AXIAL－0. 4
C1、C3	Cap Pol2	47 μF、47 μF	CAPPR2－5x6. 8
C2	CAP	0. 01 μF	RAD－0. 2
JP1	Header2	Header2	HDR1X2
U1	NE555N	NE555N	DIP－8
VD1、VD2	Diode 1N4148	1N4148	DIO7. 1－3. 9x1. 9
RL	Speaker	Speaker	PIN2
S1	SW－PB	—	SPST－2

5. 绘制稳压电源电路原理图，如图 1—2—39 所示，元件信息见表 1—2—7。

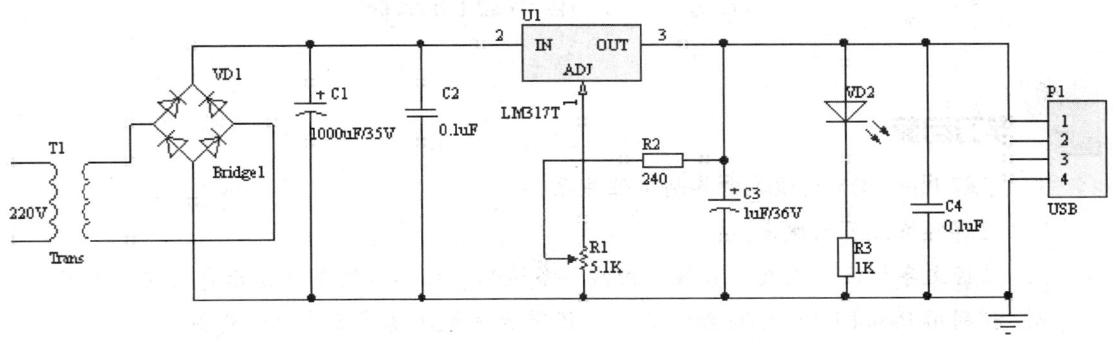

图 1—2—39　稳压电源电路

表 1—2—7　　稳压电源电路图元件信息

元件编号	库中参考名称	元件标称值或型号	元件封装型号	元件库名
U1	LM317T	LM317T	TO220ABN	ST owerMgt Voltage Regulator. IntLib
R1	RPot	5.1 kΩ 可调	VR5	Miscellaneous Devices. IntLib
R2、R3	Res2、Res2	240 Ω、1 kΩ	AXIAL－0.4	
C1	Cap Pol1	1 000 μF	RB7.6－15	
C3	Cap Pol1	1 μF	CAPPR2－5x6.8	
C2、C4	Cap、Cap	0.1 μF、0.1 μF	RAD－0.2	
T1	Trans	Trans	TRANS	
VD1	Bridge1	Bridge	E－BIP－P4/D10	
VD2	LED1	LED1	LED－1	
P1	Header4	—	HDR1X4	Miscellaneous Connectors. IntLib

任务3　方框示意图绘制

学习目标

1. 了解 Protel DXP 2004 中英制单位关系。
2. 理解网格设置的概念。
3. 掌握文字标注，以及用直线、曲线、多边形、矩形等绘制方框示意图的基本操作。
4. 能利用 Protel DXP 2004 绘制出符合规范的方框示意图及其他示意图。

任务引入

Protel DXP 2004 原理图编辑器不仅可以绘制电路原理图，还可以借助其描画工具绘制方框示意图、波形图等非电气图形。本任务将利用 Protel DXP 2004 原理图编辑器绘制任务 2 中串联负反馈稳压电源电路原理图对应的方框示意图及波形图，具体要求如下：

1. 设置图纸图幅大小为 800 × 600，适时设置合适的捕获网格。
2. 绘制完整示意图，包括方框示意图和波形图，如图 1—3—1 所示。

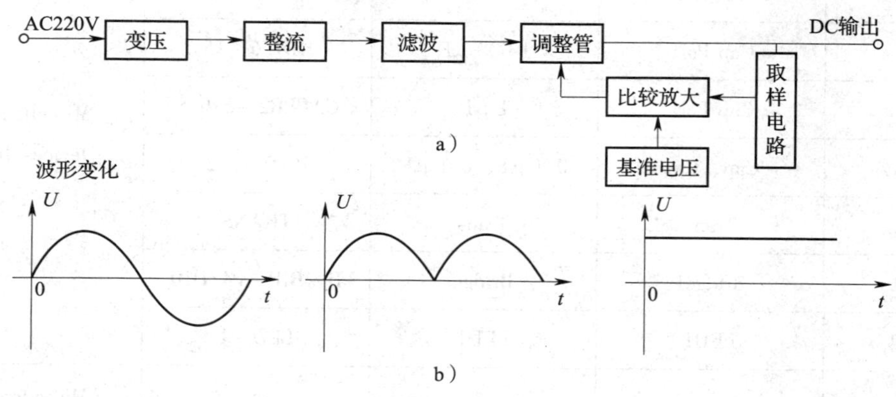

图 1—3—1　串联负反馈稳压电源电路方框示意图及波形图

a）方框示意图　b）波形图

任务分析

绘图前必须先设置图纸参数以及工作环境参数，再放置方框图、波形图的基本元素，如方框、注释文本、文本框、连线、箭头、曲线等。

相关知识

一、识读示意图

1．识读方框示意图

如图 1—3—2a 所示，串联负反馈稳压电源电路按照功能可划分为七个部分：变压、整流、滤波、调整管、比较放大、基准电压和取样电路，用方框表示。方框间用带箭头的连线连接，表明各方框之间的关系以及信号的流向，以体现电路的整体结构。方框图中的连线表示的是各部分之间的连接关系，不具有电气特性，与其电路原理图中的导线有本质区别。

2．识读波形图

分析得到的信号波形如图 1—3—2b 所示，最初正负交变的交流信号经变压、整流后转化成为单向脉动信号，再经滤波、稳压后得到稳定的直流信号。

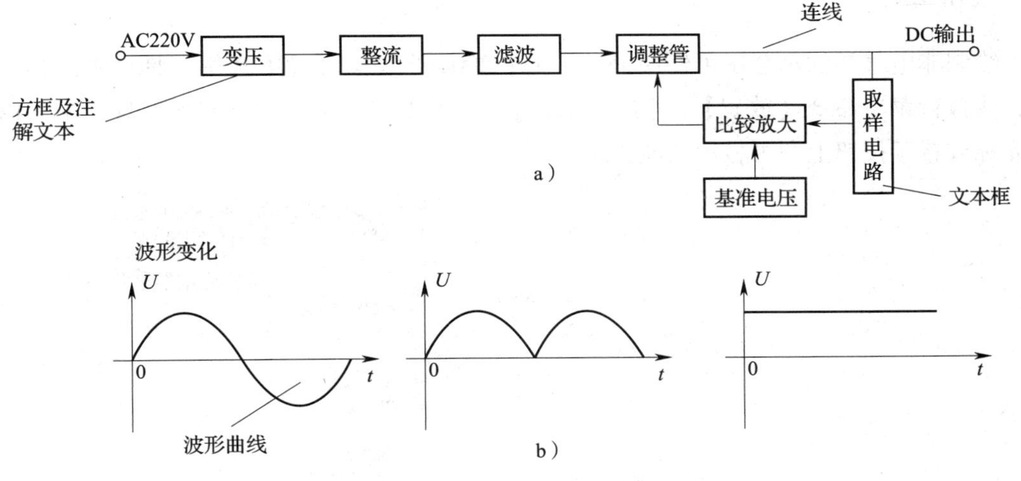

图 1—3—2　识读方框示意图及波形图

a）识读方框示意图　b）识读波形图

二、Protel DXP 2004 中的单位

在原理图环境下执行菜单命令【设计】/【文档选项】，选中“单位”标签，如图 1—3—3 所示。一般元器件的引脚间距等信息均为英制，通常使用“密尔（mil）”作为图纸度量单位，此处使用英制单位的默认设置 Dxp Defaults（10 mils）。也可切换图纸度量单位为公制系统，默认单位为“毫米（mm）”，它们之间的关系为 1 000 mil≈25. 4 mm。

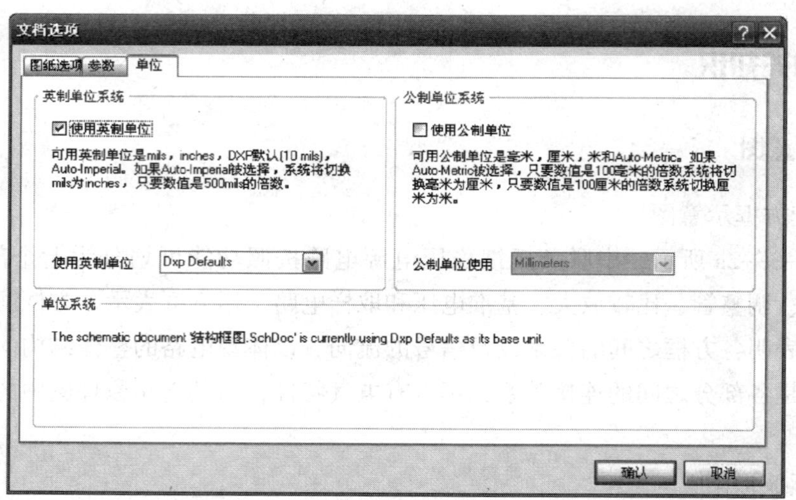

图 1—3—3　Protel 英制、公制单位系统切换

三、实用工具

绘制非电气类的示意图可使用 Protel DXP 2004 原理图环境下实用工具栏中的描画工具，或执行菜单命令【放置】/【描画工具】，如图 1—3—4 所示。描画工具栏中只需要将光标放置于按钮上即可显示功能提示。

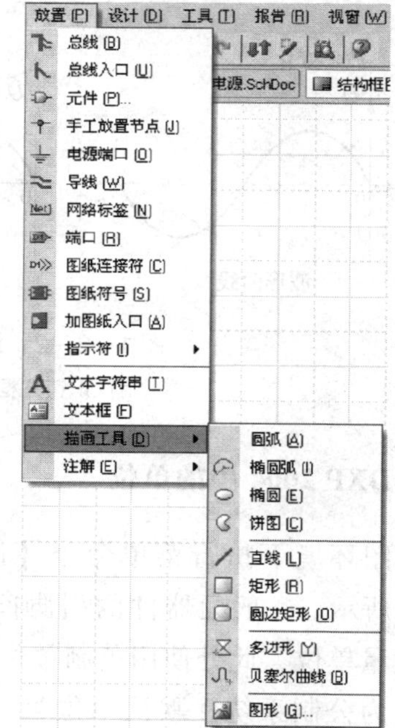

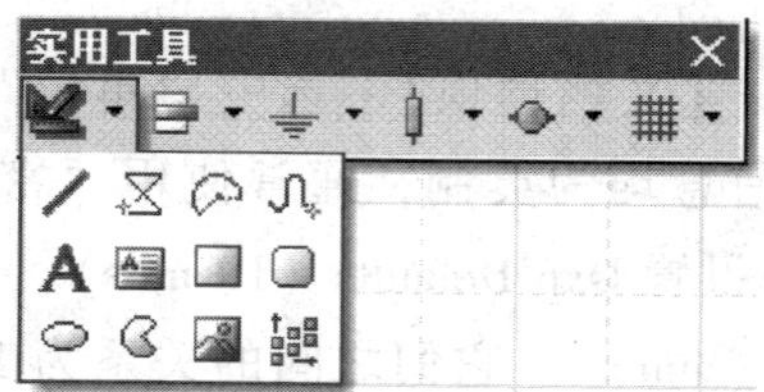

图 1—3—4　描画工具

一、新建原理图文件

在任务 2 的图 1—2—11“串联负反馈稳压电源 . PrjPCB”中继续新建、保存一个原理图文件，并保存在上述相同文件夹中，命名为“结构框图 . SchDoc”。

二、绘制方框示意图

1. 设置图纸参数

(1) 设置图纸参数。参考任务 2 中图纸参数设置方法，根据任务要求填写图纸自定义宽度为 800，自定义高度为 600。其他图纸设置采用默认值。

(2) 设置网格。参考任务 2 中网格设置方法，根据实际情况设置网格的“可视”值为 10，“捕获”值为 5，“电气网格”值为 4。

2. 放置矩形框

(1) 放置矩形。执行菜单命令【放置】/【描画工具】/【矩形】，或单击实用工具栏中的描画工具 ，在绘图区单击鼠标左键确定矩形第一个顶点位置；移动光标到适当位置，再次单击鼠标左键确定矩形另一对角顶点位置，完成直角矩形的绘制，如图 1—3—5 所示。

接着可继续下一个矩形的绘制，否则，单击鼠标右键或按 Esc 键取消矩形放置。双击矩形可进入其属性对话框，如图 1—3—6 所示，可设置矩形空心与实心、透明、填充色、边缘色、边缘线宽等属性。

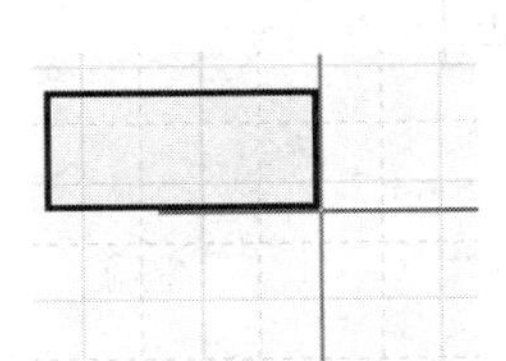

图 1—3—5　放置第一个矩形

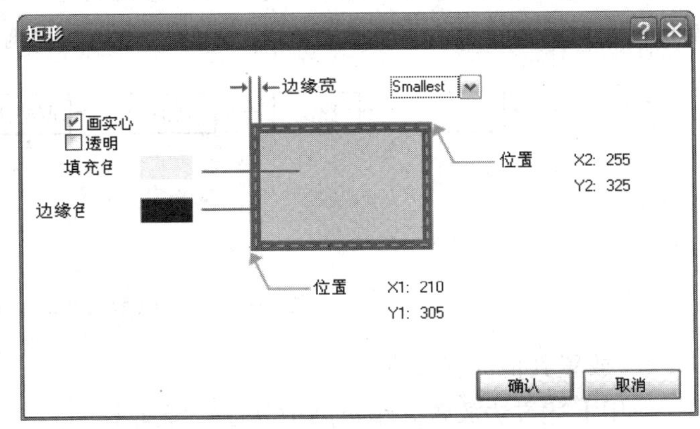

图 1—3—6　“矩形”对话框

按照上述方法在图纸合适位置放置六个大小相同的矩形框，或者放置好一个矩形框后采用“选定 + 复制 + 粘贴”的方式放置其余矩形框。

（2）放置矩形框内注释文本。执行菜单命令，或右键单击工作区，执行【放置】/【文本字符串】命令，或单击实用工具栏描画工具 A，将注释文本放置于矩形框内，并编辑文本属性，如图 1—3—7 所示。

图 1—3—7 放置矩形框及其注释文本

3. 画连线

（1）画直线。执行菜单命令【放置】/【描画工具】/【直线】，或单击实用工具栏中的描画工具 ／，绘制方法与绘制导线类似。

（2）画箭头（小斜线）。为了得到精度更高的箭头，需要重新设置捕获网格值为 1。画线方法同上，只是在画线状态下，可在光标处于十字形状时按 Shift + Space 键切换导线形式（90°转角、45°转角、任意角度转角），以实现小斜线的绘制。

注意

1）一对箭头画好后，其余几对箭头可采用“选定 + 复制 + 粘贴”的方式完成，通过按 Space 键旋转箭头方向。绘制完成的矩形框及带箭头的连线如图 1—3—8 所示。

2）只有在特殊精细绘制时才将捕获网格设置为 1 或取消捕获网格，一般情况下必须恢复捕获网格的“√”，并设置为 5，以防止连线不在网格上。

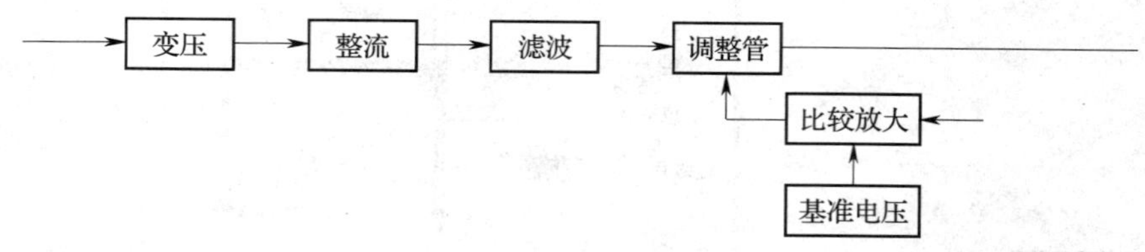

图 1—3—8 画带箭头的连线

4. 放置其他注释文本

使用上述方法放置并编辑图中其他注释文本。

5. 放置文本框

执行菜单命令，或右键单击工作区，执行【放置】/【文本框】命令，或单击实用工具栏描画工具，十字光标上出现文本框，按 Tab 键，弹出如图 1—3—9 所示的“文本框”对话框，在“文本”一栏修改文本内容为“取样电路”（注意：一个字符占一行），在“字体”一栏单击“变更”按钮可修改文本的字体、字形和字号，确认后出现白色文本框，单击鼠标左键确定文本框起始顶点，移动光标到适当位置单击鼠标左键确定文本框的终止顶点，完成一个文本框放置，连线后如图 1—3—10 所示。

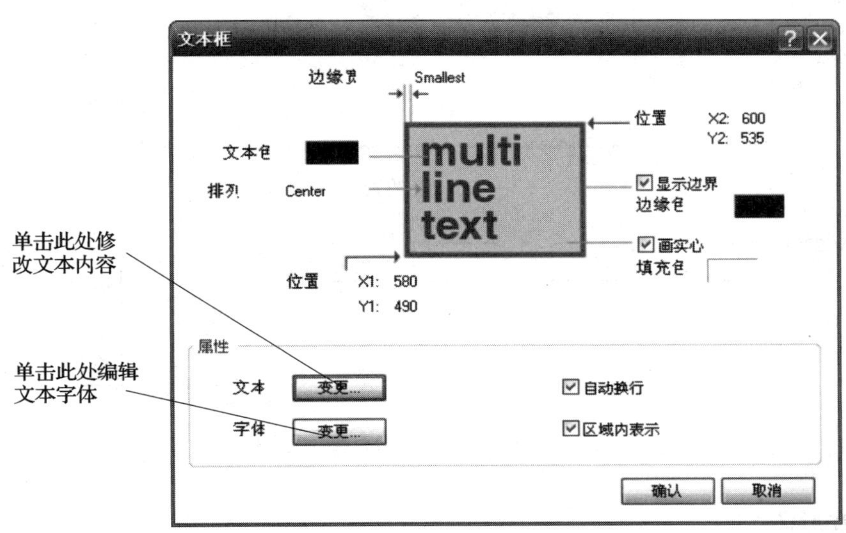

图 1—3—9　“文本框”对话框

6. 画圆圈

方框示意图中用圆圈表示输入端口、输出端口，可用绘制椭圆工具完成。

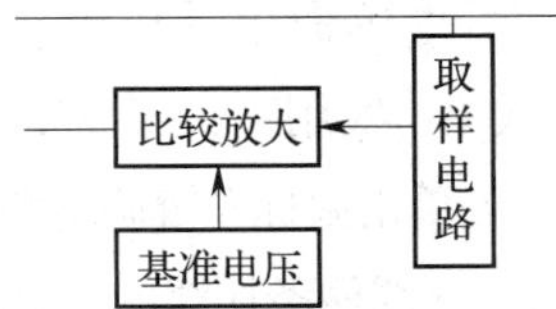

图 1—3—10　放置“取样电路”文本框

（1）确定圆中心点。执行菜单命令【放置】/【描画工具】/【椭圆】，或单击实用工具栏中的描画工具 ⬭，光标上带有一个椭圆，移动光标到适当位置，单击鼠标左键确定椭圆的中心点。

（2）确定圆 X 方向半径。水平移动光标，椭圆在水平方向上的半径随光标移动而改变，在适当位置单击鼠标左键确定椭圆在 X 轴方向上的半径，此时选择 10 作为椭圆 X 方向半径。

（3）确定圆 Y 方向半径。以上述方法垂直移动光标，确定 10 作为椭圆 Y 方向半径。

（4）编辑圆属性。用鼠标左键双击该圆，进入“椭圆”对话框，如图 1—3—11 所示，分别修改 X 半径、Y 半径为 5，并且取消“画实心”复选框的选取，得到半径为 5 的空心圆圈，将其移至方框图输入端连线处。输出端小圆圈可采用“选定 + 复制 + 粘贴”的方式完成。最终完成的方框示意图如图 1—3—12 所示。

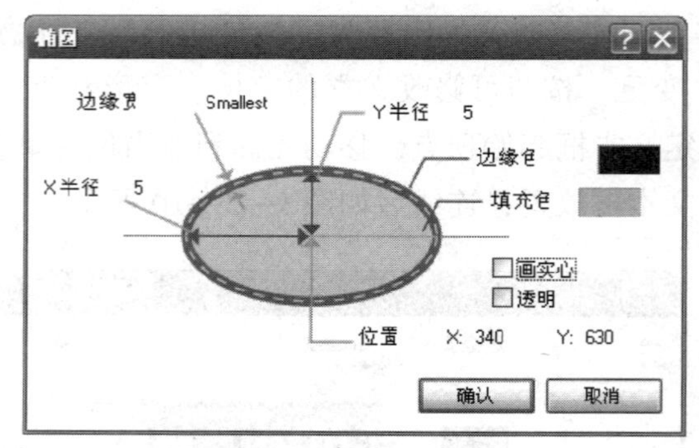

图 1—3—11　“椭圆”对话框

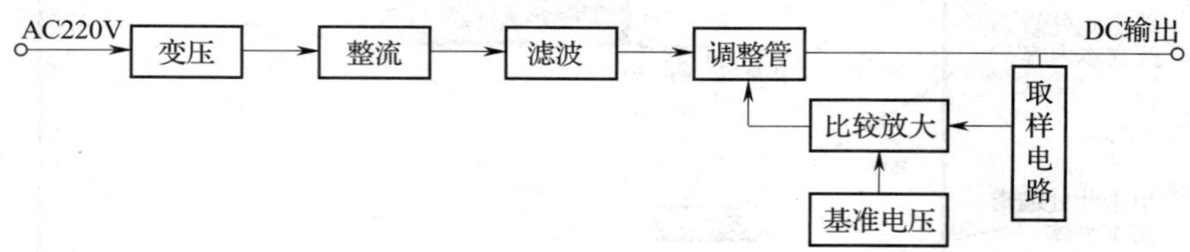

图 1—3—12　完成的方框示意图

三、绘制波形图

1．画正弦波形

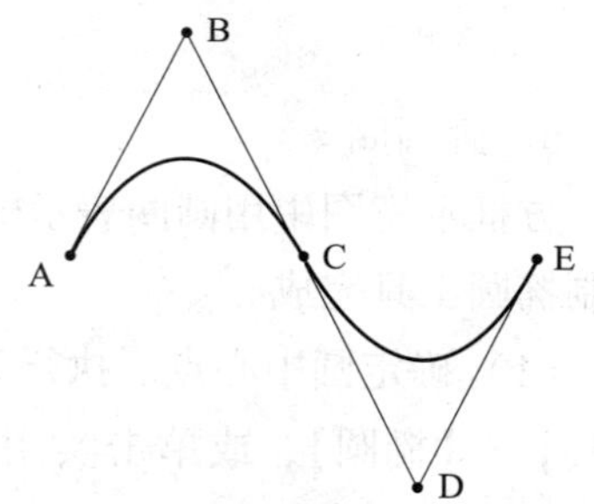

图 1—3—13　绘制正弦曲线的轨迹

执行菜单命令【放置】/【描画工具】/【贝塞尔曲线】，或单击实用工具栏中的描画工具，在图 1—3—13 的 A 点处单击鼠标左键确定曲线的起点，在 B 点处单击鼠标左键确定弧线两条切线的交点，在 C 点处单击两下鼠标左键确定终点，注意各点坐标值的对称性。曲线负半周 CDE 以同样的方式绘制，或者复制曲线 ABC 并旋转方向而得到。

2．放置带箭头的直线、注释文本

用上述绘制直线和箭头的方法在曲线上绘制 X、Y 坐标轴，同时放置注释文本。最终得到波形图如图 1—3—14 所示。

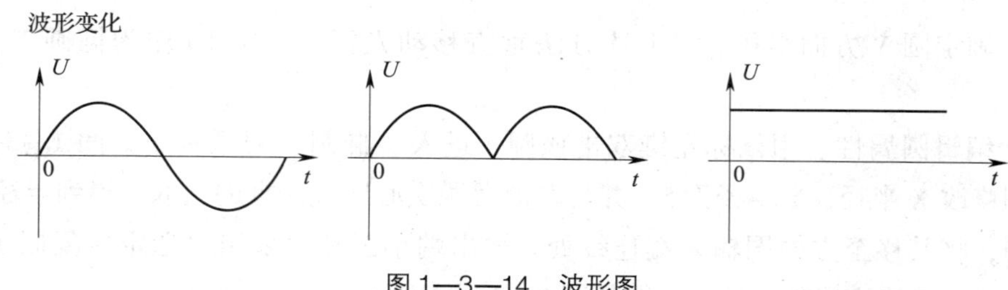

图 1—3—14　波形图

任务评价

按表 1—3—1 中内容进行任务评价。

表 1—3—1　　任务评价表

评价项目	评价标准	配分（分）	自我评价	小组评价	教师评价
职业素养	安全意识、责任意识、服从意识强	5			
	积极参加教学活动，按时完成各项学习任务	5			
	团队合作意识强，善于与人交流和沟通	5			
	自觉遵守劳动纪律，尊敬师长，团结同学	5			
	爱护公物，节约材料，工作环境整洁	5			
专业能力	新建原理图文件正确	5			
	设置图纸参数正确	10			
	放置、编辑矩形、注释文本、连线、箭头等方框图组成要素正确	40			
	绘制波形图正确	20			
合计		100			
总评	自我评价×20% +小组评价×20% +教师评价×60% =	综合等级	教师（签名）：		

注：学习任务考核采用自我评价、小组评价和教师评价三种方式，考核分为 A（90～100）、B（80～89）、C（70～79）、D（60～69）、E（0～59）五个等级。

思考与练习

1. 绘制电容充放电曲线，如图 1—3—15 所示。
2. 绘制方波波形示意图。

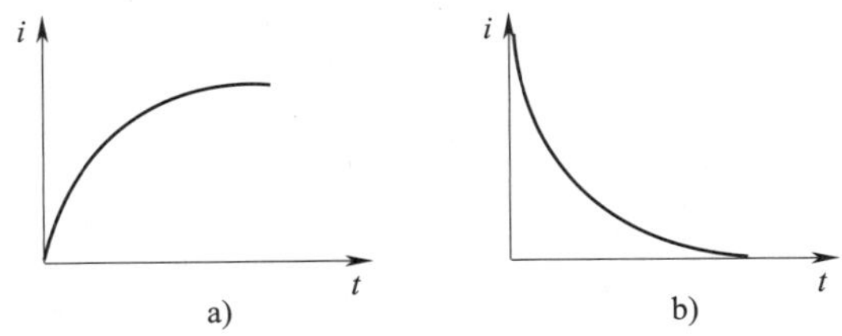

图 1—3—15　电容充放电曲线

a）充电　b）放电

3. 绘制 ZQ1026 低频信号发生器方框示意图，如图 1—3—16 所示。

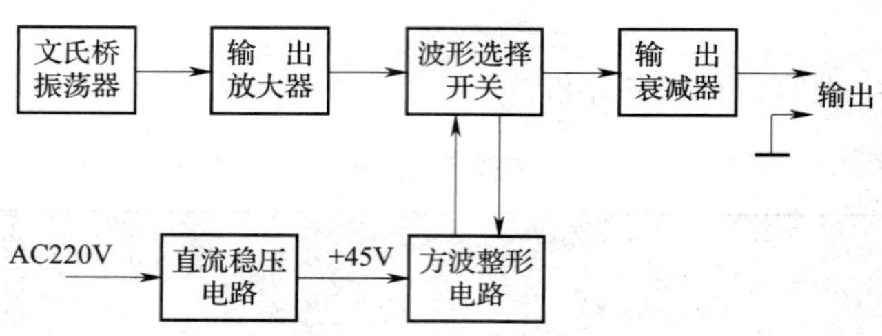

图 1—3—16　ZQ1026 低频信号发生器方框示意图

课题二　电路原理图绘制进阶

在学习了电路原理图设计基础知识后，需要进一步绘制更加复杂的电路原理图，掌握电路原理图设计的高级知识。本课题主要针对元件库中没有的新元件或图形符号不符合标准的元件进行制作和编辑，绘制较复杂电路原理图，在电路原理图设计完成后进行必要的设计后处理，从电路原理图中提取网络表文件，为后续印制电路板（PCB）设计过程中的自动布局、自动布线提供依据与基础。

任务4　编辑、制作原理图元件

学习目标

1. 了解复合式元件的概念及其放置与编辑方法。
2. 熟悉原理图元件库的编辑、设计环境。
3. 能创建自己的原理图元件库，掌握编辑、修改已有原理图元件及制作新元件的方法。
4. 能合理调用各种元件库中的元件完成电路原理图设计。
5. 掌握在原理图基础上创建原理图元件库文件，通过修改库中元件符号达到更新原理图的目的。

任务引入

随着电子制造业迅猛发展，新的元器件在实际电路设计中不断被使用，这时需要使用者建立自己的元件库，并在其中编辑、制作需要的元件电气图形符号。

本任务要求对脉冲抖动去除电路进行更新（图1—4—1），利用 Protel DXP 2004 元件库编辑器创建新元器件、修改原有非标准化元器件，并保存在相应元件库中，最终在原理图绘制中使用自建元件库及其中的元器件。

具体要求：

1. 建立新元件库文件，命名为“自建元件 . SchLib”，设置元件库编辑器设计环境。

2. 在自建元件库中制作多个自创的元件：如图 1—4—2 所示的液晶显示模块 TS12864A（分立元件），如图 1—4—3 所示的步进电动机驱动芯片 STK672 – 040（分立元件），如图 1—4—4 所示的双 D 触发器 74LS74（复合式元件）。

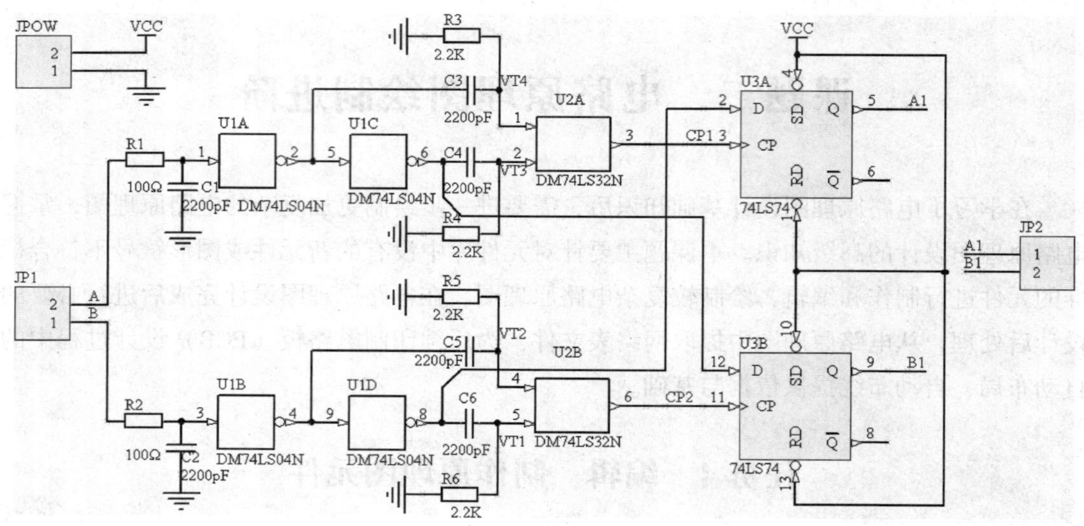

图 1—4—1　更新后的脉冲抖动去除电路

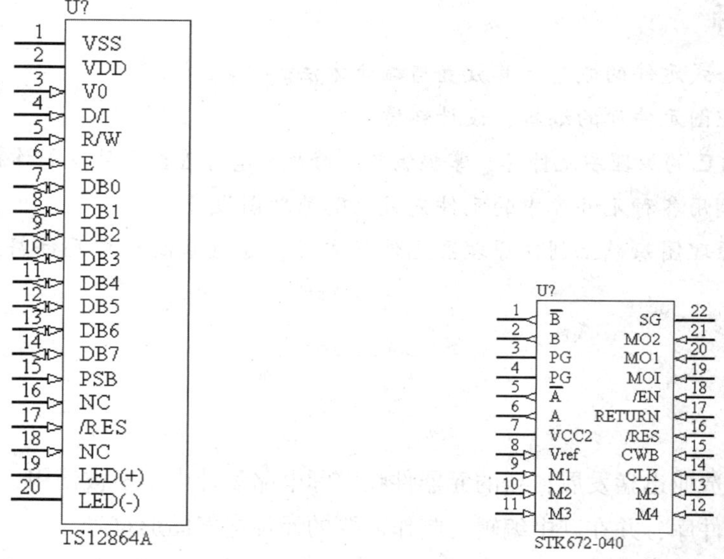

图 1—4—2　液晶显示模块 TS12864A　　图 1—4—3　步进电动机驱动芯片 STK672—040

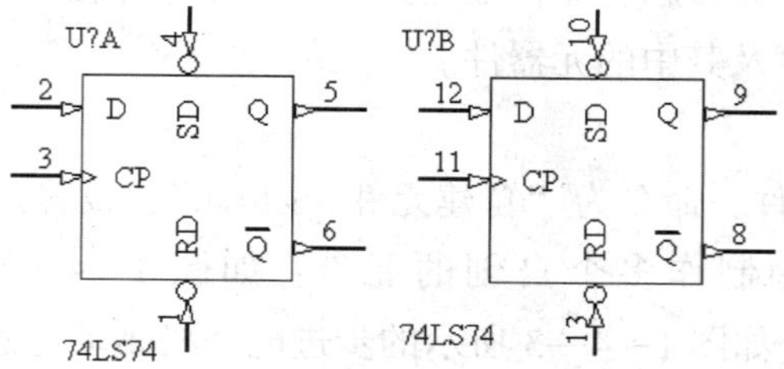

图 1—4—4　双 D 触发器 74LS74

3. 在上述自建元件库中编辑、修改 Protel DXP 2004 元件库中已有二极管及可调电阻为标准符号，如图 1—4—5 所示。

图 1—4—5　修改后的二极管、可调电阻

4. 绘制脉冲抖动去除电路原理图，如图 1—4—6 所示，其中 U3 为上述自创的 74LS74，并创建该原理图个性化元件库文件“脉冲抖动去除电路 . SchLib”。在其中编辑、修改图中 DM74LS04N、DM74LS32N 为标准符号，并更新电路原理图如图 1—4—1 所示。

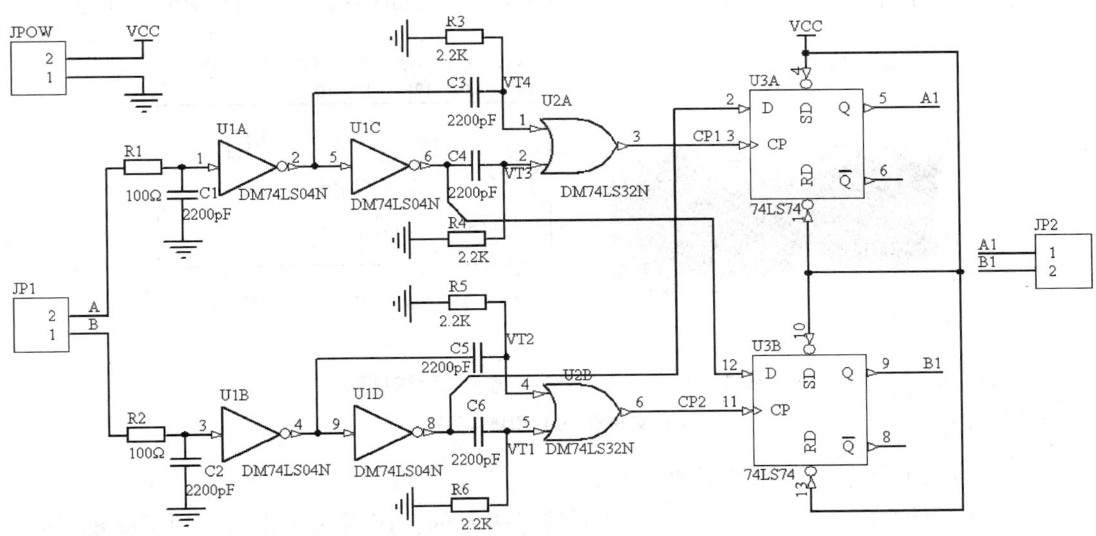

图 1—4—6　未更新的脉冲抖动去除电路原理图

任务分析

电子元件根据元件的功能单元数分为分立式和复合式。编辑、制作元件一般采用两种方法：一是利用 Protel DXP 2004 元件库编辑器提供的相应工具完全手工制作新元器件；二是从 Protel DXP 2004 元件库或已有的元件库中找出相近或相似的元件，经过适当编辑、修改后得到符合标准的元器件。本次任务中图 1—4—2 所示的液晶显示模块 TS12864A（分立元件）和图 1—4—4 所示的双 D 触发器 74LS74（复合式元件）采用方法一完成；图 1—4—3 所示的步进电动机驱动芯片 STK672－040（分立元件）和图 1—4—5 所示的标准二极管、可调电阻采用方法二，借用 Protel DXP 2004 元件库已有元件通过编辑、修改方式完成。

相关知识

一、复合式元件

1. 复合式元件的概念

一块集成芯片中含有多个功能相同、相互独立的单元，这种芯片也称为复合式元件，如图 1—4—1 中的 U1（DM74LS04N）、U2（DM74LS32N）、U3（74LS74）等集成芯片。如图 1—4—7 所示为通用型六反相器 74LS04 实物及其引脚排列图，该芯片内部包含 6 对功能相互独立的非门，每对非门有两个引脚（即 A 脚输入，Y 脚输出），芯片共有 14 个引脚，其中 7、14 脚分别为接地（GND）和电源引脚（VCC），同时为芯片上的 6 对非门供电。

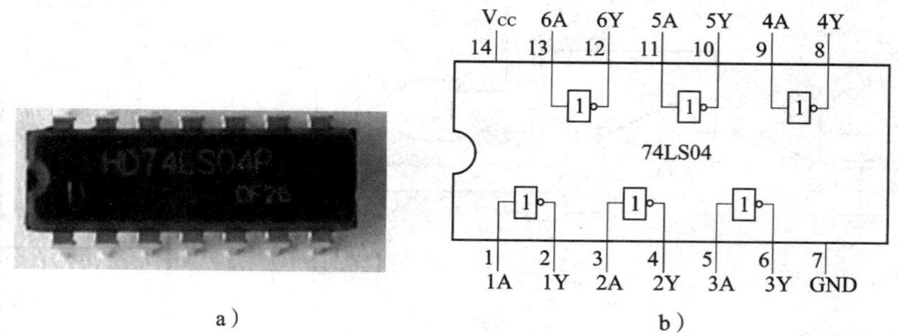

图 1—4—7　74LS04 实物及其引脚排列

a）实物图　b）引脚排列图

2. 复合式元件在电路原理图中的表示

复合式元件在原理图中是以其每一单元符号表示的，用到同一块芯片的不同单元时，其元件编号依次用 A 表示第一个单元，B 表示第二个单元，依此类推。如图 1—4—8 所示为一块通用型六反相器 74LS04 在电路原理图中的表示，元件编号均为 U1（同一块芯片），每对非门图形相同，编号中的 A 表示芯片的第一个单元，对应的引脚为输入脚 1、输出脚 2，B、C、D、E、F 单元如图 1—4—8 所示。

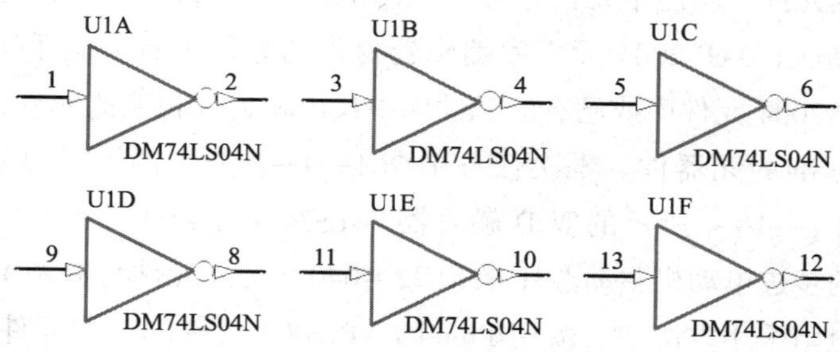

图 1—4—8　74LS04 在原理图中的编号

3．复合式元件的放置与编辑

电路原理图中放置的复合式元件符号是该元件中的一个独立单元，默认放置的是第一个单元。若需用到该元件的多个其他相同单元，可多次放置。

注意

尽量使用完同一复合式集成芯片里的所有功能单元，减少集成芯片的使用个数，降低电路板制作成本。

双击复合式元件进入其属性对话框，在“标识符”栏填写元件的编号为 U1、U2……，在“注释”下方的“Part”栏，通过单击“<”“>”按钮确定使用复合式元件的某个独立单元，如图 1—4—9 所示。通常“Part”栏中 Part 的分子 1 对应于元件编号中的 A，Part 的分子 2 对应于元件编号中的 B……，依此类推；Part 的分母表示本芯片含有的功能单元总数。

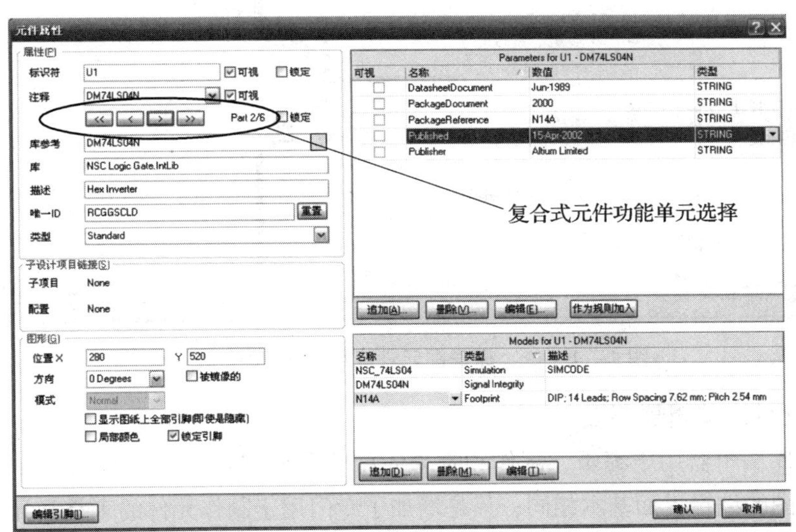

图 1—4—9　复合式元件的编辑

二、原理图元件库编辑器

在 Protel DXP 2004 环境下执行菜单命令【文件】/【打开】，选择打开文件为 C:\ Protel DXP 2004 \ Library \ Miscellaneous Devices. IntLib（路径因安装目录不同而不同），弹出如图 1—4—10 所示的“抽取源码或安装”对话框，单击“抽取源”按钮提取源文件，经确认后在“Projects”面板上双击 Miscellaneous Devices. SchLib 文件，即可进入 Protel DXP 2004 内置的 Miscellaneous Devices. SchLib 元件库编辑器环境，如图 1—4—11 所示。

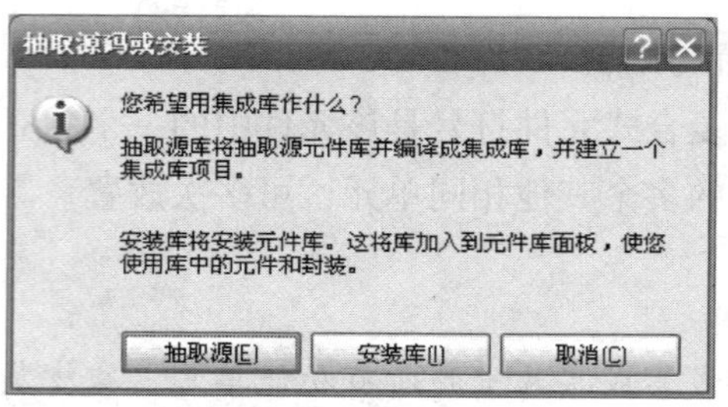

图 1—4—10 “抽取源码或安装”对话框

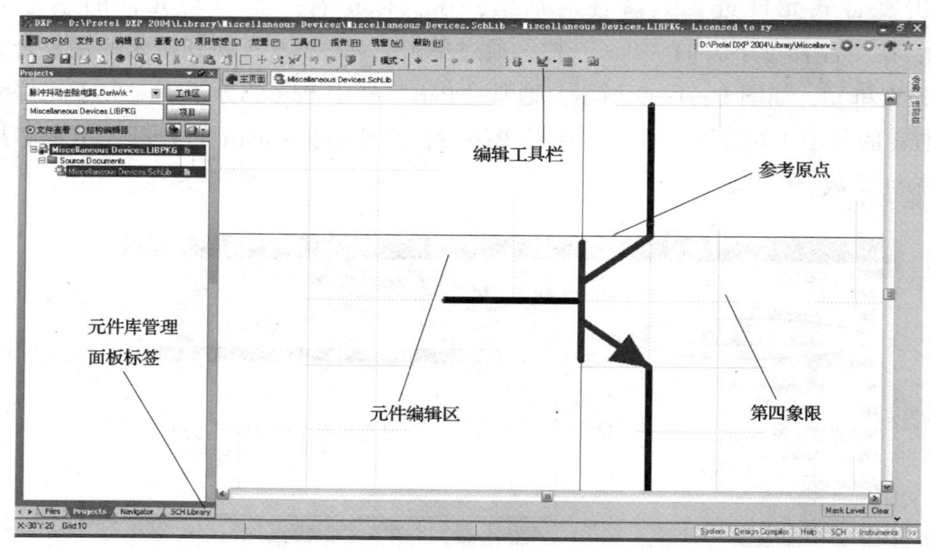

图 1—4—11 原理图元件库编辑器环境

1. 原理图元件库编辑器环境

原理图元件库编辑器用于编辑、制作和管理元件的图形符号，如图 1—4—11 所示，其操作界面和原理图的编辑界面基本相同，只是增加了专门用于制作元件的工具和元件库管理面板。编辑区内有一个十字坐标轴，将元件编辑区划分为四个象限。一般元件的编辑均在第四象限进行，且通常将元件的参考原点设置为坐标原点，方便元件的绘制及编辑。

2. 元件库编辑管理器面板

单击图 1—4—11 中的“SCH Library”元件库管理面板标签，进入元件库编辑管理器界面，如图 1—4—12 所示。

（1）元件列表框。列出当前打开的元件库中的所有元器件，其下方有 4 个按钮：

“放置”：可将在元件列表框中选定的元件放置到当前激活的原理图中。若当前没有激活的原理图，则系统会自动建立新的原理图，命名为“Sheet1. SchDoc”。

“追加”：可在当前原理图库中添加一个用户新建的元件。

“删除”：可在当前原理图库中删除一个被选定的元件。

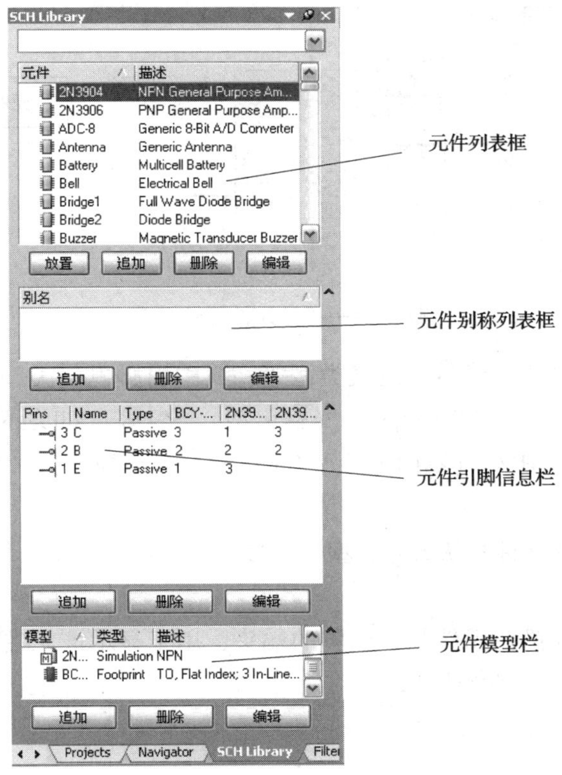

图 1—4—12　SCH Library 元件库编辑管理器界面

“编辑”：可打开元件属性对话框，设置元件属性。

（2）元件别称列表框。元件列表框中选定的元件若有别名，将会显示在此列表框中。有些元件的功能、封装、引脚形式等信息完全一致，只是生产厂家不同，只需要为其中已有的元件符号添加一个或多个别称即可。

（3）元件引脚信息栏。显示元件列表框中选定的元件引脚名称、编号、类型等信息。

（4）元件模型栏。列出被选定元件的相关模型，包括模型文件名称、类型以及模型元件描述等信息，在仿真设置及 PCB 设计中将使用该栏。

三、原理图元件符号组成

如图 1—4—13 所示，原理图中的元件一般由以下几个部分组成：

1. 元件外形

元件外形仅表示实际原理图中的元件符号图形，并不代表实际的元件外形尺寸。

2. 元件引脚

元件引脚具有电气特性，原理图中通过导线将各元件引脚连接起来，实现各元件之间的电气连接。元件引脚的数量、编号、名称及属性必须与实际元件保持一致。元件的引脚

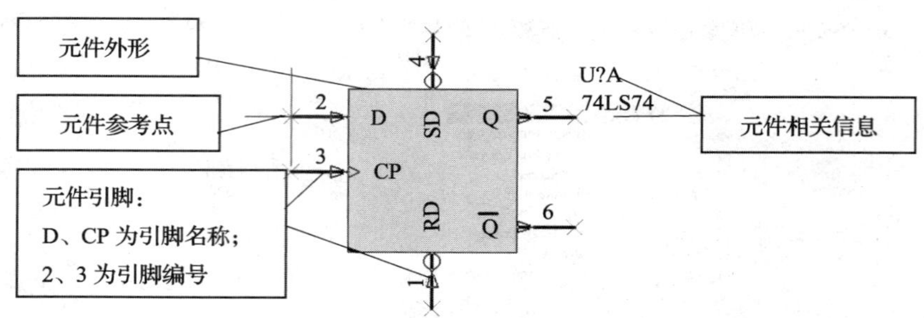

图 1—4—13　元件符号组成

信息主要包括引脚的名称、编号、电气类型等，其中引脚电气类型有：“Input”（输入型）、“IO”（输入输出型）、“Output”（输出型）、“OpenCollector”（集电极开路型）、“Passive”（无源型）、“HiZ”（高阻型）、“Emitter”（发射极型）、“Power”（电源型）。

3. 元件相关信息

元件相关信息包括元件默认编号、型号、参数等信息。

4. 元件参考点

元件参考点一般设置在元件某一引脚的端头，用于显示该元件被选定时光标所在位置，便于元件的移动、复制及粘贴。

四、元件绘图工具

原理图元件库编辑器中的元件绘图工具与原理图编辑器中的绘图工具相比较，增加了元件引脚放置工具和 IEEE 符号工具，如图 1—4—14 所示。只需要将光标放置到工具栏中的按钮上即可显示其功能提示。

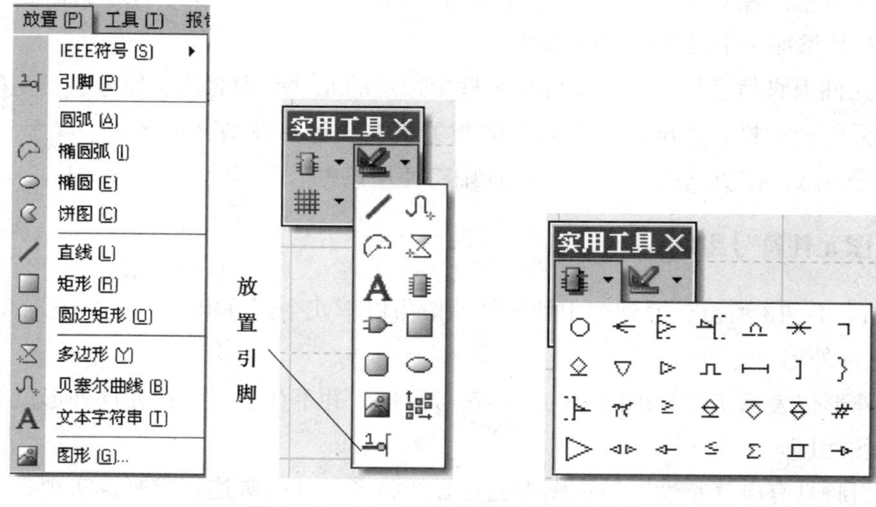

图 1—4—14　元件库编辑器绘图工具

任务实施

一、创建并启动自建元件库编辑器

在用户目录中新建“脉冲抖动去除电路”文件夹。

1．新建、保存设计工作区

将新建设计工作区保存在上述文件夹中，并命名为“脉冲抖动去除电路．DsnWrk”。

2．新建、保存工程项目

将新建工程项目保存在上述文件夹中，并命名为“脉冲抖动去除电路．PrjPCB”。

3．新建、启动原理图元件库编辑器

执行菜单命令【文件】／【创建】／【库】／【原理图库】（或右键单击项目管理器中“脉冲抖动去除电路．PrjPCB”／【追加新文件到项目中】／【Schematic Library】），新建一个原理图库文件，同时绘图区域进入该原理图库编辑器环境。再执行菜单命令【文件】／【另存为】（或右键单击该原理图库文件，执行【另存为】），将该原理图库文件保存在上述文件夹中，并命名为“自建元件．SchLib”，如图1—4—15所示。

图1—4—15　新建、启动原理图元件库编辑器

二、设置元件库编辑器环境参数

1．设置图纸参数、网格

执行菜单命令【工具】／【文档选项】，弹出“库编辑器工作区”对话框，选择“库

编辑器选项”标签，图纸参数设置如图 1—4—16 所示。右侧“网格”的“可视”和“捕获”选项前均打“√”，值为 10，参数值可根据实际设计需要进行修改。

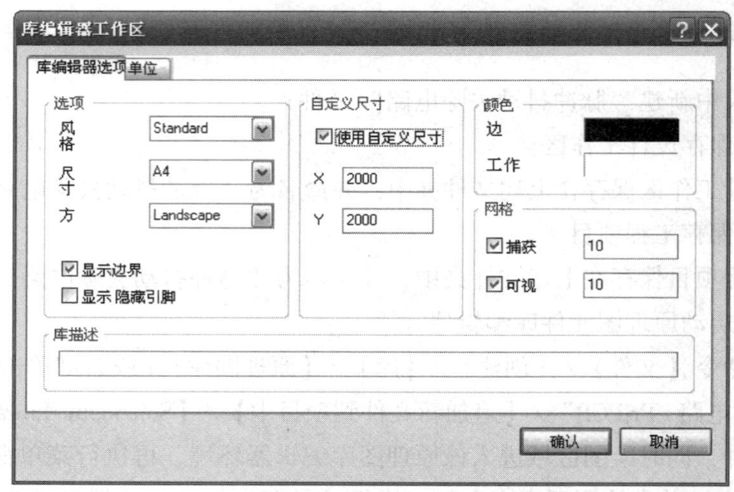

图 1—4—16 “库编辑器工作区”对话框

2. 设置单位

在图 1—4—16 中选择“单位”标签，根据任务目标选择“使用英制单位”的 Dxp Defaults。

3. 其他环境特性设置

执行菜单命令【工具】/【原理图优先设定】，在“Schematic”的“Graphical Editing”中可进行其他环境特性设置。

三、编辑、制作元件

1. 采用手工制作方法绘制液晶显示模块 TS12864A（分立元件），如图 1—4—2 所示。

液晶显示正被广泛应用于电子产品等各领域，液晶模块已成为单片机系统的一个重要输出器件。图形液晶显示模块 TS12864A 内含 ST7920 控制器，具有 8 位微处理器接口，通过内部的 128 ×64 位映射 DDRAM 实现 128 ×64 点的平板显示。查阅 TS12864A 相关使用手册，得到其引脚定义，见表 1—4—1。

表 1—4—1　　TS12864A 引脚定义

引脚序号	引脚名称	引脚电平	引脚功能
1	VSS	0 V	电源地
2	VDD	+5 V	电源输入
3	V0	—	液晶显示对比度调节

续表

引脚序号	引脚名称	引脚电平	引脚功能
4	RS（D/I）	H/L	H：显示数据；L：显示指令
5	R/W	H/L	H：读信号；L：写信号
6	E	—	读写使能
7～14	DB0～DB7	H/L	数据总线
15	PSB	H/L	H：8 位或 4 位并口方式；L：串口方式
16	NC	—	—
17	/RES	H/L	复位端，低电平有效
18	NC	—	—
19	LED（+）	—	背光源正端（+5 V）
20	LED（-）	—	背光源负端

编辑、制作液晶显示模块 TS12864A 的步骤如下：

（1）重命名元件。在图 1—4—11 中单击左下角的“SCH Library”元件库管理面板标签，选中默认元器件“Component_ 1”后执行菜单命令【工具】/【重新命名元件】，在“重命名元件”对话框中输入元件名为 TS12864A。

（2）调整设计窗口到原点。执行菜单命令【编辑】/【跳转到】/【原点】，或通过按 Ctrl + Home 键，将图纸原点调整到设计窗口的中心。

注意

Protel DXP 的元件均在原点附近绘制，并作为该元件的参考点。

（3）绘制、编辑元件外形。在图 1—4—15 中执行菜单命令【放置】/【矩形】（或单击实用工具栏中的□），将方块左上角与原点（X：0，Y：0）重合，并单击鼠标左键，拖动鼠标到坐标（X：50 mil，Y：－210 mil）以确定矩形右下角，如图 1—4—17 所示。此时，按 Tab 键（或放置好矩形后直接双击矩形），弹出如图 1—4—18 所示的“矩形”对话框，可设置矩形框边缘线宽、边缘线颜色、矩形填充颜色以及矩形位置大小等属性。

（4）放置、编辑引脚。执行菜单命令【放置】/【引脚】（或单击实用工具栏中的引脚图标），鼠标带动一个一端带有十字的黑色引脚移动，按 Space 键调整引脚方向，使带有十

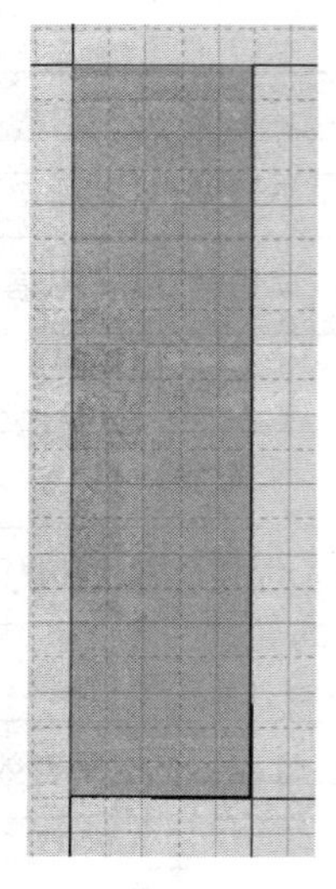

图 1—4—17　绘制 TS12864A 元件外形

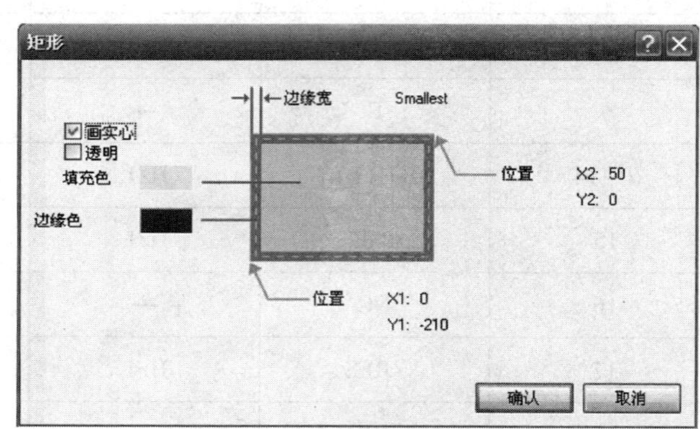

图 1—4—18　“矩形”对话框

字的一端朝向元件的外面，此时按 Tab 键（或放置好引脚后直接双击该引脚），弹出其属性对话框，如图 1—4—19 所示，设置引脚名称、编号、电气类型及其长度，确认后完成第一个引脚的放置、编辑，如图 1—4—20 所示。

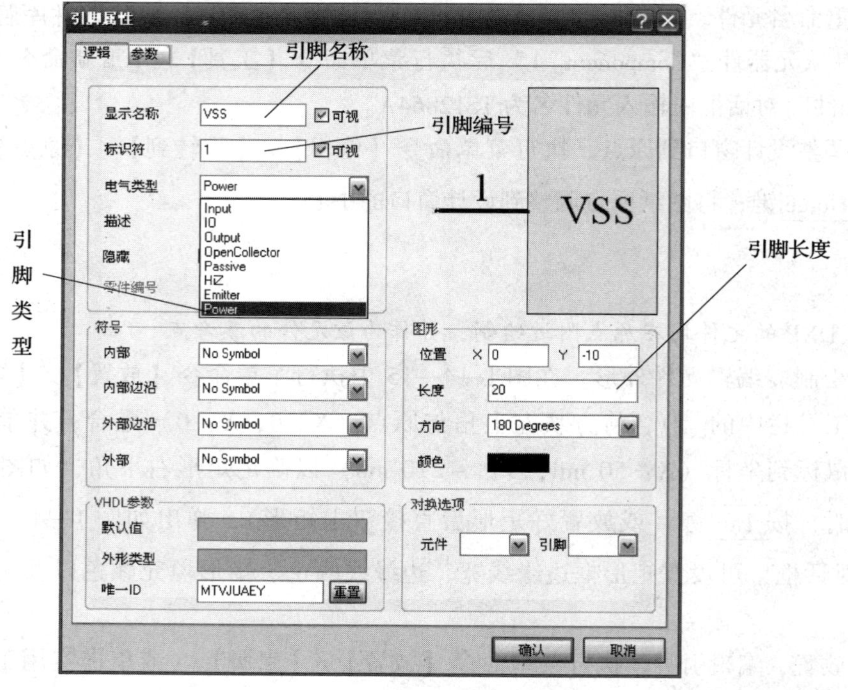

图 1—4—19　“引脚属性”对话框

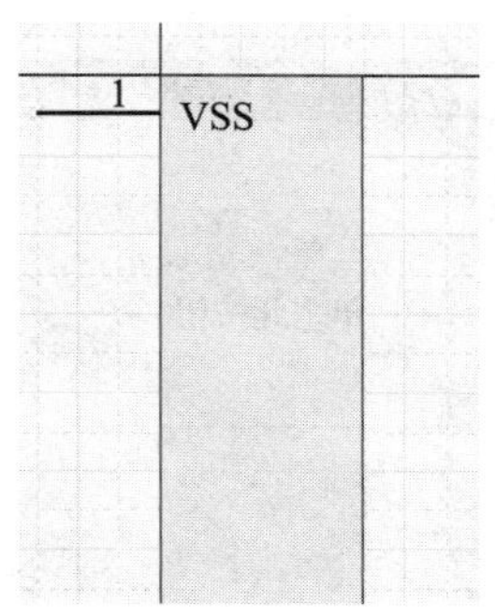

图 1—4—20　放置、编辑一个引脚

以同样的方式依次放置、编辑其余 19 个引脚，如图 1—4—21 所示，引脚属性参见表 1—4—2。

表 1—4—2　　TS12864A 引脚属性表

引脚编号	引脚名称	引脚电气类型	引脚方向	引脚长度
1	VSS	Power	180°	20
2	VDD	Power	180°	20
3	V0	Input	180°	20
4	RS（D/I）	Input	180°	20
5	R/W	Input	180°	20
6	E	Input	180°	20
7 ~ 14	DB0 ~ DB7	IO	180°	20
15	PSB	Input	180°	20
16	NC	Input	180°	20
17	/RES	Input	180°	20
18	NC	Input	180°	20
19	LED（+）	Power	180°	20
20	LED（-）	Power	180°	20

（5）修改元件属性。在图 1—4—21 的“SCH Library”元件库编辑管理器中选中 TS12864A 后，单击“编辑”按钮，打开“Library Component”（库元件属性）对话框。在“Default Designator”（默认编号）栏填写 U?；在“注释”栏填写 TS12864A；在“描述”栏填写 LCD display，其他为默认设置。

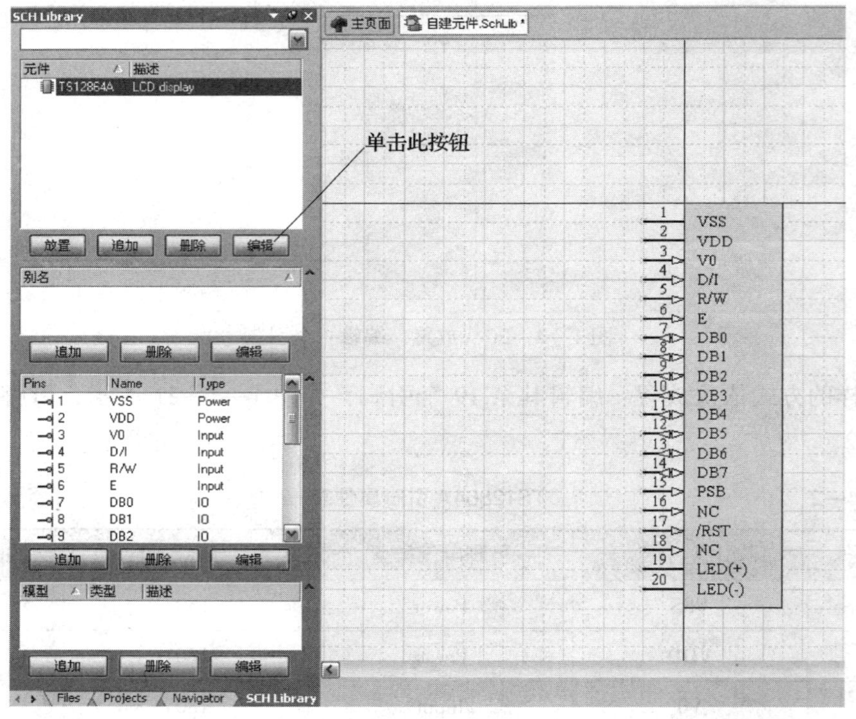

图 1—4—21　编辑、制作完成 TS12864A

2. 采用编辑、修改已有元件的方法制作 4 相步进电动机驱动芯片 STK672－040（分立元件），如图 1—4—3 所示。

4 相步进电动机驱动芯片为 SANYO 公司的 STK672－040，其内部集成了硬件脉冲分配与功率驱动功能，不需要其他驱动电路即可控制步进电动机运行。查阅 STK672－040 相关使用手册，得到其引脚定义，见表 1—4—3。

表 1—4—3　　STK672－040 引脚定义

引脚序号	引脚名称	引脚电平	引脚功能
1、2	$\overline{B}$、B	—	控制步进电动机的 4 相激励脉冲输出脚
3、4	PG	0 V	电源地
5、6	$\overline{A}$、A	—	控制步进电动机的 4 相激励脉冲输出脚
7	VCC2	+5 V	电源脚
8	Vref	—	恒定电流检测基准脚
9、10、11	M1、M2、M3	—	模式设置输入脚

续表

引脚序号	引脚名称	引脚电平	引脚功能
12、13	M4、M5	—	转向轨迹设置输入脚
14	CLK	H/L	相位切换时钟输入脚
15	CWB	H/L	步进方向设置输入脚
16	/RES	H/L	复位脚，低电平有效
17	RETURN	H/L	归位输入脚
18	/EN	H/L	激励驱动输出关闭使能脚
19、20、21	MOI、MO1、MO2	H/L	激励状态监视脚
22	SG	—	信号地

因 STK672－040 符号外形及引脚数量与 Protel DXP 2004 内置库文件 Miscellaneous Connectors. SchLib 中的 Header 11X2A 相似，故采用编辑、修改已有元件 Header 11X2A 而得到新元件，步骤如下：

（1）新建元件。执行菜单命令【工具】/【新元件】，弹出新建元件对话框，输入元件名为 STK672－040，如图 1—4—22 所示。确认后可见“SCH Library”元件库管理面板的元器件列表中增加了一个新元器件 STK672－040，并且在当前编辑区打开一张新图纸。

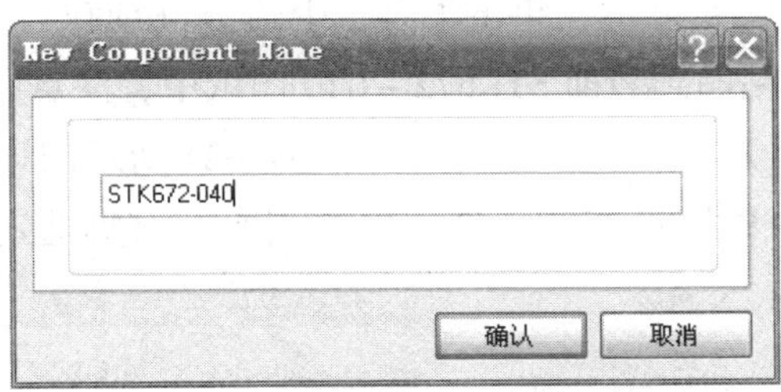

图 1—4—22　新建元件并命名

（2）复制已有元件 Header 11X2A。执行菜单命令【文件】/【打开】，选择打开文件为 C:\ Protel DXP 2004 \ Library \ Miscellaneous Connectors. IntLib（路径因安装目录不同而不同），单击“抽取源”按钮提取源文件，经确认后双击“Miscellaneous Connectors. SchLib”文件，即可进入 Miscellaneous Connectors. SchLib 元件库编辑器环境，单击左下侧“SCH Library”进入元件库编辑管理器界面，在元件列表中选中 Header 11X2A，在编辑区选定整个元件，并单击工具栏中的（或执行菜单命令【编辑】/【复制】），将十字光标定位于原点作为剪贴板的参考点，如图 1—4—23 所示。

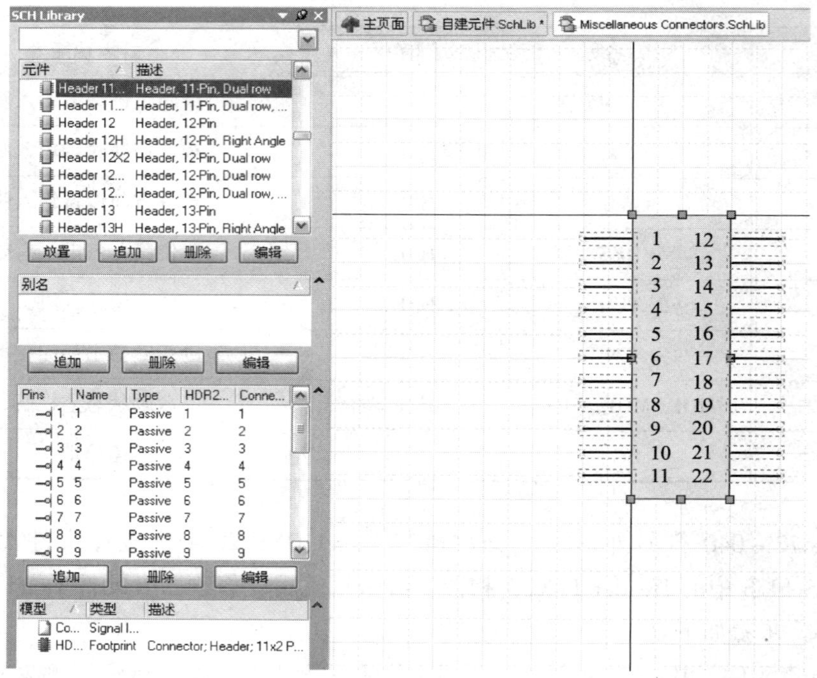

图 1—4—23　复制已有元件 Header 11X2A

（3）粘贴到新元件中。单击工作编辑区上端的“自建元件.SchLib”标签，将工作界面切换回自建元件库编辑器中，再单击左下侧“SCH Library”，选中元件列表中已新建好的 STK672－040，回到新图纸环境。单击工具栏中的（或执行菜单命令【编辑】/【粘贴】），将 Header 11X2A 粘贴到当前 STK672－040 图纸中，注意原点对齐。

（4）修改元件外形。双击矩形，进入如图 1—4—24 所示的“矩形”对话框，将位置 X2 的值由 40 修改为 70，即矩形变宽。将元件右侧所有引脚选定，并整体移动到矩形框右侧的边缘，如图 1—4—25 所示。

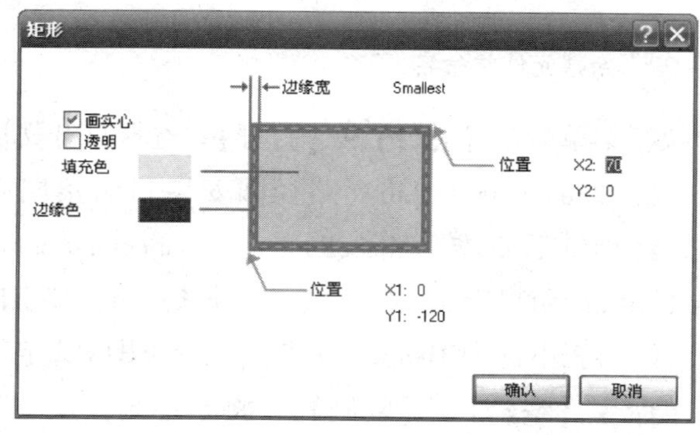

图 1—4—24　“矩形”对话框

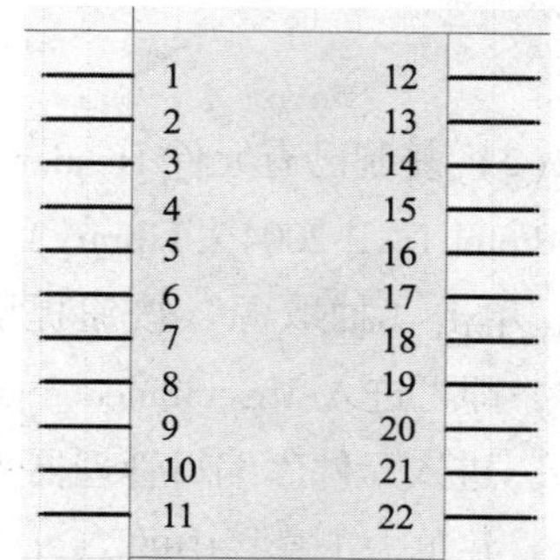

图 1—4—25　修改后的元件外形

（5）修改元件引脚。参照图 1—4—3 和表 1—4—4 逐一修改 STK672－040 引脚属性。

表 1—4—4 STK672－040 引脚属性表

引脚序号	引脚名称	引脚电气类型	引脚方向	引脚长度
1	$\overline{B}$（B\）	Output	180°	20
2	B	Output	180°	20
3	PG	Power	180°	20
4	PG	Power	180°	20
5	$\overline{A}$（A\）	Output	180°	20
6	A	Output	180°	20
7	VCC2	Power	180°	20
8	Vref	Input	180°	20
9	M1	Input	180°	20
10	M2	Input	180°	20
11	M3	Input	180°	20
12	M4	Input	0°	20
13	M5	Input	0°	20
14	CLK	Input	0°	20
15	CWB	Input	0°	20
16	/RES	Input	0°	20
17	RETURN	Input	0°	20
18	/EN	Input	0°	20
19	MOI	Output	0°	20
20	MO1	Output	0°	20
21	MO2	Output	0°	20
22	SG	Power	0°	20

当字符上端需要显示一横（表示非）时，输入字符时可使用“\”来实现。如在引脚

名处输入“G\2A”来实现$\overline{G}$2A，输入“Y\7\”来实现$\overline{Y7}$等。

（6）修改元件属性。操作同前，在“Default Designator”（默认编号）栏填写 U?；在“注释”栏填写 STK672－040；在“描述”栏填写 4 相步进电动机驱动，其他设置为默认。

至此，自建元件 . SchLib 中已编辑完成两个元器件，如图 1—4—26 所示。

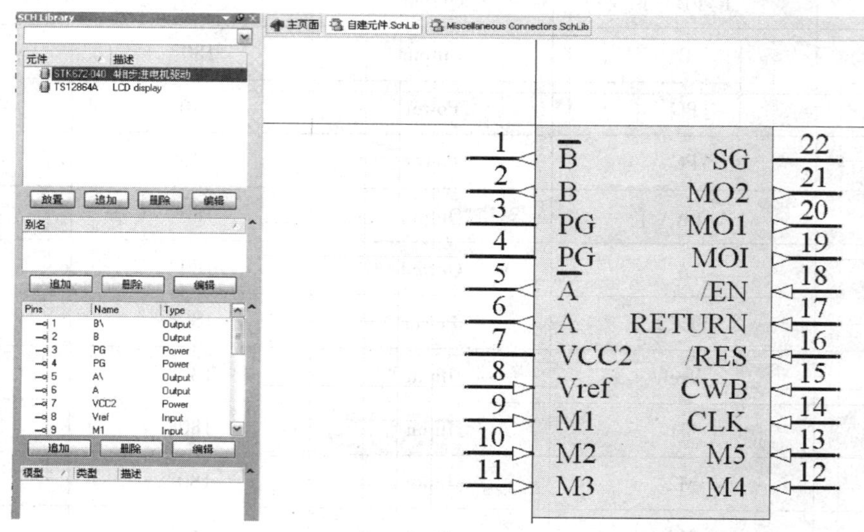

图 1—4—26　编辑完成两个元件

3. 采用手工制作方法绘制双 D 触发器 74LS74（复合式元件），如图 1—4—4 所示。

双 D 触发器 74LS74 芯片内部含两个独立的 D 上升沿触发器，具体组成单元及实物如图 1—4—27 所示。每个触发器有数据输入（D）、置位输入（PR 或 SD）、复位输入（CLR 或 RD）、时钟输入（CK 或 CP）和数据输出（Q、$\overline{Q}$）。

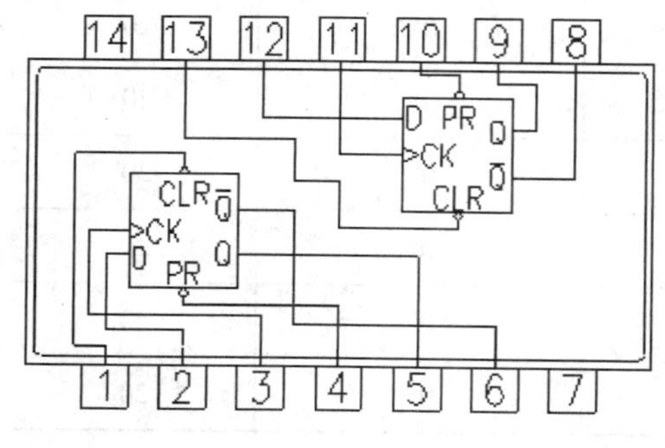

a）

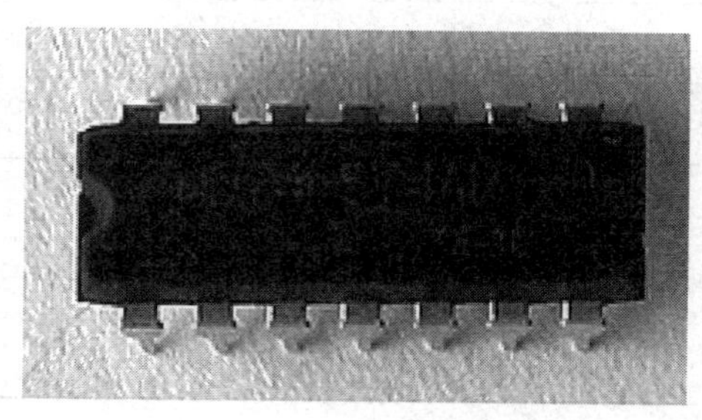

b）

图 1—4—27　74LS74 引脚排列图及其实物

a）引脚排列图　b）实物图

双 D 触发器 74LS74 的编辑、制作采用手工制作方法，因其为复合式元件，故需完成两个独立的功能单元设计，步骤如下：

（1）新建元件。操作同前，输入元件名为 74LS74。

（2）绘制、编辑元件外形。执行菜单命令【放置】/【矩形】（或单击实用工具栏中的▢），矩形的左上角与原点（X：0，Y：0）重合，右下角坐标（X：60 mil，Y：－60 mil），并进入“矩形”对话框编辑矩形。

（3）放置元件引脚。执行菜单命令【放置】/【引脚】（或单击实用工具栏中的 ），依次放置 6 个引脚在适当位置，注意调整引脚方向，使引脚上带有十字的一端朝向元件的外面，如图 1—4—28 所示。

（4）修改各引脚属性。依次双击各个引脚（或选中引脚后按 Tab 键），调出其属性对话框，参照表 1—4—5 修改各引脚属性。第一个功能单元编辑完成后如图 1—4—29 所示，注意通常隐藏 VCC 引脚和 GND 引脚。

表 1—4—5　　74LS74 引脚属性表

引脚序号	引脚名称	引脚电气类型	引脚方向	引脚符号特性
1/13	RD	Input	270°	外部边沿 Dot
2/12	D	Input	180°	—
3/11	CP	Input	180°	内部边沿 Clock
4/10	SD	Input	180°	外部边沿 Dot
5/9	Q	Output	0°	—
6/8	Q \	Output	0°	—
7	GND	Power	180°	—
14	VCC	Power	180°	—

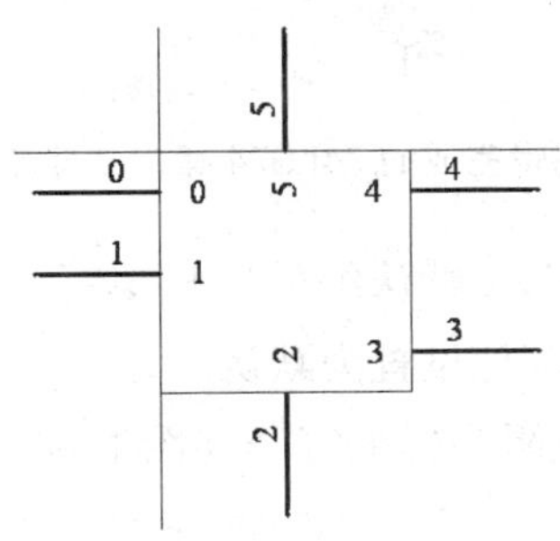

图 1—4—28　放置元件引脚

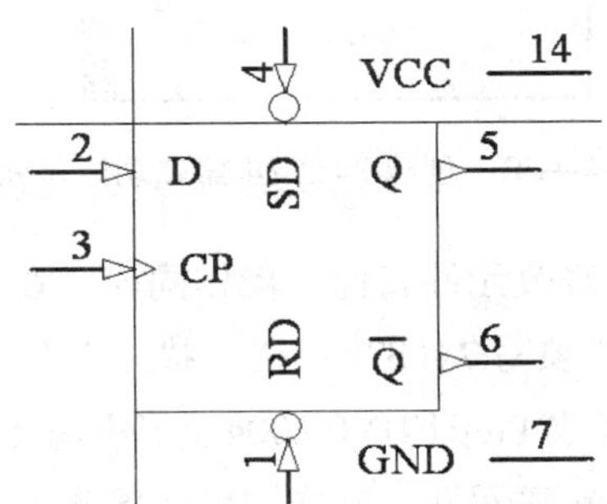

图 1—4—29　编辑完成的 74LS74 第一功能单元

（5）新建第二功能单元。执行菜单命令【工具】/【创建元件】后，元件库编辑管理器中的 74LS74 如图 1—4—30 所示，包含两个组成部分：Part A 和 Part B，同时在编辑区打开一张新的空白图纸，用于绘制 74LS74 的第二功能单元（Part B）。

（6）复制、粘贴第一功能单元。单击图 1—4—30 中的“Part A”，回到已编辑好的第一功能单元图纸中，将第一功能单元图形全部选定，注意包括被隐藏的 VCC 引脚和 GND 引脚，单击工具栏中的（或执行菜单命令【编辑】/【复制】），将十字光标定位于原点，作为剪贴板的参考点。

单击图 1—4—30 中的“Part B”，切换到新的空白图纸，单击工具栏中的（或执行菜单命令【编辑】/【粘贴】），将第一功能单元粘贴到当前第二功能单元的图纸中，注意原点对齐。

（7）修改第二功能单元引脚属性。第二功能单元与第一功能单元除了引脚编号不同，其余完全一致，逐一修改各引脚编号即可，编辑完成的第二功能单元如图 1—4—31 所示。

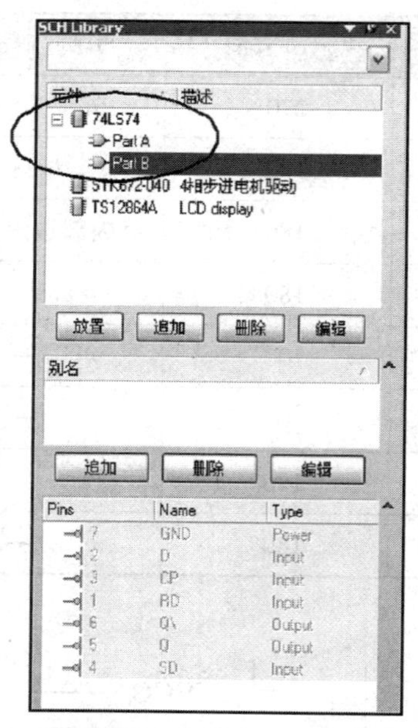

图 1—4—30 创建 74LS74 第二功能单元

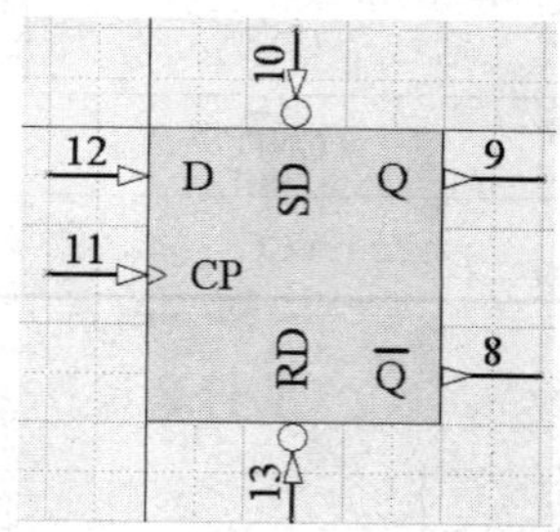

图 1—4—31 编辑完成的 74LS74 第二功能单元

（8）修改元件属性。操作同前，在“Default Designator”（默认编号）栏填写 U?；在“注释”栏填写 74LS74；在“描述”栏填写双 D 触发器，其他设置为默认。

4．修改 Protel DXP 2004 元件库中已有二极管、可调电阻为标准符号（图 1—4—5）。

（1）新建元件。操作同前，输入元件名为二极管。

（2）复制已有元件 Diode。操作同前，打开“Miscellaneous Devices. IntLib”文件，

经确认后双击“Miscellaneous Devices. SchLib”文件，进入该元件库编辑器环境，在元件列表中选定 Diode，在编辑区内选定并复制整个元件，将原点作为剪贴板的参考点。

(3) 粘贴到新元件中。将工作界面切换回自建元件库编辑器中已新建好的二极管图纸环境中，将 Diode 粘贴到当前二极管图纸中，注意原点对齐，如图 1—4—32 所示。

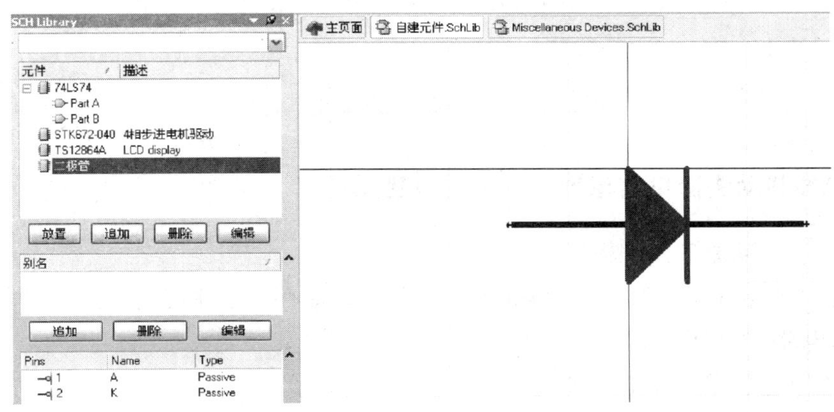

图 1—4—32　复制、粘贴 Diode

(4) 修改元件外形。双击图 1—4—32 中的实心三角形，进入其属性对话框，取消“画实心”复选框的选取，如图 1—4—33 所示，确认后显示效果如图 1—4—34 所示。再单击工具栏中的 ／（或执行菜单命令【放置】／【直线】），在三角形中间画一条直线，如图 1—4—35 所示，即为标准二极管电气符号。

(5) 修改元件属性。操作同前，在“Default Designator”（默认编号）栏填写 VD?；在“注释”栏填写二极管；其他设置为默认。

以上述同样方法编辑、修改可调电阻，不再赘述。至此完成五个元件的编辑、制作。

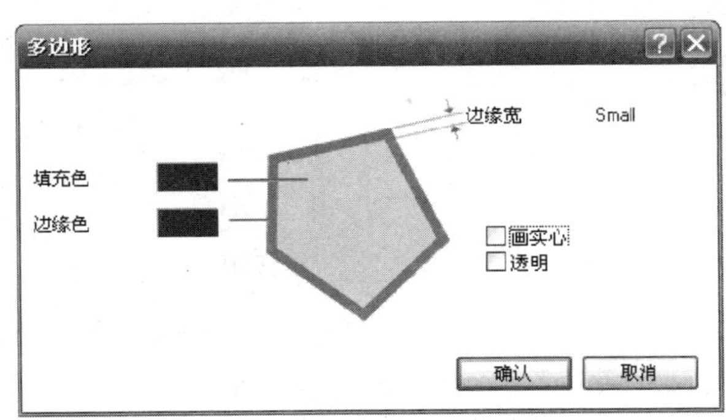

图 1—4—33　属性修改

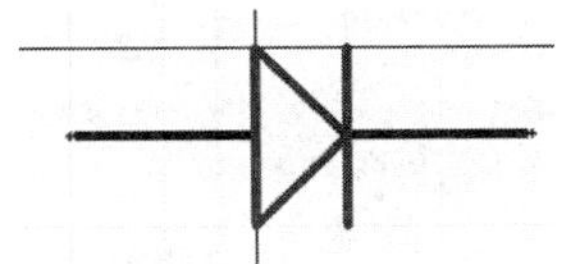

图 1—4—34　修改外形为空心

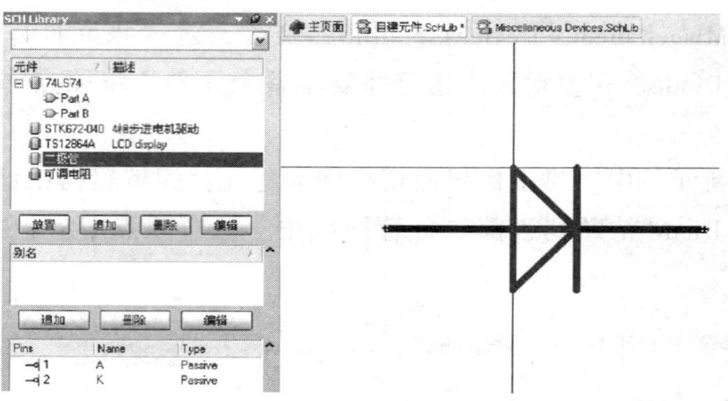

图 1—4—35　标准二极管电气符号

四、绘制脉冲抖动去除电路原理图，调用自建元件库

1. 新建、启动原理图编辑器

在前面“脉冲抖动去除电路 . PrjPCB”中新建、保存一个原理图文件，并命名为“脉冲抖动去除电路 . SchDoc”。

2. 设置原理图图纸和工作参数

具体方法和步骤详见任务 2。

3. 调用自建元件库

在原理图编辑环境下，单击工作区右侧的“元件库”面板标签（或执行菜单命令【设计】/【浏览元件库】），在库面板中单击“元件库”按钮，进入“可用元件库”对话框。单击“安装”按钮后选择上述完成的自建元件库文件，如图 1—4—36 所示（注意自建元件库所在路径，本书路径为 F:\ Protel DXP 练习\ 脉冲抖动去除电路\ 自建元件 . SchLib）。

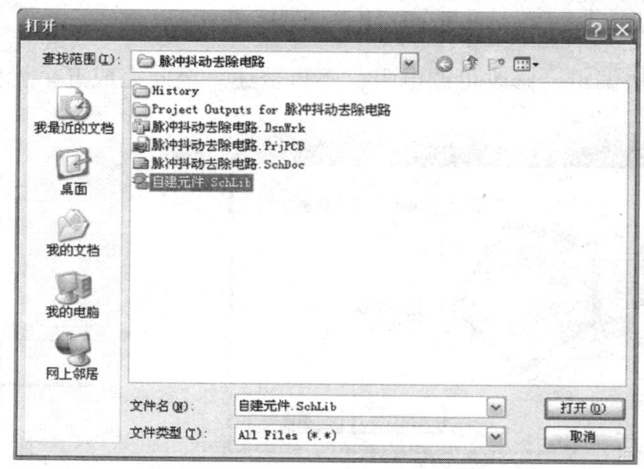

图 1—4—36　选择“自建元件 . SchLib”

单击“打开”按钮后回到库面板中，如图 1—4—37 所示，可见自建元件库已加载成功，在下面的元件列表和元件符号中可见自建元件，单击右上角的“Place”按钮可将选定的自建元器件放置到绘图工作区。

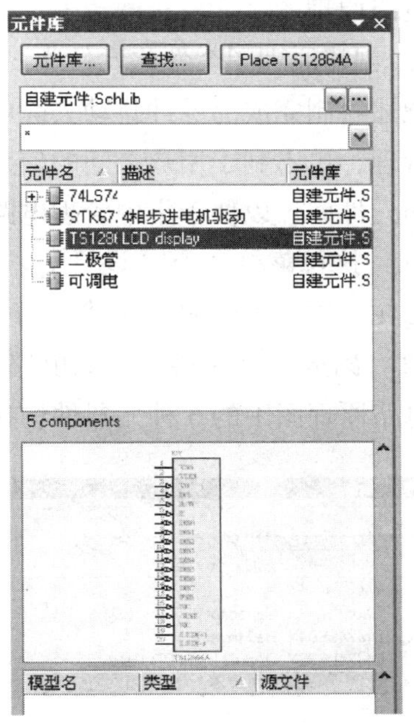

图 1—4—37　调用“自建元件 . SchLib”

4. 放置元器件

（1）放置 74LS74。从上述自建元件库中选定 74LS74，单击右上角的“Place DM74LS04N”按钮，将 74LS74 的 Part A 放置到图纸中，用同样的方法放置 Part B 到图纸中。

（2）放置 DM74LS04N。若不清楚 DM74LS04N 存放于哪个元件库中，可采用元件查找方式放置。单击图1—4—37 中的“查找”按钮，进入如图1—4—38 所示的“元件库查找”对话框，在上端空白处输入“＊74LS04＊”。单击“查找”按钮，开始查找该元器件。查找结果如图 1—4—39 所示，共有 6 个符合要求的元件，选择其中一个放置到图纸中。

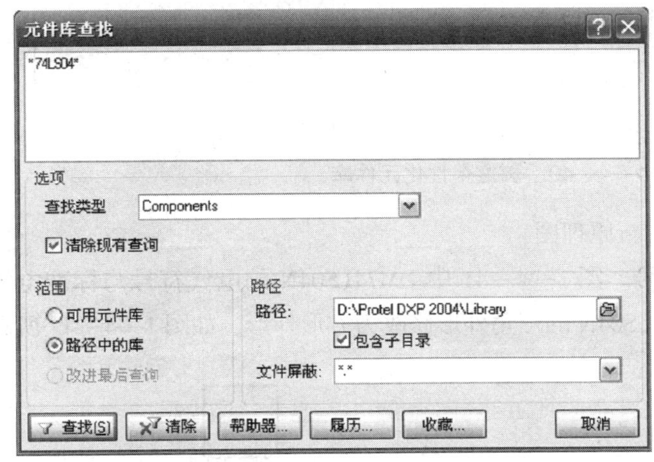

图 1—4—38　查找元件

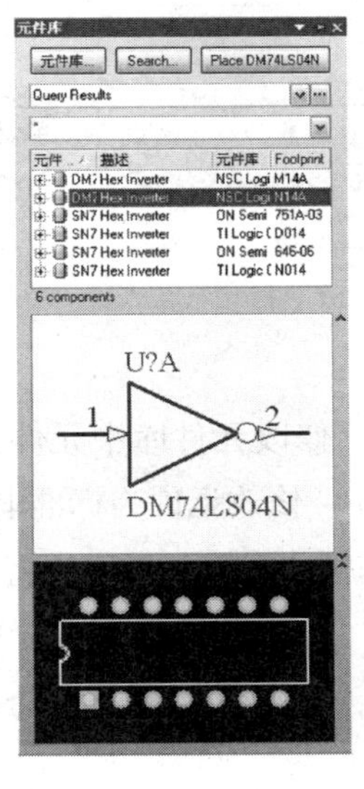

图 1—4—39　查找结果

（3）放置其他元件。采用上述两种方法放置其他元件到原理图中。

5. 绘制电路原理图

放置元器件之间的连接导线以及电源、接地端口、网络标签等，完成如图 1—4—6 所示的电路原理图。

6. 创建原理图个性化元件库

上述绘制完成的脉冲抖动去除电路原理图中的元件来自多个不同的库文件，不利于元件的管理，更不利于用户之间的信息交流。此时，可为项目中的原理图创建一个个性化的原理图元件库，以便于集中管理电路原理图中所用到的元器件。

（1）执行菜单命令【设计】/【建立设计项目库】，弹出确认对话框，单击“OK”按钮后在本项目中生成“脉冲抖动去除电路 . SchLib”文件。

（2）浏览“脉冲抖动去除电路 . SchLib”文件，如图 1—4—40 所示，可见脉冲抖动去除电路原理图中的 6 种元器件均在该元件库中。

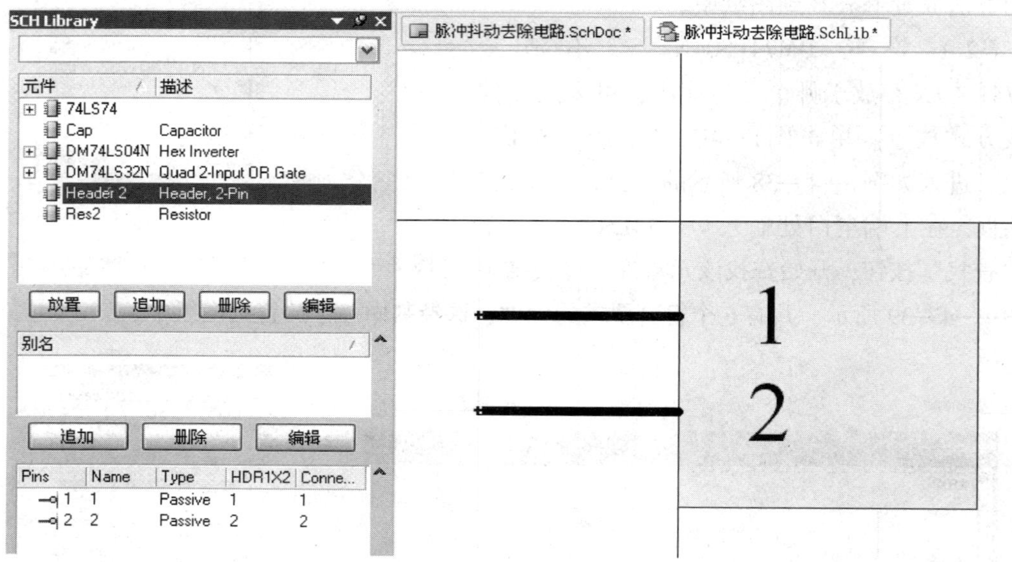

图 1—4—40　浏览个性化元件库

7. 修改元件库中元件，并更新原理图

（1）修改元件为标准电气符号。图 1—4—41 中 DM74LS04N 的电气符号与标准电气符号有差别，在该元件库中将 DM74LS04N 的三角外形修改为方形外形，如图 1—4—42 所示。

图 1—4—41　74LS04N 非标准电气符号　　图 1—4—42　修改后的标准 74LS04N

DM74LS04N 的 6 个单元外形均需修改，将捕获栅格设置为 5。

DM74LS32N 以同样方式修改为标准电气符号，如图 1—4—43 所示。

（2）更新电路原理图。脉冲抖动去除电路 . SchLib 中的非标准元件修改完成后，原脉冲抖动去除电路原理图中相应的元件符号也应该更新。在上述脉冲抖动去除电路 . SchLib 环境下执行菜单命令【工具】/【更新原理图】后，得到更新后的电路原理图，如图 1—4—43 所示。

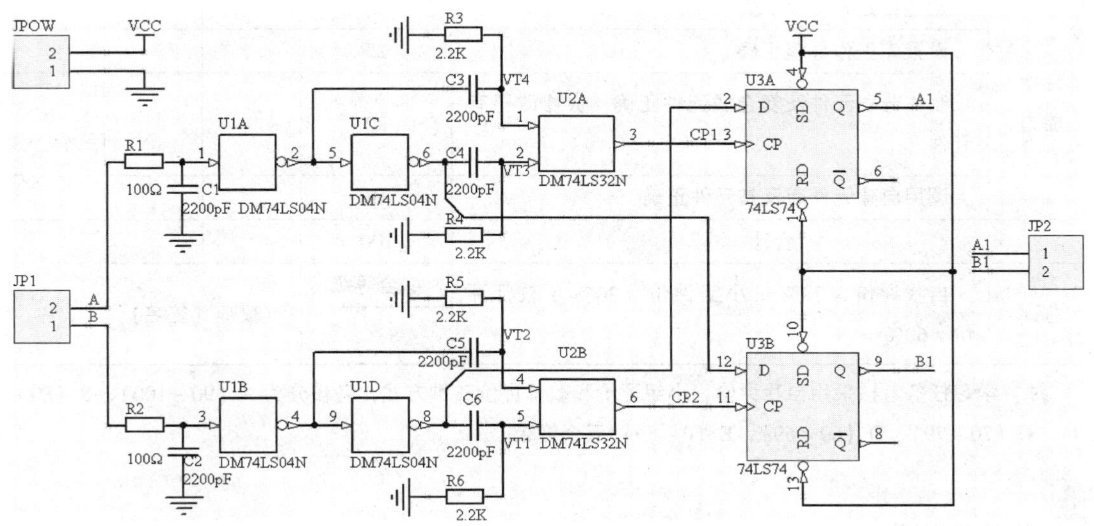

图 1—4—43　更新后的脉冲抖动去除电路原理图

注意

模块一任务 2 中图 1—2—35 所示串联负反馈稳压电源电路原理图也可用上述方法，先编辑、修改图中的非标准元件（实心的 VD1 和 VD2）为标准元件（空心），然后更新图 1—2—35，得到图 1—2—1。

任务评价

按表 1—4—6 中内容进行任务评价。

表 1—4—6　　　　任务评价表

评价项目	评价标准	配分（分）	自我评价	小组评价	教师评价
职业素养	安全意识、责任意识、服从意识强	5			
	积极参加教学活动，按时完成各项学习任务	5			
	团队合作意识强，善于与人交流和沟通	5			

续表

<table>
<tr><th>评价项目</th><th>评价标准</th><th>配分（分）</th><th>自我评价</th><th>小组评价</th><th>教师评价</th></tr>
<tr><td rowspan="2">职业素养</td><td>自觉遵守劳动纪律，尊敬师长，团结同学</td><td>5</td><td></td><td></td><td></td></tr>
<tr><td>爱护公物，节约材料，工作环境整洁</td><td>5</td><td></td><td></td><td></td></tr>
<tr><td rowspan="4">专业能力</td><td>创建自建元件库正确</td><td>2</td><td></td><td></td><td></td></tr>
<tr><td>设置库工作环境正确</td><td>25</td><td></td><td></td><td></td></tr>
<tr><td>制作分立元件及复合式元件正确，会修改已有元件</td><td>30</td><td></td><td></td><td></td></tr>
<tr><td>调用自建元件库及其元件正确</td><td>18</td><td></td><td></td><td></td></tr>
<tr><td colspan="2">合计</td><td>100</td><td></td><td></td><td></td></tr>
<tr><td rowspan="2">总评</td><td rowspan="2">自我评价 ×20% + 小组评价 ×20% + 教师评价 ×60% =</td><td>综合等级</td><td colspan="3" rowspan="2">教师（签名）：</td></tr>
<tr><td></td></tr>
</table>

注：学习任务考核采用自我评价、小组评价和教师评价三种方式，考核分为 A（90～100）、B（80～89）、C（70～79）、D（60～69）、E（0～59）五个等级。

思考与练习

1. 在电气控制系统电路中，常用到如图 1—4—44 所示的元器件，试建立元件库 DQ. SchLib，并绘制图中的元件。

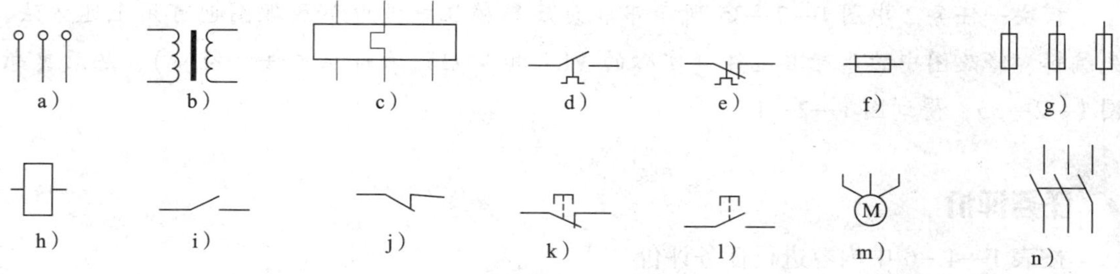

图 1—4—44　各种元器件

a）电源　b）变压器　c）热继电器　d）热继电器动合触点　e）热继电器动断触点　f）电源　g）三相熔断器　h）继电器　i）继电器动合触点　j）继电器动断触点　k）动合按钮　l）动断按钮　m）电动机　n）三相开关

2. 使用上题中的元件，绘制如图 1—4—45 所示的继电器控制电路。

3. 绘制照明自动控制电路原理图，如图 1—4—46 所示。其中，VD1、VD2、VD3、VT2 需修改为空心，L1、K（CS3020）、U1（CC4013）需要绘制。创建该电路项目的个性元件库。

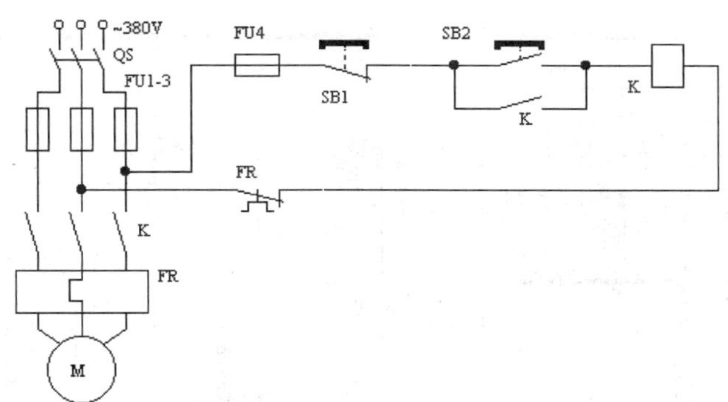

图 1—4—45 继电器控制电路

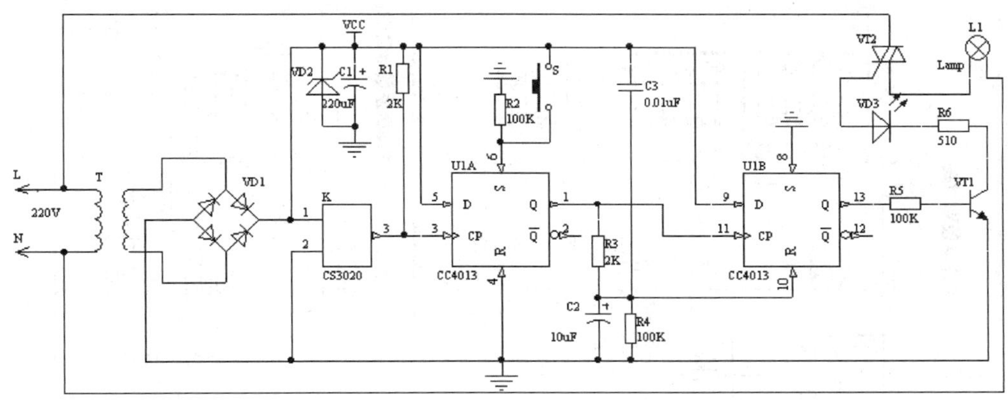

图 1—4—46 照明自动控制电路

任务 5 较复杂电路原理图绘制

学习目标

1. 了解复杂电路原理图中的总线结构组成。
2. 掌握总线结构各组成对象的放置、编辑方法。
3. 掌握较复杂电路原理图的绘制步骤。
4. 能绘制出符合规范的较复杂电路原理图。

任务引入

电路原理图设计中经常会遇到较复杂且功能强大的模数混合电路，其中包括复合式元件、总线结构、输入输出端口、网络标签等电气对象。运用 Protel DXP 2004 原理图编辑器绘制基于单片机的步进电动机控制系统电路原理图（图 1—5—1），具体要求如下：

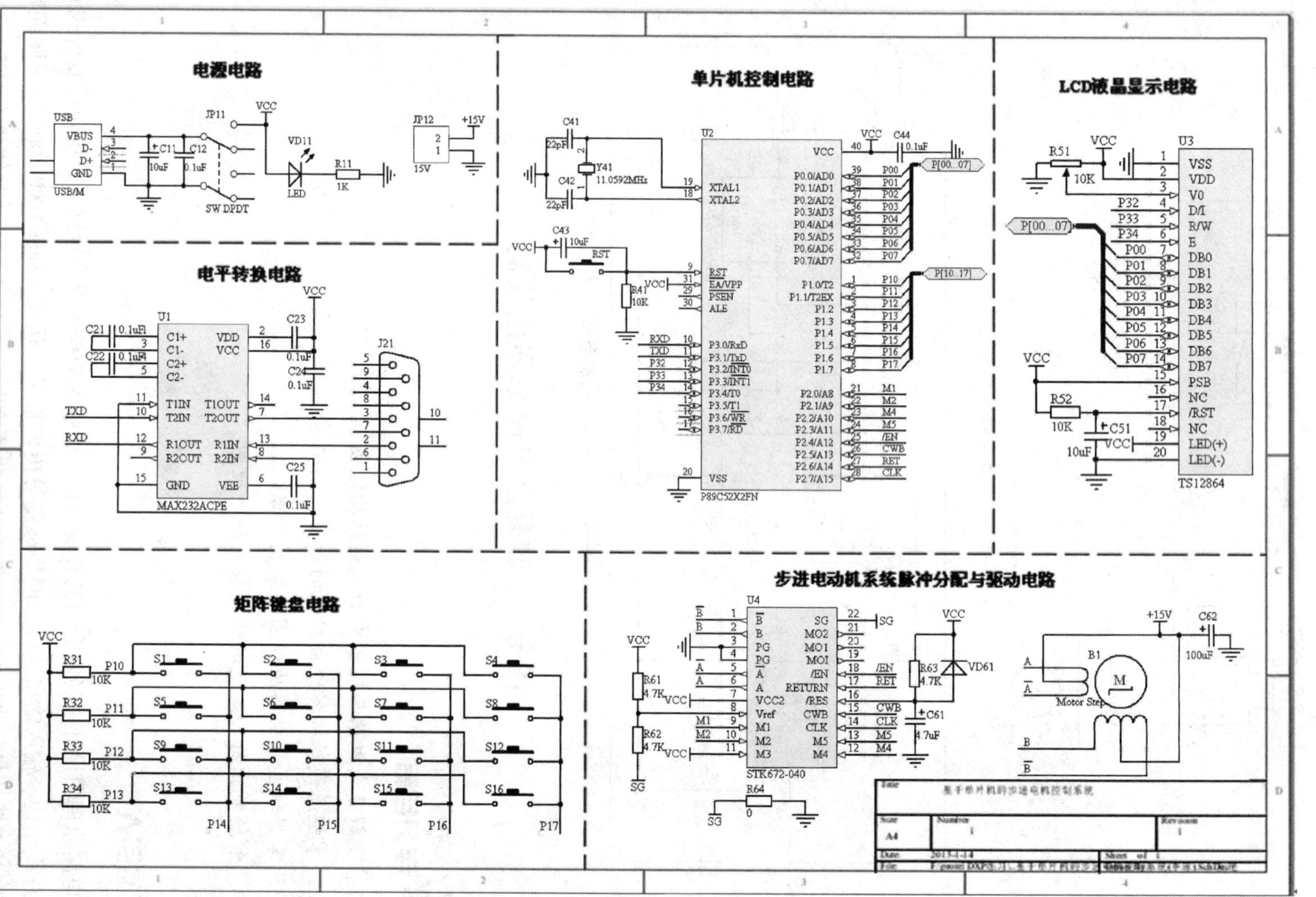

图 1—5—1　基于单片机的步进电动机控制系统电路原理图

1. 设置合适的图纸参数及原理图工作环境参数。
2. 绘制完整电路原理图，其中，所有元件符号必须与图示符号相符合。

任务分析

如图 1—5—1 所示基于单片机的步进电动机控制系统按功能分为 6 个子电路，分别为电源电路、电平转换电路、矩阵键盘电路、单片机控制电路、LCD 液晶显示电路、步进电动机系统脉冲分配与驱动电路。各子电路完成相应的功能，并且 6 个子电路绘制在一张图纸中。此图与前面简单电路原理图的绘制相比，增加了总线结构、端口等新内容。元件信息见表 1—5—1。

表 1—5—1 基于单片机的步进电动机控制系统电路图元件信息

元器件标识	库中元器件名	元器件参数	元器件所在元件库
C12、C21、C22、C23、C24、C25、C44	Cap	0. 1 μF	Miscellaneous Devices. IntLib
C41、C42	Cap	22 pF	Miscellaneous Devices. IntLib
C11、C43、C51	Cap Pol2	10 μF	Miscellaneous Devices. IntLib
C61	Cap Pol2	4. 7 μF	Miscellaneous Devices. IntLib
C62	Cap Pol2	100 μF	Miscellaneous Devices. IntLib
R11	Res2	1 kΩ	Miscellaneous Devices. IntLib
R31、R32、R33、R34、R41、R52	Res2	10 kΩ	Miscellaneous Devices. IntLib
R61、R62、R63、R64	Res2	4. 7 kΩ	Miscellaneous Devices. IntLib
R51	可调电阻	10 kΩ	自建元件 . SchLib
Y41	XTAL	11. 059 2 MHz	Miscellaneous Devices. IntLib
JP11	SW DPDT	—	Miscellaneous Devices. IntLib
JP12	Header 2	—	Miscellaneous Connectors. IntLib
J21	D Connector 9	—	Miscellaneous Connectors. IntLib
VD11	LED	—	自建元件 . SchLib
VD61	二极管	—	自建元件 . SchLib
B1	Motor Step	—	Miscellaneous Devices. IntLib
U1	MAX232ACPE	—	Maxim Communication transceiver. IntLib

续表

元器件标识	库中元器件名	元器件参数	元器件所在元件库
U2	P89C52X2FN	—	Philips Microcontroller 8 - Bit. IntLib
U3	TS12864	—	自建元件 . SchLib
U4	STK672 - 040	—	自建元件 . SchLib
RST、S1 ~ S16	SW - PB	—	Miscellaneous Devices. IntLib
USB	1364372 - 2	—	AMP Serial Bus USB. IntLib

因图 1—5—1 中元件 R51、VD61、U3、U4、VD11 在软件内置元件库中无法找到，需要在“自建元件 . SchLib”中编辑制作，其中 R51（可调电阻）、VD61（二极管）、U3（TS12864）、U4（STK672 - 040）的制作已在任务 4 中完成，所以绘图之前还需在任务 4 的“自建元件 . SchLib”中制作 VD11（LED，发光二极管）。

绘制较复杂的电路原理图流程如图 1—5—2 所示。

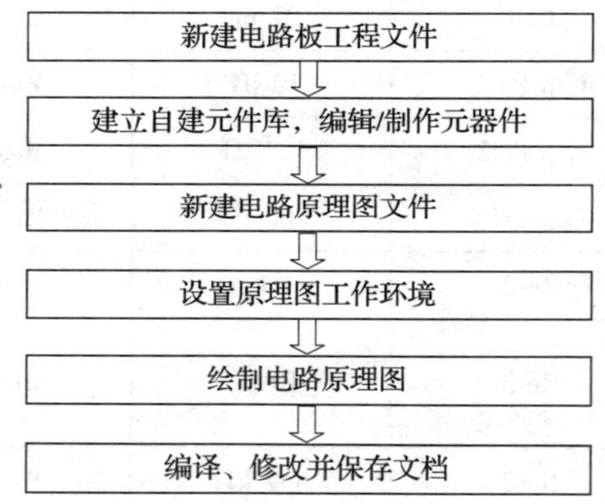

图 1—5—2　较复杂电路原理图的绘制流程

相关知识

一、总线结构

1. 总线

总线是用一根粗线来表达多条并行的、具有相同电气特性的电连接线，一般用于绘制地址总线、数据总线等，如图 1—5—3 所示的两条总线分别为 D［0…7］、A［0…15］。

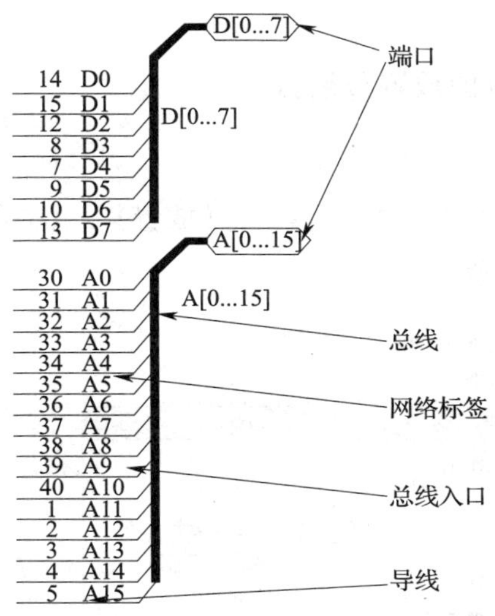

图 1—5—3　原理图中的总线结构

注意

原理图环境下的总线本身并没有任何实质上的电气意义，仅为方便识图和绘图、简化原理图而引入的一种形式。

2. 总线入口

使用总线代替一组并行电连接线时，通常需要与总线入口配合使用，即通过总线入口（小斜线）将总线分成多根导线，如图 1—5—3 所示。

3. 网络标签

因总线不具有电气连通的意义，故在对应的电气节点上还需通过网络标签、端口来表示具体的电气连接关系。详见模块一任务 2 中相关知识。

4. 输入、输出端口

端口是一个电路与另一个电路之间的连接口，实现电路的电连接功能，一般用于含有多个子电路的复杂电路原理图中，以简化原理图、方便识读，如图 1—5—3 所示。

端口和网络标签一样，是具有电气意义的符号，具有相同名称的端口可认为在电气意义上是连接在一起的。图 1—5—1 中单片机控制电路的 P［00…07］端口与 LCD 液晶显示电路的 P［00…07］端口是导通的，即总线通过总线入口分成多根导线，再通过每根导线上相同的网络标签得到一一对应的电气连接关系。

注意

总线结构中虽然所有导线都通过总线入口连接到总线上，但只有网络标签相同的导线才在电气意义上是连接的。

二、总线、总线入口、端口的放置与编辑

1. 总线的放置与编辑

执行菜单命令，或右键单击工作区，执行【放置】/【总线】命令，或单击配线工具栏中的，如图 1—5—4 所示。

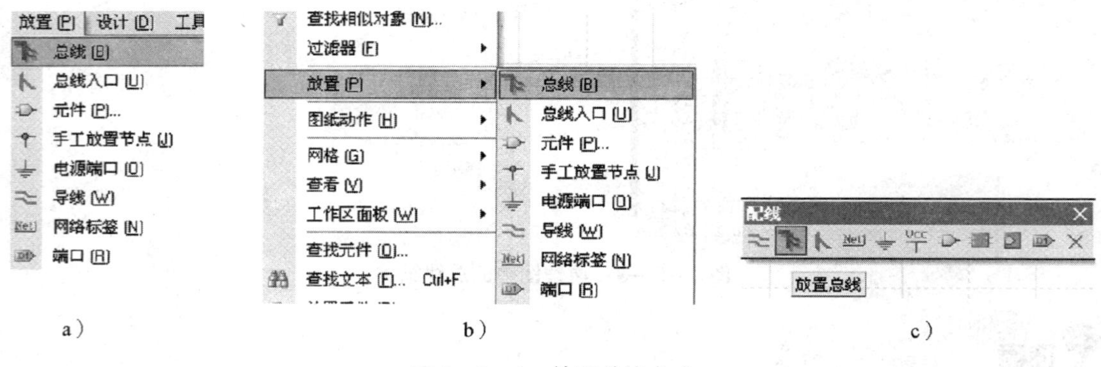

图 1—5—4 放置总线方式

a）执行菜单命令放置总线 b）右键单击工作区放置总线 c）单击配线工具栏放置总线

总线绘制方法、步骤与导线绘制相同，其属性设置也类似。如图 1—5—5 所示为弹出的“总线”对话框，可设置总线的线宽、颜色。

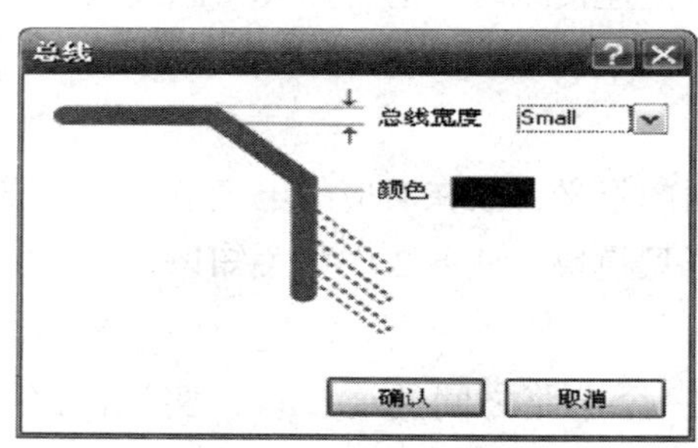

图 1—5—5 “总线”对话框

2. 总线入口的放置与编辑

执行菜单命令，或右键单击工作区，执行【放置】/【总线入口】命令，或单击配线工具栏中的，如图 1—5—6 所示。此时十字光标上附着一段总线入口线，按 Space 键使总线入口逆时针旋转 90°，或按 X 键、Y 键使总线入口水平或垂直翻转。将光标移到合适位置，出现红色星形标志，如图 1—5—7 所示，按 Tab 键，弹出如图 1—5—8 所示的“总线入口”对话框，可设置总线入口的位置、颜色和线宽。

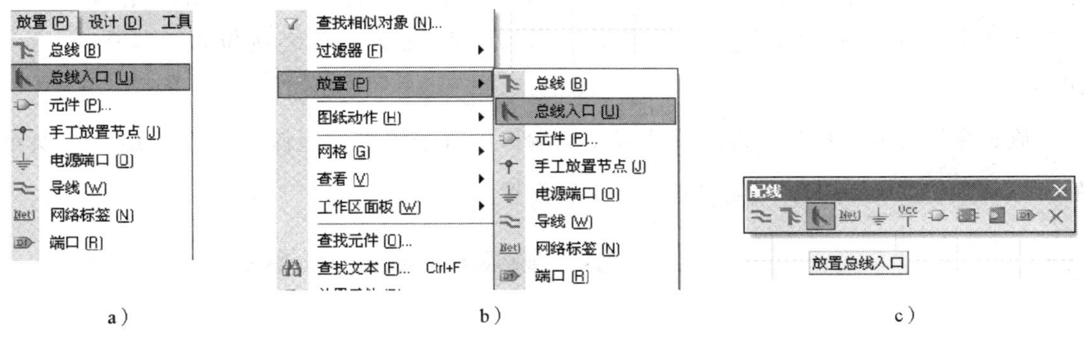

a）　b）　c）

图 1—5—6　放置总线入口方式

a）执行菜单命令放置总线入口　b）右键单击工作区放置总线入口　c）单击配线工具栏放置总线入口

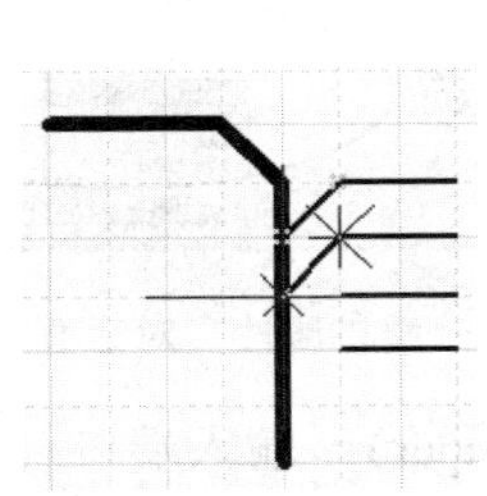

图 1—5—7　放置总线入口状态

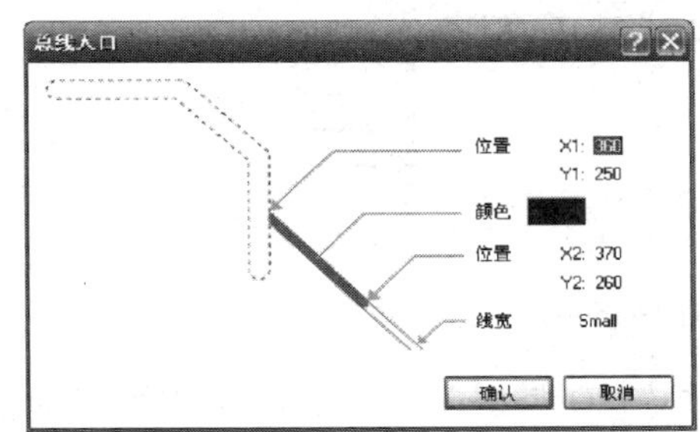

图 1—5—8　“总线入口”对话框

3．端口的放置与编辑

执行菜单命令，或右键单击工作区，执行【放置】/【端口】命令，或单击配线工具栏中的▭，如图 1—5—9 所示。此时十字光标上附着一个端口，按 Space 键调整端口方

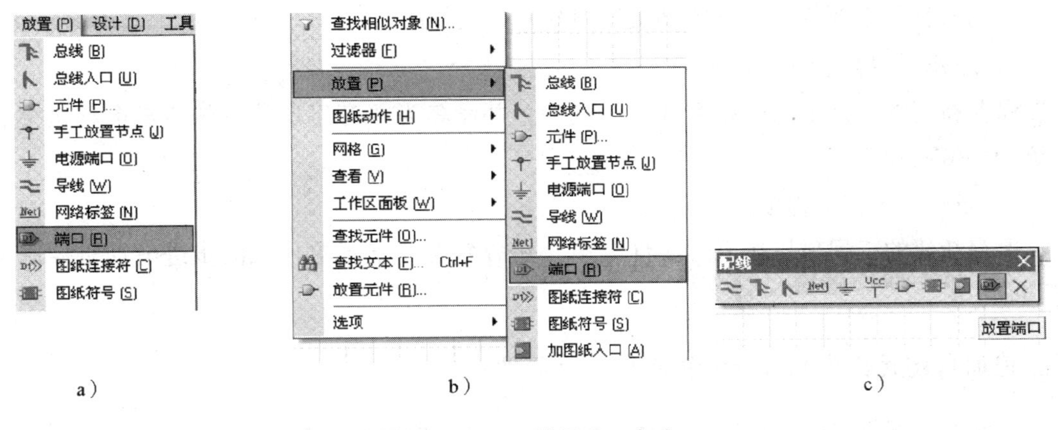

a）　b）　c）

图 1—5—9　放置端口方式

a）执行菜单命令放置端口　b）右键单击工作区放置端口　c）单击配线工具栏放置端口

向。将光标移到合适位置，出现红色星形标志，单击鼠标左键确定端口左侧起点位置，向右移动光标到合适位置，再次单击鼠标左键确定端口终点位置，如图 1—5—10 所示。

放置端口过程中按Tab键，或放置完成端口后双击该端口，弹出如图 1—5—11 所示的“端口属性”对话框，可对端口属性进行设置。

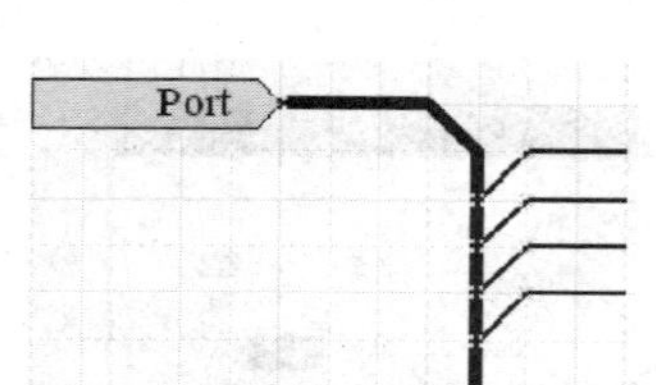

图 1—5—10 放置端口

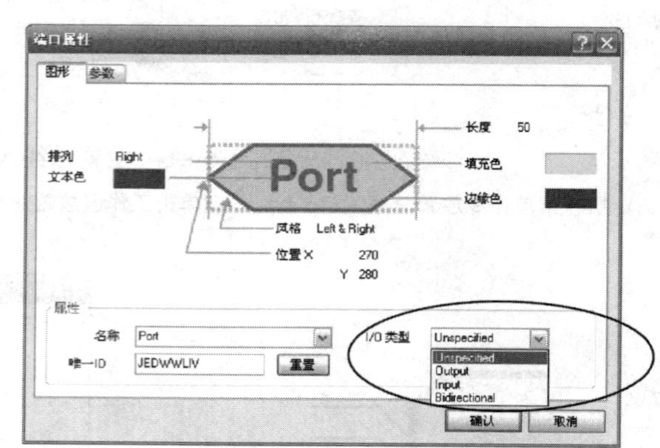

图 1—5—11 “端口属性”对话框

注意“I/O 类型”有三种明确类型，即输出端口（Output）、输入端口（Input）、双向端口（Bidirectional）和一种未指定类型（Unspecified）。

任务实施

一、新建电路板工程文件

在用户目录中新建“步进电动机控制系统”文件夹。

1. 新建、保存设计工作区

保存新建的设计工作区在上述文件夹中，并命名为“基于单片机的步进电动机控制系统 . DsnWrk”。

2. 新建、保存工程项目

保存新建的工程项目在上述文件夹中，并命名为“基于单片机的步进电动机控制系统 . PrjPCB”。

二、追加自建元件库文件与编辑制作新元器件

本书中所有自建的原理图元件统一存放在任务 4 建立的“自建元件 . SchLib”中，故先将该文件追加到当前项目中，然后在其中继续编辑、制作新元器件 VD11。

1．追加已有自建元件库到当前项目中

右键单击“Projects”面板中的“基于单片机的步进电动机控制系统.PrjPCB”，弹出如图1—5—12所示的快捷菜单，执行【追加已有文件到项目中】命令，在图1—5—13中选择任务4中已建立的“自建元件.SchLib”，单击“打开”按钮后，即将“自建元件.SchLib”添加到“基于单片机的步进电动机控制系统.PrjPCB”中。

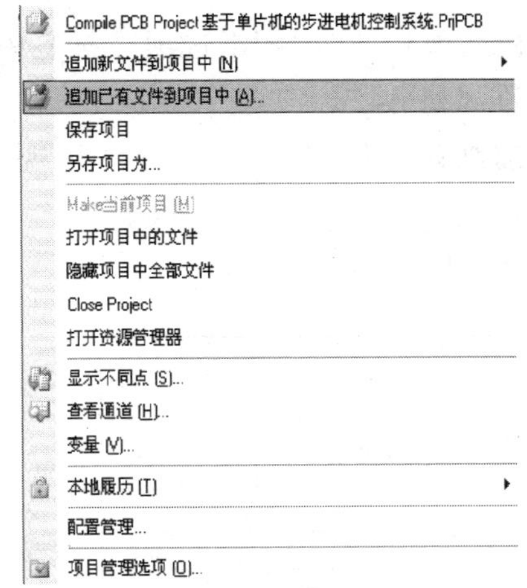

图1—5—12　追加已有文件到项目中

图1—5—13　选择“自建元件.SchLib”文件

2．修改发光二极管为空心

（1）新建元件。打开“自建元件.SchLib”文件，切换工作面板到“SCH Library”，执行菜单命令【工具】/【新元件】，输入元件名为LED。

（2）复制已有的内置于Miscellaneous Devices.IntLib中的LED2到当前新建元件中。执行菜单命令【文件】/【打开】，在Miscellaneous Devices.IntLib中找到LED2，选定、复制、粘贴到当前新元件中，如图1—5—14所示。

（3）修改元件外形。将实心三角形修改为空心，如图1—5—15所示为修改后的LED。

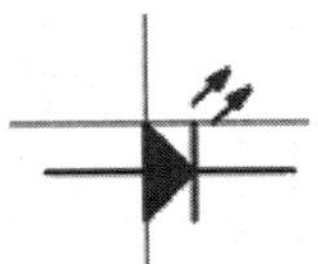

图1—5—14　复制、粘贴LED2到新元件

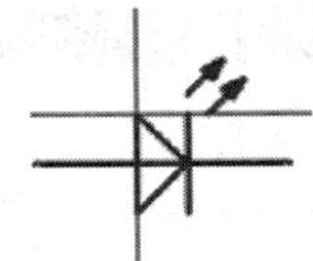

图1—5—15　修改后的LED

（4）修改元件属性。在“Default Designator”（默认编号）栏填写VD?；在“注释”栏填写LED；其他为默认设置。

三、新建系统电路原理图与设置工作参数

1．新建、保存原理图文件

将新建的原理图文件保存在上述文件夹中，并命名为“基于单片机的步进电动机控制系统 . SchDoc”。

2．设置原理图工作环境

（1）设置图纸参数。执行菜单命令【设计】/【文档选项】，在“图纸选项”标签中选择图纸为“Landscape”（水平）方向，图幅选择“标准风格 A4”。

（2）设置网格。网格的“可视”和“捕获”选项前默认均打“√”。设置“可视”值为 10，“捕获”值为 5，电气网格的“网格范围”值为 4。

（3）设置标题栏。完成后的标题栏显示如图 1—5—16 所示。

Title 基于单片机的步进电动机控制系统			
Size A4	Number 1		Revision 1
Date:	2017/3/19	Sheet of 1	
File:	F:\CAD绘图\步进电动机控制系统.SchDoc	Drawn By: 阮艳	

图 1—5—16　标题栏设置

（4）划分图纸。图 1—5—1 按功能分为 6 个子电路，故将电路原理图纸按子电路原理图复杂程度划分为 6 个区域。执行菜单命令【放置】/【描画工具】/【直线】（或单击实用工具栏中的描画工具），同时按 Tab 键，弹出如图 1—5—17 所示的“折线”对话框，在“线风格”下拉框中选择“Dashed”（虚线），参照参考区编号将图纸划分为 6 个区域，如图 1—5—18 所示。

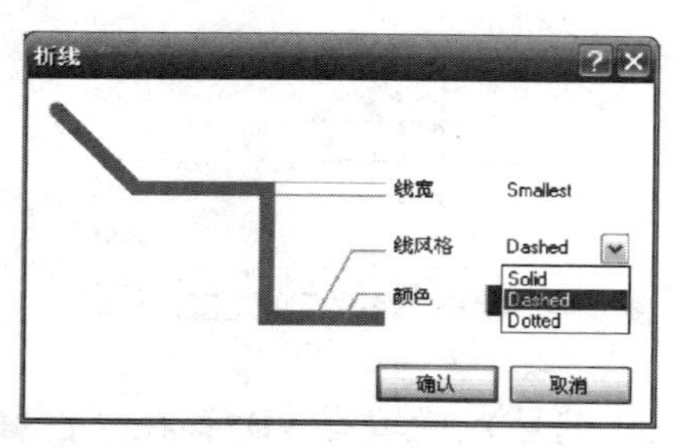

图 1—5—17　“折线”对话框

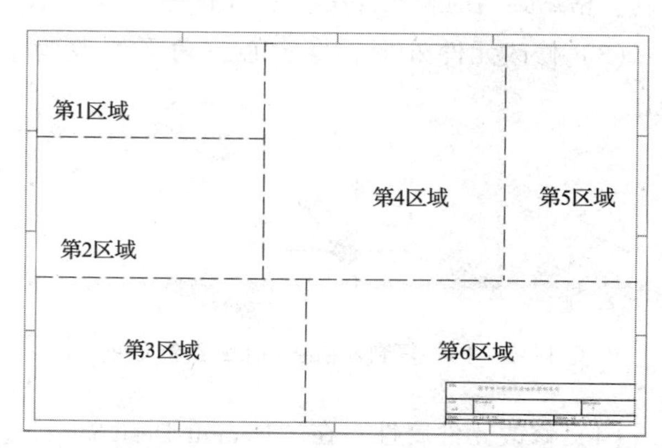

图 1—5—18　根据子电路功能划分图纸区域

四、绘制各子电路原理图

1. 电源电路的绘制

(1) 加载“自建元件 . SchLib”文件，并放置 VD11。在新建的原理图编辑环境下，打开工作区右侧的“元件库”面板标签，单击“元件库”按钮，将当前项目中编辑的“自建元件 . SchLib”安装于当前可用元件库中，如图 1—5—19 所示。选定 LED，单击“Place LED”按钮，将发光二极管 LED 放置于如图 1—5—20 所示图纸左上区域的原理图中。

(2) 加载“AMP Serial Bus USB. IntLib”文件，并放置 USB。在图 1—5—19 中再次单击“元件库”按钮，加载所需元件库，路径为 C:\ Protel DXP 2004 \ Library \ Amp \ AMP Serial Bus USB. IntLib（此处 Protel DXP 2004 安装于 C 盘根目录下），在 AMP Serial Bus USB. IntLib 中选定 1364372 - 2，并放置于图纸左上区域的原理图中。

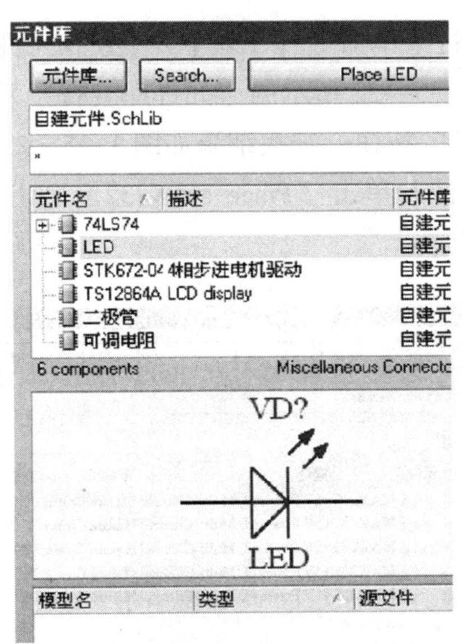

图 1—5—19　加载“自建元件 . SchLib”

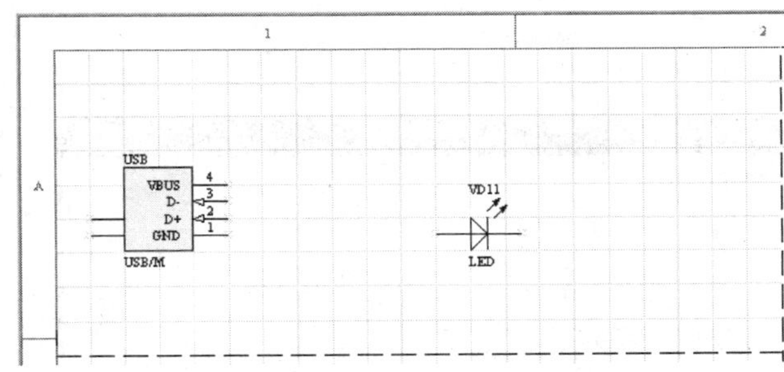

图 1—5—20　放置元件

注意

为快速查找复杂电路原理图中的元件，元件编号通常按区域进行，如第一区的电阻、电容默认编号为 R1?、C1?，第二区的电阻、电容默认编号为 R2?、C2?，但整张图纸中芯片统一编号。

(3) 放置、编辑其他元件。参照表 1—5—1 将电源电路中其他元件依次放置于图 1—5—20 中。

（4）放置导线。将各元件之间有电气连接关系的引脚用导线连接。

（5）放置电源端口。执行菜单命令，或右键单击工作区，执行【放置】/【电源端口】命令，或单击配线工具栏中的 和 ，放置 VCC、GND 及 +15 V 电源。电源电路如图 1—5—21 所示。

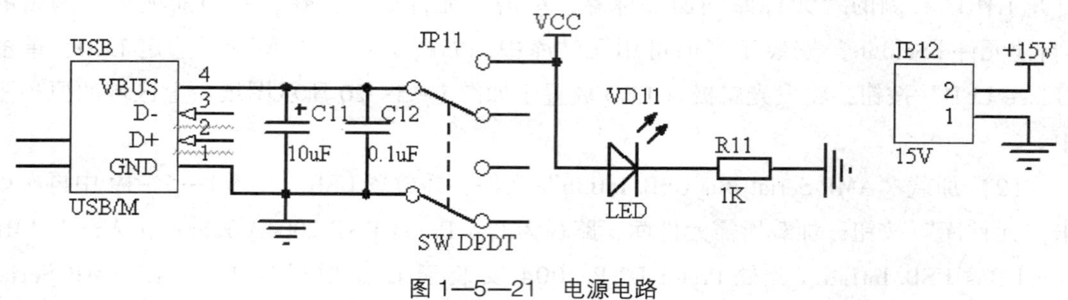

图 1—5—21　电源电路

2. 电平转换电路的绘制

（1）放置、编辑核心元件（U1：MAX232）。执行菜单命令【工具】/【查找元件】，或在图 1—5—19 中单击“Search”按钮，弹出如图 1—5—22 所示的“元件库查找”对话框，输入查找条件“ * MAX232 * ”，单击下方“查找”按钮，查找结果如图 1—5—23 所示，搜索到 18 个符合条件的元件，从中选定一个元件并单击“Place MAX232ACPE”按钮，在图纸左侧第二区域放置该元件符号。

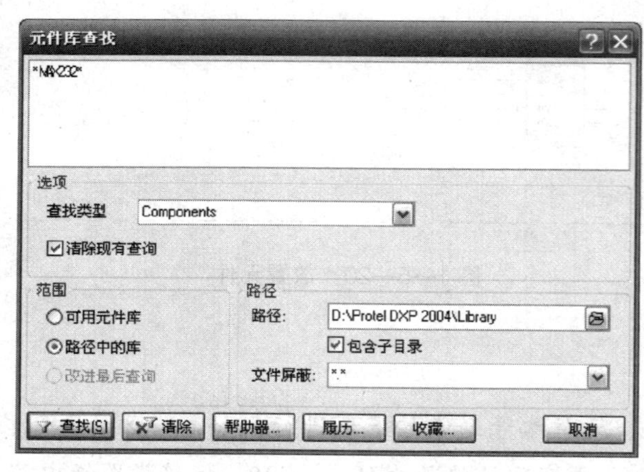

图 1—5—22　“元件库查找”对话框

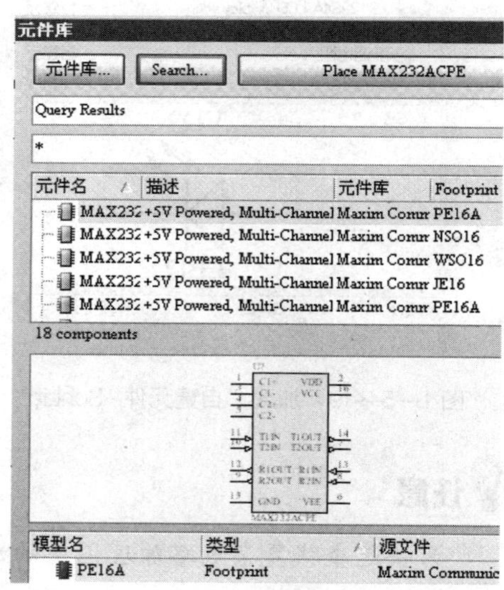

图 1—5—23　元件 MAX232 查找结果

（2）放置、编辑 J21。将 Miscellaneous Connectors. IntLib 作为当前元件库，取出“D Connector 9”放置于图纸左侧第二区域，按 Space 键与 X 键调整方向，如图 1—5—24 所示。

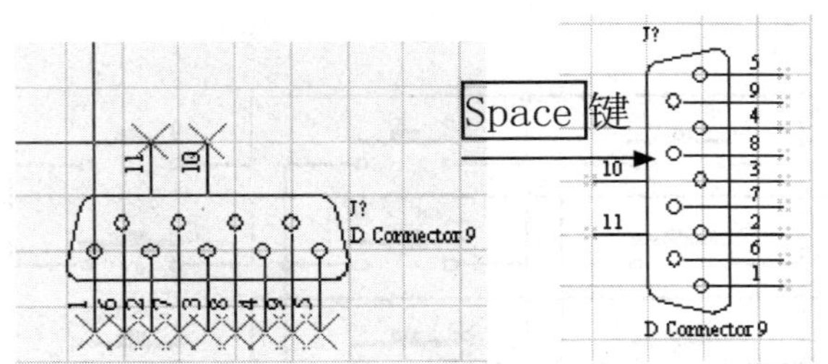

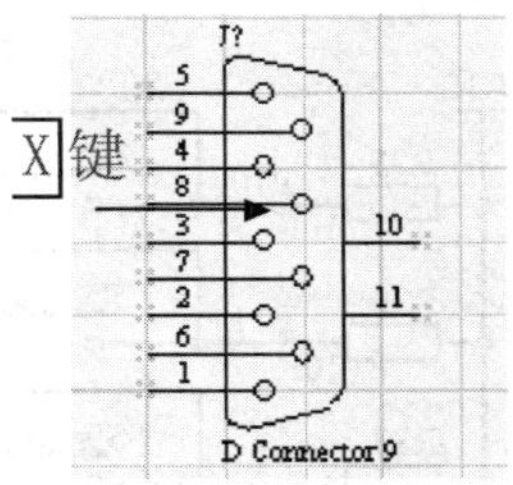

图 1—5—24　调整元件方向

（3）参照表 1—5—1 中信息放置、编辑其他元件。按照上述方法绘制电平转换电路，其中 U1－10 和 U1－12 上的网络标签通过执行菜单命令；或右键单击工作区，执行【放置】/【网络标签】命令；或单击配线工具栏中的 Net1 放置完成。绘制完成的电平转换电路如图 1—5—25 所示。

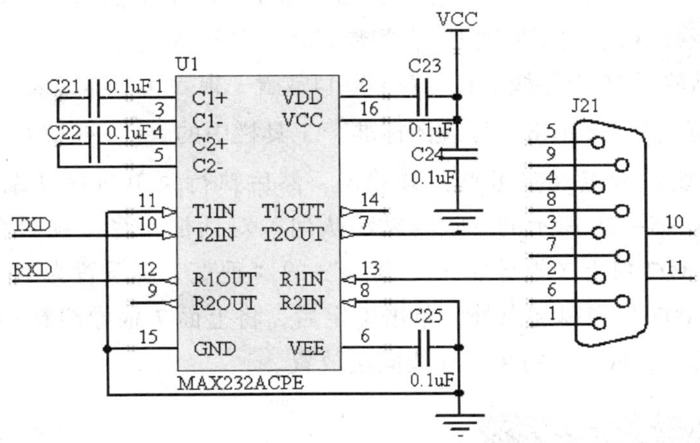

图 1—5—25　电平转换电路

3．矩形键盘电路的绘制

（1）放置 S 开关。在库文件 Miscellaneous Devices. IntLib 中找到元件 SW－PB，放置 16 个开关于图纸左下第三区域。

（2）元件排列。执行菜单命令【查看】/【工具栏】/【实用工具】，打开实用工具，其中的“调准工具”各按钮可调整对象以不同方式对齐，如图 1—5—26 所示。完成的矩形键盘电路如图 1—5—27 所示。

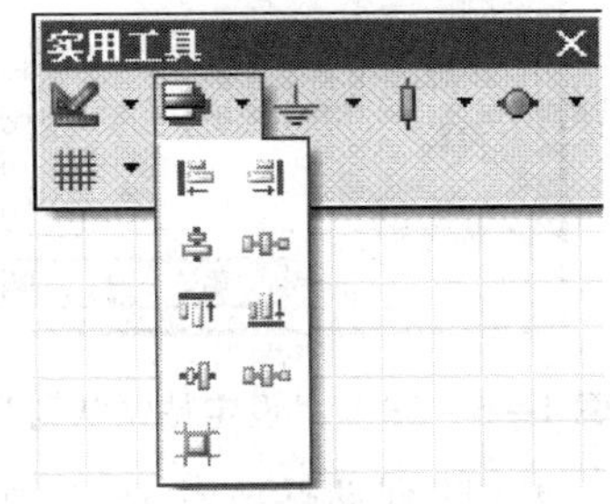

图 1—5—26　调准工具

4．单片机控制电路的绘制

（1）放置、编辑元件。本系统中核心元件 U2（P89C52X 2FN）采用上述元件查找方法或参照表 1—5—1 中信息加

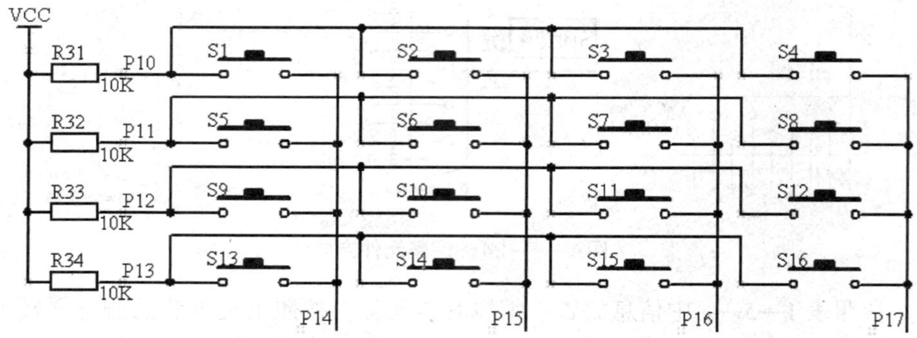

图 1—5—27　矩形键盘电路

载 Protel DXP 2004 \ Library \ Philips \ Philips Microcontroller 8 - Bit. IntLib 库文件，放置核心元件 U2 到图纸中部第四区域。其他元件参照表 1—5—1 中信息放置到图纸中。

（2）放置总线结构。主要处理 U2 右侧数据总线部分。

1）阵列粘贴放置 16 根导线。首先在 P00 口放置一根导线，选定该导线并执行菜单命令【编辑】/【复制】（或单击“原理图标准”工具栏中的 ，或按 Ctrl + C 键），将十字光标定位于导线左端点（参考点）并单击；然后执行菜单命令【编辑】/【粘贴队列】，弹出如图 1—5—28 所示的“设定粘贴队列”对话框，将“项目数”一栏修改为 7（即需要 P01 ~ P07 口上 7 根导线），“间隔”的“垂直”项设置为 10；确认后移动十字光标到最下端 P07 口引脚起点处，单击确定后，将上面 7 根导线粘贴到相应位置上，如图 1—5—29 所示。P01 口的 8 根导线同法放置。

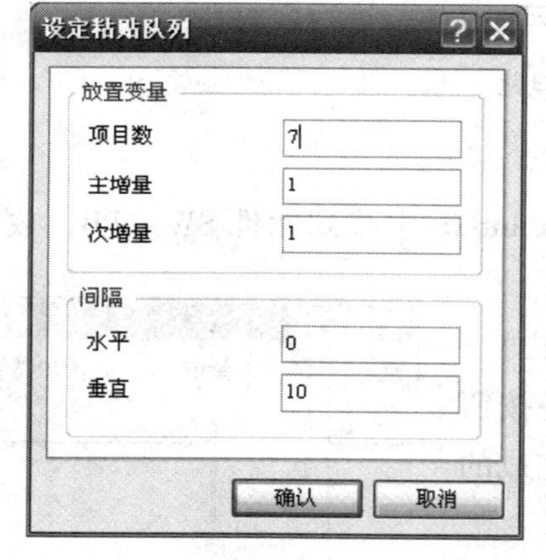

图 1—5—28　“设定粘贴队列”对话框

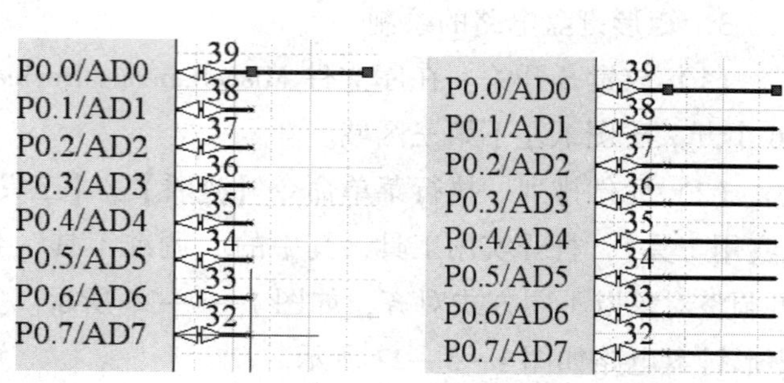

图 1—5—29　阵列粘贴导线

2）阵列粘贴放置 16 个总线入口，操作同上。

3）放置总线。分别在 P00 口和 P01 口的数据线部分放置总线，效果如图 1—5—30

所示。

4）放置网络标签。在上述每根导线上放置网络标签并进行编辑。

5）放置端口。在总线处分别放置端口 P［00…07］和 P［10…17］。

完整的总线结构如图 1—5—31 所示。

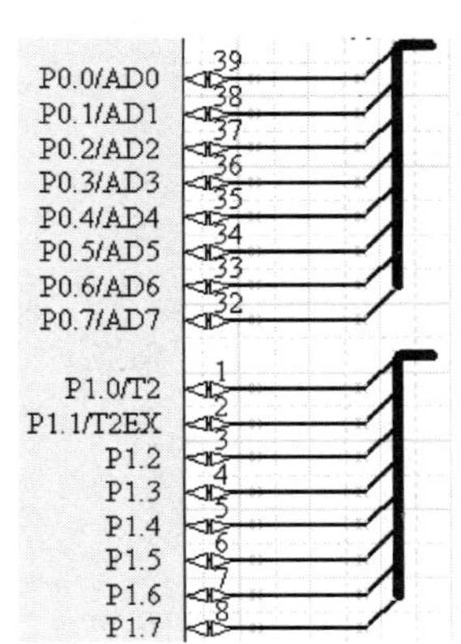

图 1—5—30　放置导线、总线入口、总线

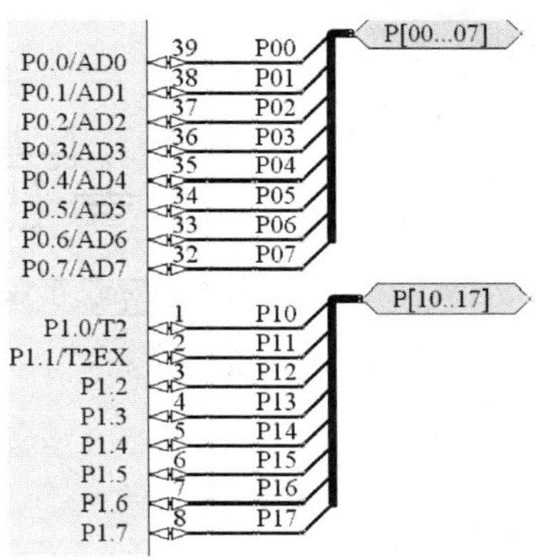

图 1—5—31　完整的总线结构

（3）放置其他电气对象。放置电源、接地端口及连接导线，完成的单片机控制电路如图 1—5—32 所示。

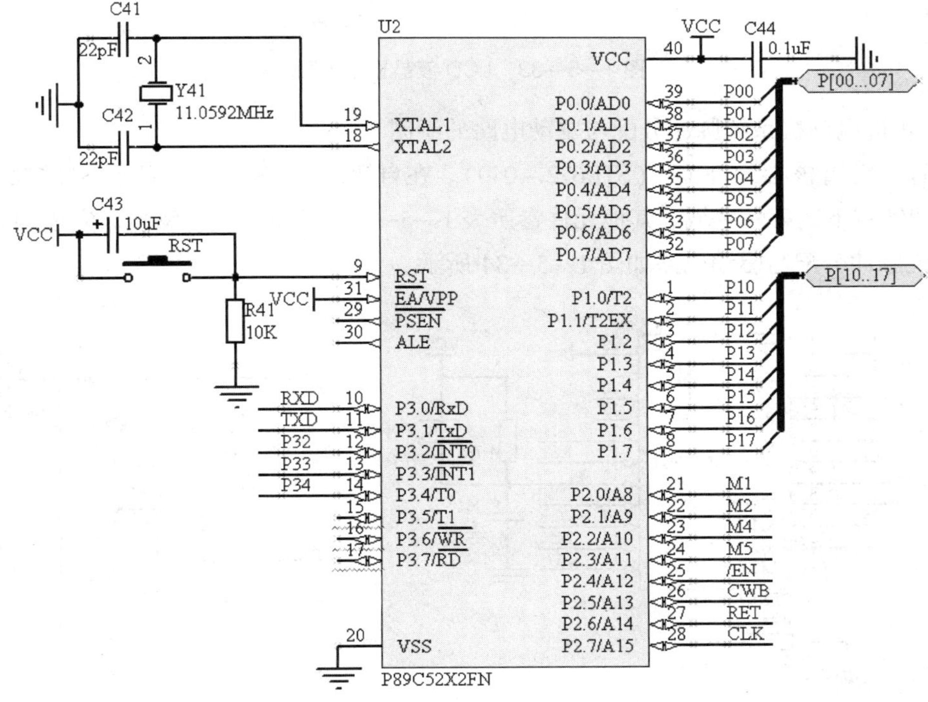

图 1—5—32　单片机控制电路

5. LCD 液晶显示电路的绘制

（1）放置、编辑核心元件 U3（TS12864）。在自建元件 . SchLib 中找到 TS12864，放置于图纸右侧第五区域。其他元件参照表 1—5—1 中信息放置、编辑。

（2）放置总线结构。按照上述相同方法放置。LCD 液晶显示电路如图 1—5—33 所示。

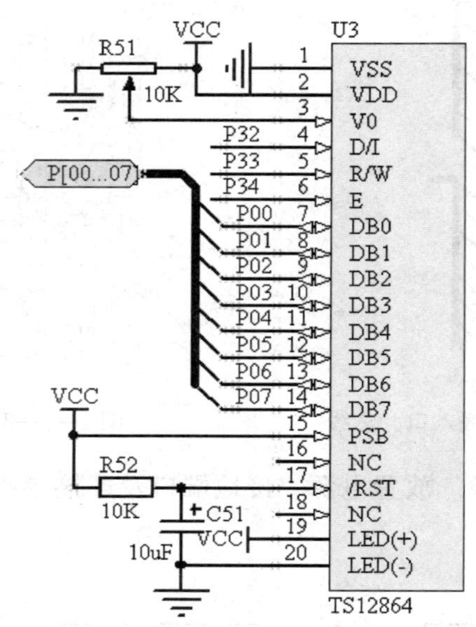

图 1—5—33　LCD 液晶显示电路

6. 步进电动机系统脉冲分配与驱动电路的绘制

放置、编辑核心元件 U4（STK672－040）。在自建元件 . SchLib 中找到 STK672－040，放置于图纸右下侧第六区域。其他元件参照表 1—5—1 中信息放置、编辑。完成的步进电动机系统脉冲分配与驱动电路如图 1—5—34 所示。

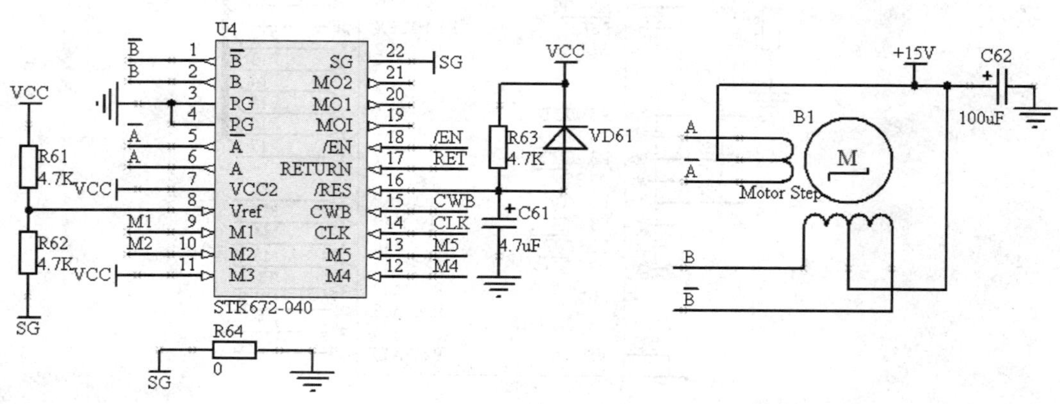

图 1—5—34　完成的步进电动机系统电路脉冲分配与驱动电路

五、编译、修改并保存文件

1. 编译、修改原理图

执行菜单命令【项目管理】/【Compile Document 基于单片机的步进电动机控制系统.SchDoc】，系统将自动对该电路进行检查，即对电路进行电气规则检查，检查结果显示于 Messages 窗口中，根据窗口提示修改原理图，详细内容参见模块一任务 6。

2. 保存

执行菜单命令【文件】/【打印】，可对原理图进行打印输出。

任务评价

按表 1—5—2 中内容进行任务评价。

表 1—5—2　　任务评价表

评价项目	评价标准	配分（分）	自我评价	小组评价	教师评价
职业素养	安全意识、责任意识、服从意识强	5			
	积极参加教学活动，按时完成各项学习任务	5			
	团队合作意识强，善于与人交流和沟通	5			
	自觉遵守劳动纪律，尊敬师长，团结同学	5			
	爱护公物，节约材料，工作环境整洁	5			
专业能力	新建电路板工程文件正确	1			
	追加已有自建元件库正确，编辑、制作新元件正确	7			
	新建原理图文件正确，会设置工作参数及划分图纸区域	10			
	绘制电源电路正确	8			
	绘制电平转换电路正确	10			
	绘制矩形键盘电路正确	8			
	绘制单片机控制电路正确	15			
	绘制 LCD 液晶显示电路正确	8			
	绘制步进电动机系统脉冲分配与驱动电路正确	8			
合计		100			

续表

评价项目	评价标准	配分（分）	自我评价	小组评价	教师评价
总评	自我评价×20%＋小组评价×20%＋教师评价×60%＝	综合等级	教师（签名）：		

注：学习任务考核采用自我评价、小组评价和教师评价三种方式，考核分为 A（90～100）、B（80～89）、C（70～79）、D（60～69）、E（0～59）五个等级。

思考与练习

1. 绘制高灵敏度无线话筒电路原理图，如图 1—5—35 所示。
2. 绘制运放电路原理图，如图 1—5—36 所示。

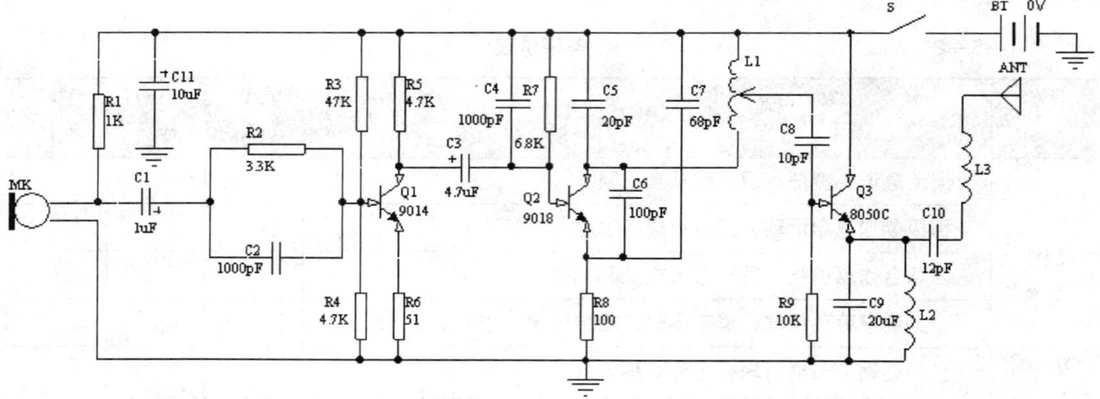

图 1—5—35　高灵敏度无线话筒电路原理图

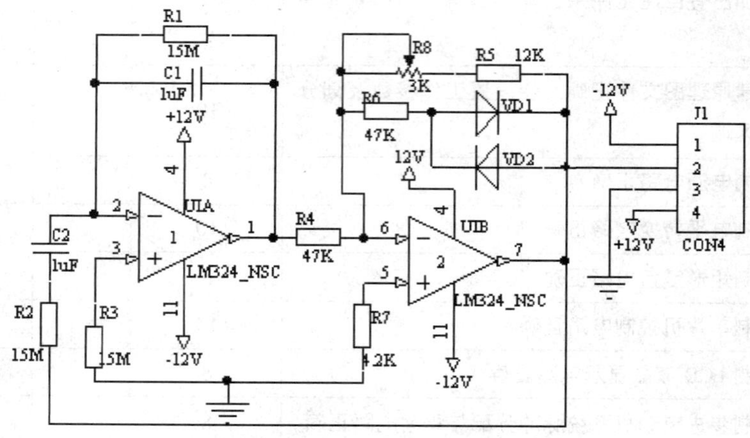

图 1—5—36　运放电路原理图

3. 识读并绘制编码、译码显示电路，如图 1—5—37 所示。

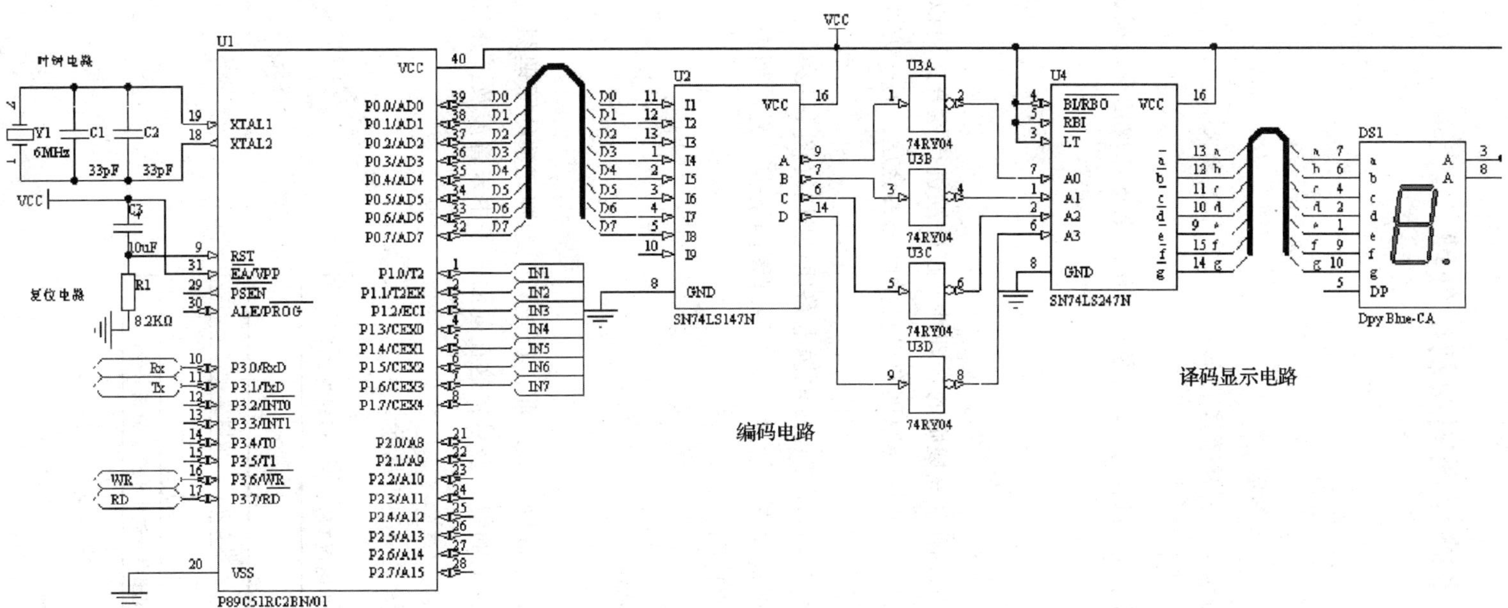

图 1—5—37　编码、译码显示电路

任务 6　电路原理图绘制后处理

学习目标

1．理解元件封装型号的概念。

2．了解原理图电气规则检查的意义、网络表文件的组成及其信息含义。

3．能正确指定各类元件的封装型号。

4．能输出原理图各种报表文件，并通过报表信息分析、修改电路原理图中的错误。

任务引入

电路原理图绘制完成后需要对电路图电气规则的合理性、正确性进行检查，可以通过输出包含各种电路信息的报表文件，一方面检查原理图自身设计是否合理，另一方面也为后续 PCB 设计提供依据。具体要求：

1．对任务 2 中已绘制完成的“串联负反馈稳压电源电路原理图”（图 1—2—1）中元件赋予合适的封装型号，进行电气规则检查，创建、输出原理图网络表、元件列表，分析各报表文件，并根据报表信息修改原理图。

2．打印输出上述原理图。

任务分析

对电路原理图进行编译、查错及生成网络表之前，首先必须绘制完整的原理图，尤其需要对图中所有元件赋予正确的、合适的封装型号，这在前面任务中未曾涉及，并且需对图中重要网络标注网络标签。

电路原理图设计后处理流程如图 1—6—1 所示。

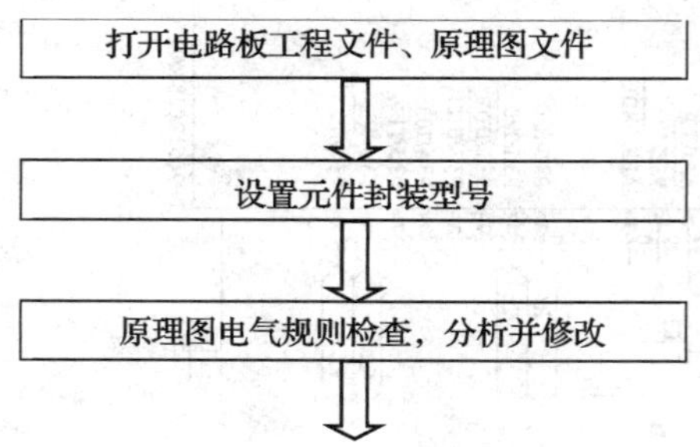

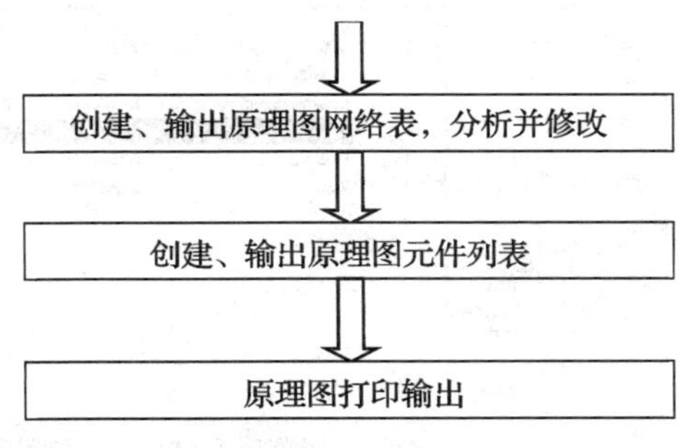

图 1—6—1　电路原理图设计后处理流程

相关知识

一、元件封装

1．元件封装的概念

元件封装是指元件实际焊接到印制电路板上所指示的外观和焊点位置，由元件实际的投影轮廓尺寸、管脚对应的焊盘名称、编号、钻孔尺寸以及管脚间距离、标注字符等信息组成。如图 1—6—2 所示是一只电阻的封装，封装型号为 AXIAL－0.3，电阻外形轮廓为矩形，两焊盘（1 脚和 2 脚）之间距离为 300 mil。

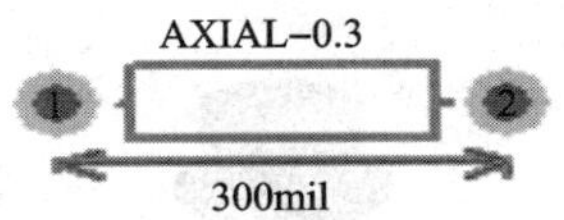

图 1—6—2　电阻的封装

电路原理图中每个元件都必须被赋予合适的元件封装相关信息，即在原理图中双击打开某一元件的属性对话框，如图 1—6—3 所示，圈中的“Footprint”一项的模型名称不能为空，必须添加上该元件合适的封装型号。因为后续设计的 PCB 图中元件是以其封装形式存在的，即 PCB 图中的元件符号是其对应的封装型号。

2．元件封装的分类

（1）插针式元件。元件的管脚是一根导线，安装元件时该导线必须通过焊盘、穿过电路板焊接固定，焊盘必须钻一个能够穿过管脚的孔（从顶层钻通到底层），适合波峰焊生产工艺。如图 1—6—4 所示为插针式元件及其封装型号。

（2）表面贴装式元件。元件直接贴在电路板表面，靠粘贴固定，所以焊盘不需要钻孔，特别适合大批量、全自动、机械化的生产加工，其成本较低。表面贴装式元件各引脚间的间距很小，故元件体积也小，适合回流焊生产工艺。如图 1—6—5 所示为表面贴装式元件及其封装图，其中焊盘的“Layer”属性必须设置为单一板层，如 TopLayer（顶层）或 BottomLayer（底层）。

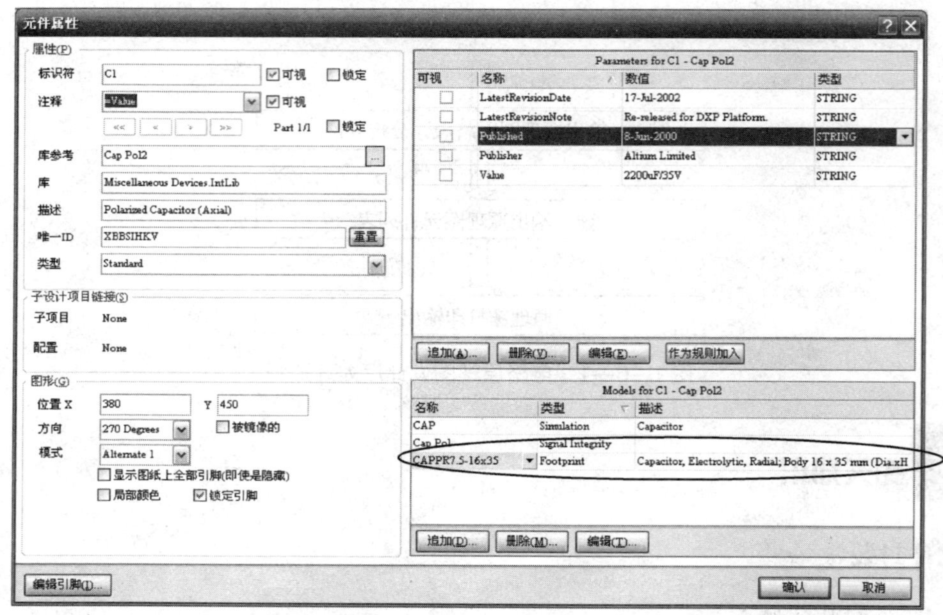

图 1—6—3 “元件属性”对话框

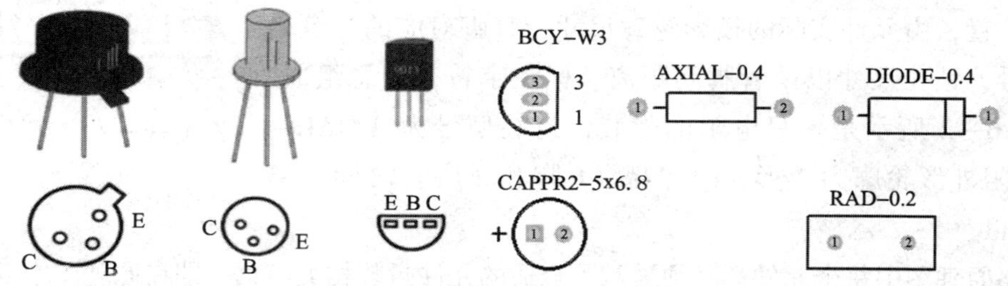

图 1—6—4 插针式元件及其封装型号

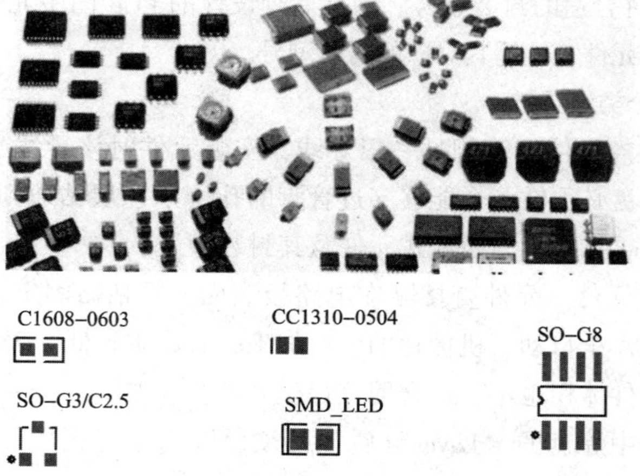

图 1—6—5 表面贴装式元件及其封装型号

3. 常见元件的封装型号

（1）固定电阻。固定电阻如图1—6—6所示，其封装尺寸主要取决于电阻额定功率。插针式电阻封装型号有AXIAL－0.3～AXIAL－1.0，贴片式电阻封装型号有0402～5720等。其中，插针式电阻封装型号的AXIAL表示轴状，后面的参数（0.3～1.0）表示插针式电阻两引脚间距。贴片式电阻封装型号中的参数前两位与后两位分别表示电阻的长与宽，以英寸为单位。

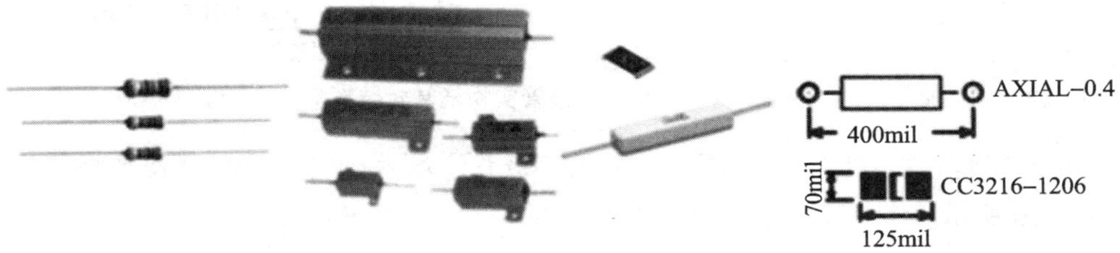

图1—6—6　固定电阻实物及其封装型号

（2）可调电阻。可调电阻根据被调节对象的属性、性能、成本、操作及安装等有不同的封装外形，如图1—6—7所示。

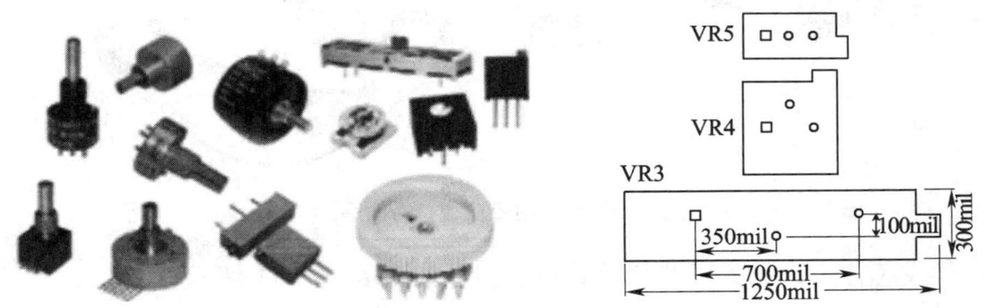

图1—6—7　可调电阻实物及其封装型号

（3）电容。电容分为无极性和有极性两种，封装型号有表面贴装式、插针式，如图1—6—8所示。

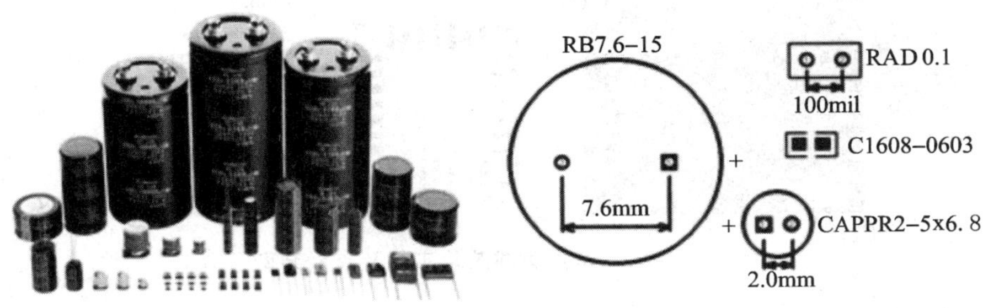

图1—6—8　电容实物及其封装型号

（4）二极管。常见二极管及其封装型号如图 1—6—9 所示。

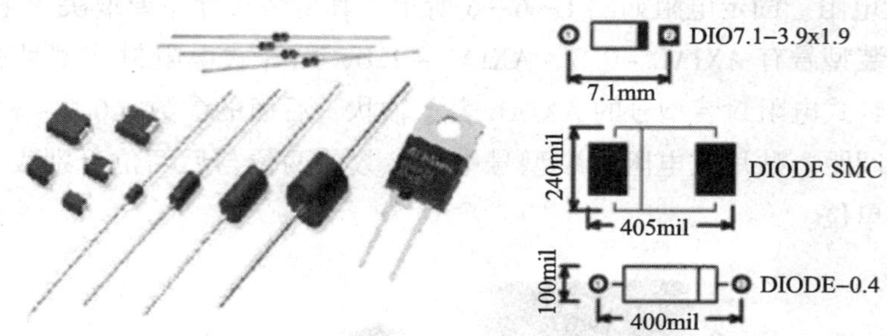

图 1—6—9　常见二极管实物及其封装型号

（5）三极管、场效应管及晶闸管。常见三极管、场效应管、晶闸管及其封装型号如图 1—6—10 所示。

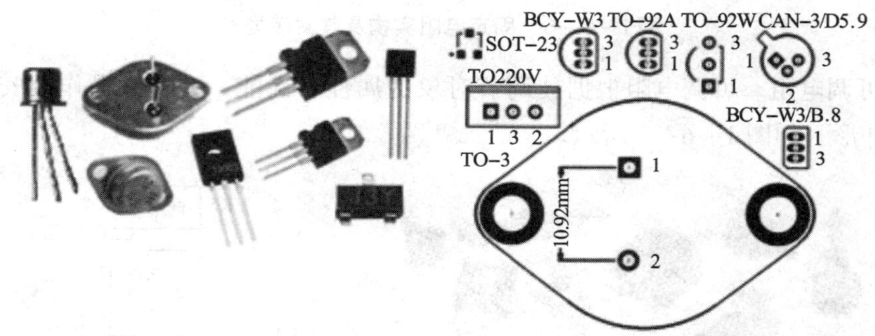

图 1—6—10　常见三极管、场效应管、晶闸管实物及其封装型号

（6）集成芯片。常见集成芯片及其封装型号如图 1—6—11 所示。

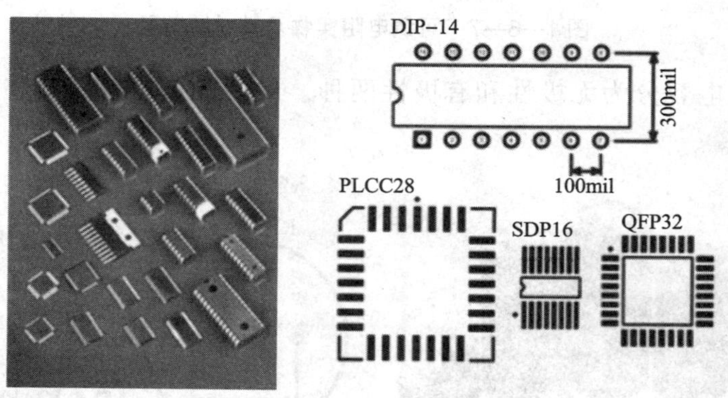

图 1—6—11　常见集成芯片实物及其封装型号

4. 元件封装库

Protel DXP 2004 既具有元件集成库（扩展名为 . IntLib），又具有专门的元件封装库

(扩展名为 . PcbLib)。

(1) 打开内置元件封装库。执行菜单命令【文件】/【打开】(或单击标准工具栏中的),打开路径 C:\Protel DXP 2004\ Library\Pcb,如图 1—6—12 所示。

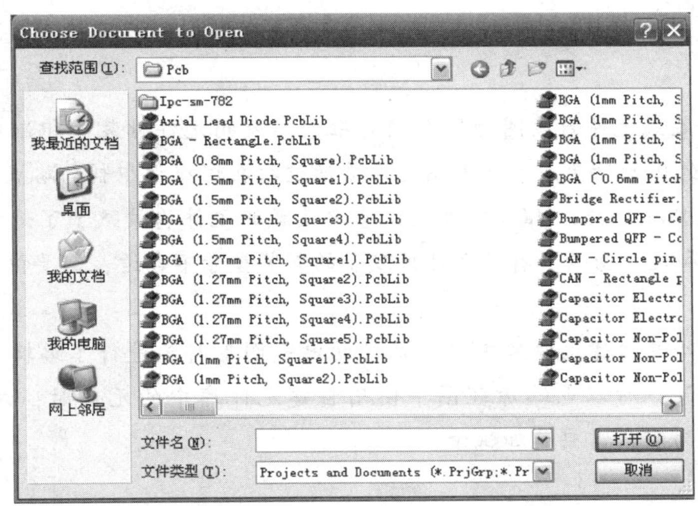

图 1—6—12　打开 Protel DXP 2004 元件封装库 Pcb

(2) 浏览常用元件封装。用上述相同方法打开常用元件封装库,路径为 C:\Protel DXP 2004\Library\Miscellaneous Devices 中的 Miscellaneous Devices. PcbLib,浏览常用封装型号及对应的封装图。

在图 1—6—13 中选定一个名为"Capacitor Polar Radial Cylinder. PcbLib"的封装文件(圆柱形极性电容封装库),双击进入其元件封装库编辑环境,如图 1—6—13 所示。单击

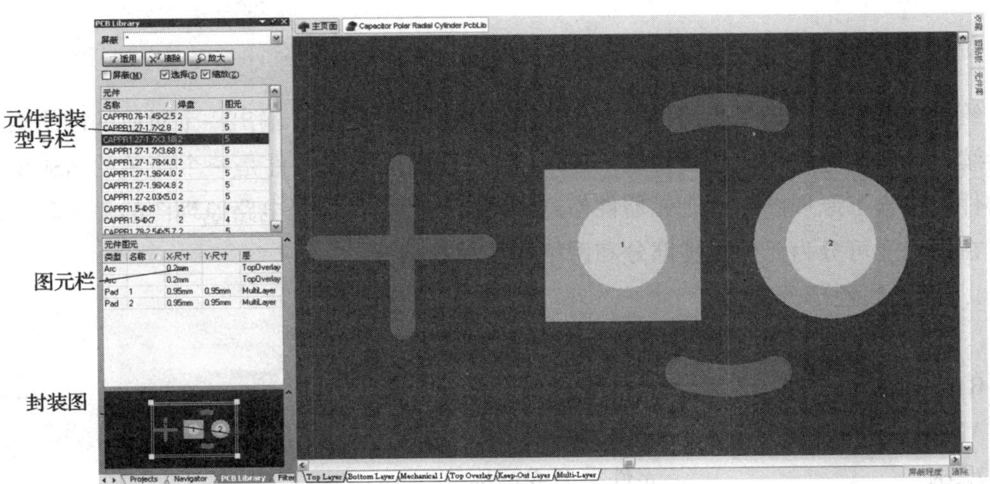

图 1—6—13　浏览 Capacitor Polar Radial Cylinder. PcbLib

左下侧“PCB Library”工作面板，浏览该封装库中所有的封装型号。左侧面板由三部分组成：元件封装型号栏、图元栏、封装图。元件封装型号栏列出了封装库中所有封装的名称、焊盘个数、图元组成个数；图元栏列出组成该封装的具体元素；封装图则给出整个封装图形及其参考点位置。

注意

（1）表面贴装式元件封装图的焊盘均为红色，表明元件贴装于印制电路板表面；插针式元件封装图的焊盘均为灰色，表明元件需通过打孔焊接于印制电路板上。

（2）凡是从 Protel DXP 2004 内置元件库中放置的元件均被赋予了封装型号，但因元件受实际标称值和尺寸影响，有些元件被赋予的封装型号不合适，需要被重新赋予正确的封装型号。

（3）因任务 4 在自建元件库中仅对元件的电气图形符号进行了编辑、制作，并未赋予该元件封装型号，所以电路原理图中使用自建元件库中的元件时，该元件属性中的“Footprint”一项为空，需要追加赋予。

二、电气规则检查

电路原理图电气规则检查（ERC：Electrical Rule Check）的主要目的在于检查原理图中的电气连接情况，如某个输出引脚连接到另一个输出引脚会造成输出信号冲突，未连接完整的网络标签会造成信号断线，元件重复编号会使软件无法区别不同元件等不合理的电气冲突现象，Protel DXP 2004 会分别以错误（Error）、警告（Warning）信息来提醒设计者注意。

电路原理图设计中，可在适当位置放置忽略 ERC 测试点，即“NO ERC”标志，以使系统在进行电气规则检查时，忽略对某些节点的检查，否则系统在编译时会生成错误信息提示。

三、原理图网络表

绘制电路原理图最主要的目的在于由该电路原理图创建、输出一个对应的网络表，以供后续设计印制电路板或仿真使用。Protel 的原理图网络表文件是一个简单的 ASCII 码文本文件，包含了原理图中所有元器件信息和网络连接信息，是电路原理图的另一种表现形式，在格式上可分为元件属性部分和网络连接关系部分。

1. 元件属性部分

[	元件属性描述开始
R1	元件编号
AXIAL-0.4	元件封装型号
7.5K	元件类型或标称值
	以下三行为元件附加说明

]　　　　　　　　元件属性描述结束

[

C1

CAPPR7.5 - 16x35

2200uF/35V

]

…

每一对方括号内描述的是一个元件的属性，包括该元件编号、封装型号、参考值或型号。其中除左方括号和右方括号各占一行外，每一个元件的描述文字占据6行，且6行内容顺序不能颠倒。原理图中有多少个元件，网络表中就应该有多少对方括号。

2. 网络连接关系部分

……

(　　　　　　　　网络连接描述开始

NetR1_1　　　　　　　　软件自动添加的网络标签

R1 - 1　　　　　　　　网络连接的第一个分支，电阻 R1 的 1 号引脚

C1 - 2　　　　　　　　网络连接的第二个分支，电容 C1 的 2 号引脚

VT1 - B　　　　　　　　网络连接的第三个分支，三极管 VT1 的基极引脚

R2 - 2　　　　　　　　网络连接的第四个分支，电阻 R2 的 2 号引脚

)　　　　　　　　网络连接描述结束

(

GND　　　　　　　　人工给予的网络标签

C1 - 2

C2 - 2

C3 - 2

JP1 - 2

R5 - 1

VD1 - 1

VD2 - 1

)

……

每一对圆括号内描述的是在同一个网络中的连接内容，包括网络标签、网络分支（即某一个元件的某一个引脚号）。一条网络有多少个分支，网络连接描述中就应该有多

少行“元件编号及引脚号”，相同元件引脚号码不能重复。只要是通过网络标签连接的网络就被认为是有效连接，如上述网络标签 GND；电路中用户没有放置网络标签的网络，其网络标签由系统自动给定，如上述网络标签 NetR1_1。原理图中有多少条网络，网络表中就应该有多少对圆括号。

四、元件列表

元件列表有多种文件形式，主要包括元件编号、类型、封装型号等信息内容，用于整理一个电路或一个项目文件中所有元器件，如图 1—6—14 所示，以便于元器件的采购、管理及成本预算。

```
Bill of Material for 串联负反馈稳压电源电路.SCHDOC
On 2017-5-8 at 上午 09:59:27

Comment        Pattern          Quantity        Components
--------------------------------------------------------------------------------
0.01uF/35V     RAD-0.2            1     C2       Capacitor
150            AXIAL-0.4          1     R5       Resistor
18/12VA        TRANS              1     T1     Transformer (Coupled Inductor Model)
220            AXIAL-0.4          1     R3       Resistor
220            VR5                1     R4       Potentiometer
2200uF/35V     CAPPR7.5-16x35     1     C1       Polarized Capacitor (Axial)
2DW51          DIODE-0.4          1     VD2
390            AXIAL-0.4          1     R2       Resistor
3DD155A        1-04               1     VT1      NPN Bipolar Transistor
3DG6D/9014     BCY-W3/B.7         2     VT2, VT3 NPN Bipolar Transistor
470uF/25V      CAPPR5-5x5         1     C3       Polarized Capacitor (Axial)
7.5K           AXIAL-0.4          1     R1       Resistor
Header 2       HDR1X2             2     JP1, JP2 Header, 2-Pin
整流桥2W005    E-BIP-P4/D10       1     VD1
```

图 1—6—14　元件列表

任务实施

一、打开电路板工程文件

启动 Protel DXP 2004，执行菜单命令【文件】/【打开设计工作区】，在相应存储路径下选择任务 2 中已建立的“串联负反馈稳压电源 . DsnWrk”。

执行菜单命令【文件】/【打开项目】（或在项目管理器上单击“工作区”按钮/【追加已存在项目】），在相应存储路径下选择任务 2 中已建立的“串联负反馈稳压电源 . PrjPCB”。

打开项目管理器下方的“Projects”标签，在“文件查看”中双击在任务 2 中已绘制完成的“串联负反馈稳压电源 . SchDoc”，打开该原理图。

二、在自建元件库中编辑、修改元件图形符号为标准符号

原“串联负反馈稳压电源 . SchDoc”原理图中的 VD1（整流桥）、VD2（稳压二极

管）均为实心，需要编辑、修改成空心图形，具体操作参见任务 4。

三、设置元件封装型号

在“串联负反馈稳压电源 . SchDoc”原理图中，双击每一个元器件，进入其“元件属性”对话框，如图 1—6—3 所示，一般在右下部的“Footprint”一项默认给出元件封装型号，但因元件实际尺寸等具体情况，有时需要重新设置某些元件封装型号。

另外，若打开原理图中自建的元件属性对话框，其右下部的“Footprint”一项一般为空，此时需要追加元件封装型号。

1. 查看元件原有封装型号

双击图中 C1（2 200 μF/35 V 圆柱形极性电容），进入其“元件属性”对话框，如图 1—6—15 所示，右下部的“Footprint”一项默认元件封装型号为：POLAR0. 8，不符合圆柱形极性电容的封装形式，并且其下拉列表框中没有适合的封装型号。

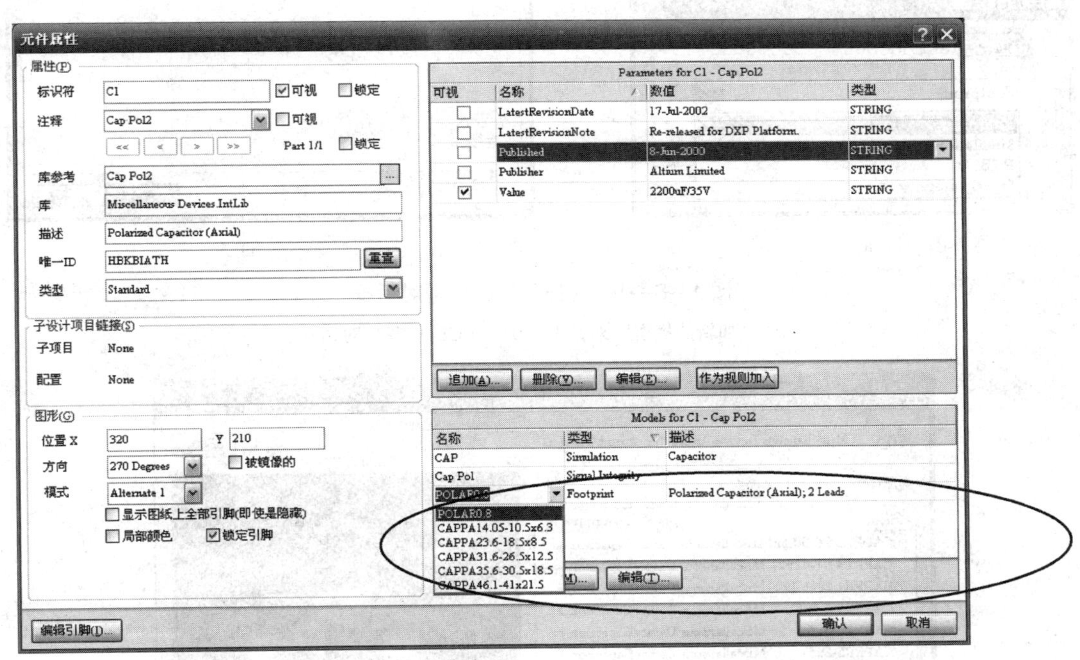

图 1—6—15　C1 默认封装型号

注意

最好单击“删除”按钮将不合适的封装型号删除。

2. 追加元件封装型号

单击图 1—6—15 中 Models 列表框下的“追加”按钮，弹出如图 1—6—16a 所示的“加新的模型”对话框，在下拉列表框中选择模型类型为“Footprint”，确认后进入如图 1—6—16b 所示的“PCB 模型”对话框，单击“浏览”按钮，弹出如图 1—6—17 所示的“库浏览”对话框，根据 2 200 μF/35 V 圆柱形极性电容的实际尺寸，选择封装型号为 CAPPR7. 5—16x35，并单击“确认”按钮。

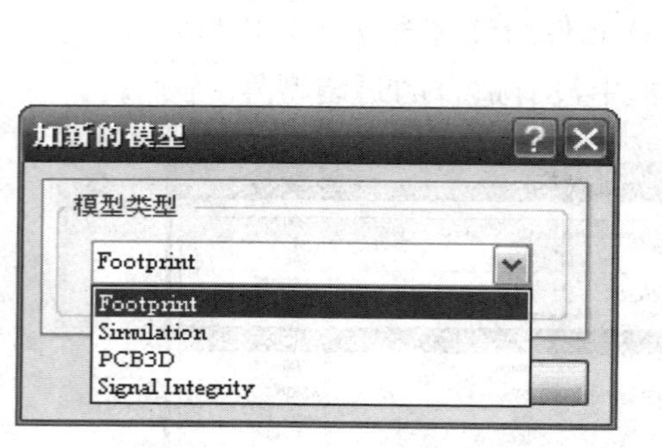

a）

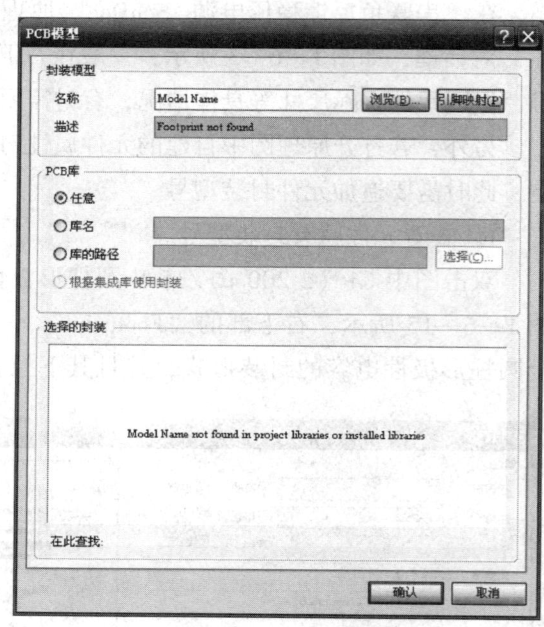

b）

图 1—6—16　打开 PCB 模型对话框

a）“加新的模型”对话框　b）“PCB 模型”对话框

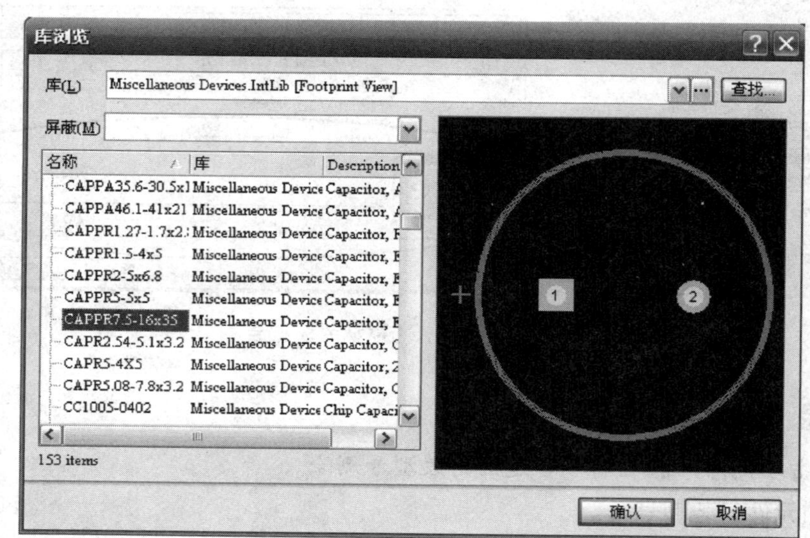

图 1—6—17　“库浏览”对话框

3．重新观察元件封装

回到原理图，重新双击 C1 元件，进入其“元件属性”对话框，观察右下部“Footprint”一项中是否已为上述指定的封装型号。

依照上述步骤，参照表 1—6—1 所列信息设置串联负反馈稳压电源电路图中每一个元件的封装型号。修改完成后，执行菜单命令【文件】/【保存】（或单击原理图标准工具 ），保存电路原理图。

表 1—6—1　　串联负反馈稳压电源电路图元件信息

元件编号	元件参考值	元件封装型号
C1	2 200 μF/35 V	CAPPR7. 5 – 16x35
C2	0. 01 μF/35 V	RAD – 0. 2
C3	470 μF/25 V	CAPPR5 – 5x5
JP1、JP2	Header 2	HDR1X2
R1、R2、R3、R5	7. 5 kΩ、390 Ω、220 Ω、150 Ω	AXIAL – 0. 4
R4	220 Ω	VR5
T1	18/12 VA	TRANS
VD1	整流桥	E – BIP – P4/D10
VD2	2DW51	DIODE – 0. 4
VT1	3DD155A	1 – 04
VT2、VT3	3DG6D/9014	BCY – W3/B. 7

四、原理图电气规则检查

1．设置电气检查规则

执行菜单命令【项目管理】/【项目管理选项】，弹出“项目管理选项”对话框。

（1）设置 Error Reporting（错误报告类型）。单击【Error Reporting】选项卡，如图 1—6—18 所示，可对与总线（Buses）、元器件（Components）、文档（Documents）、网络（Net）、其他对象（Others）、参数（Parameters）等有关的规则进行设置。如在与元件有关的选项中包含元器件引脚的复用、元器件的重复引用、元器件编号的重复，以及子图入口重复等诸多选项，并在报告模式中有“无报告”“警告”“错误”“致命错误”四种级别。

（2）设置 Connection Matrix（电气连接矩阵）。单击“Connection Matrix”选项卡，如图 1—6—19 所示，可用不同的错误程度来设置每一种错误类型。如需改变某一电气连接的检查报告信息，可在矩阵图中单击相应的方块，通过方块颜色调整相应报告类型。

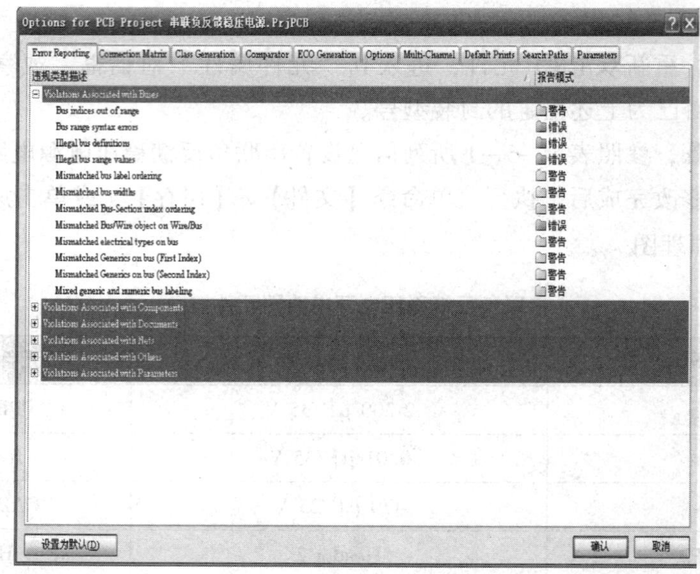

图 1—6—18 “项目管理选项”对话框的“Error Reporting”选项卡

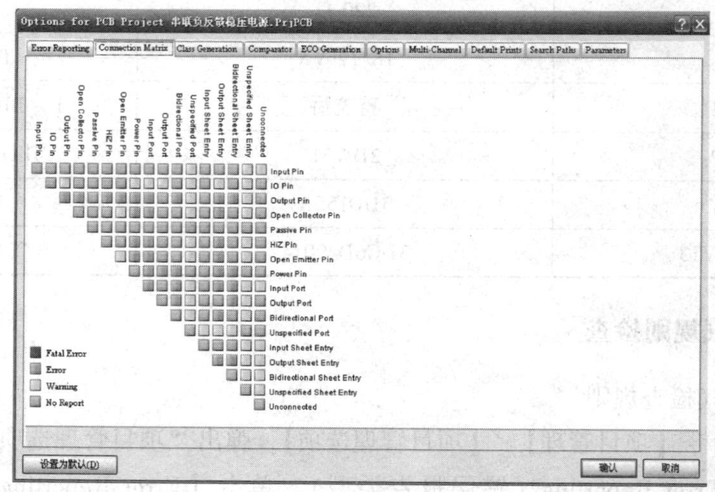

图 1—6—19 “项目管理选项”对话框的“Connection Matrix”选项卡

2. 检查结果报告

（1）编译项目。执行菜单命令【项目管理】/【Compile PCB Project 串联负反馈稳压电源 . PrjPCB】，对项目进行编译。

（2）查看检查结果。若电路绘制正确，则检查结果输出的 Messages 窗口为空白。如有错误，Messages 显示如图 1—6—20 所示错误提示，双击其中某一错误选项，可弹出如图 1—6—21 所示的“Compile Errors”对话框，其中记录了错误的详细情况。双击其中一个错误，系统即跳转到原理图中相应的错误对象处，以便检查和修改错误。

Messages

Class	Document	Source	Message	Time	Date	No.
[Error]	串联负反馈...	Com...	Signal NamedSignal_AC1[0] has no driver	下午 06:...	2012-5-7	1
[Error]	串联负反馈...	Com...	Signal NamedSignal_AC2[0] has no driver	下午 06:...	2012-5-7	2
[Error]	串联负反馈...	Com...	Signal NamedSignal_GND[0] has no driver	下午 06:...	2012-5-7	3
[Error]	串联负反馈...	Com...	Signal NamedSignal_OUT[0] has no driver	下午 06:...	2012-5-7	4
[Error]	串联负反馈...	Com...	Signal PinSignal_C1_1[0] has no driver	下午 06:...	2012-5-7	5

图 1—6—20　错误提示

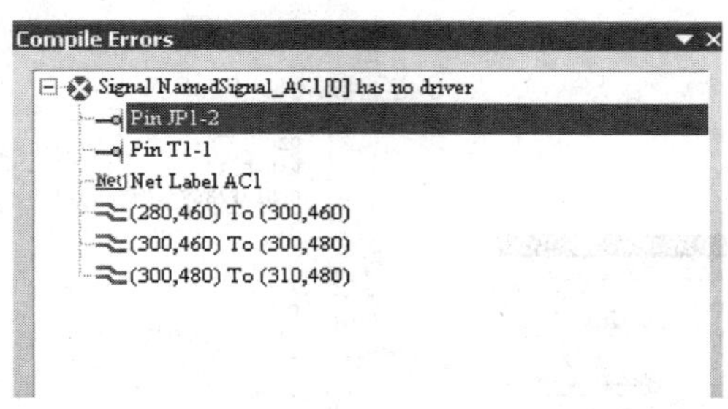

图 1—6—21　“Compile Errors”对话框

（3）修改错误。重新回到原理图中，分析错误提示的问题，并加以改正，然后保存修改后的原理图文件，最后重新进行原理图编译查错，直至 Messages 窗口中无错误报告为止。

五、创建、输出原理图网络表

1. 设置网络表选项

在串联负反馈稳压电源电路原理图环境中，执行菜单命令【项目管理】/【项目管理选项】，选择“Options”选项卡，如图 1—6—22 所示，可设置文件的输出路径、输出选项和网络表选项等内容。此处采用默认设置。

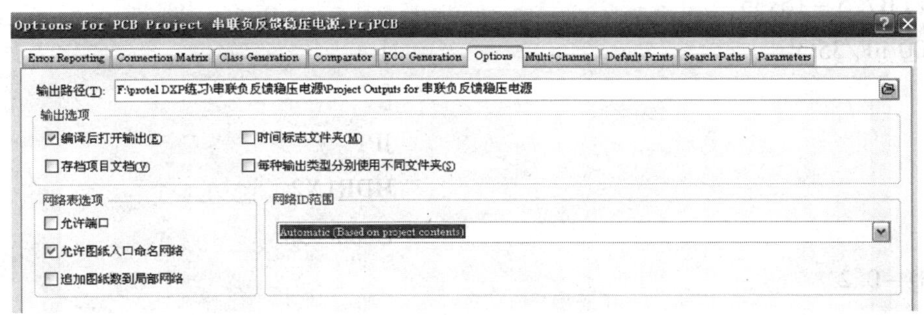

图 1—6—22　“项目管理选项”对话框的“Options”选项卡

2. 创建网络表

（1）创建网络表文件。执行菜单命令【设计】/【文档的网络表】/【Protel】，系统自动生成当前文档的网络表，并命名为“串联负反馈稳压电源 . NET”，此时“Projects”

工作面板如图 1—6—23 所示，增加了 Generated 文件夹及网络表文件。

（2）浏览、分析网络表文件。双击“串联负反馈稳压电源 . NET” 文件，弹出如图 1—6—24 所示的网络表文件，其详细内容如下：

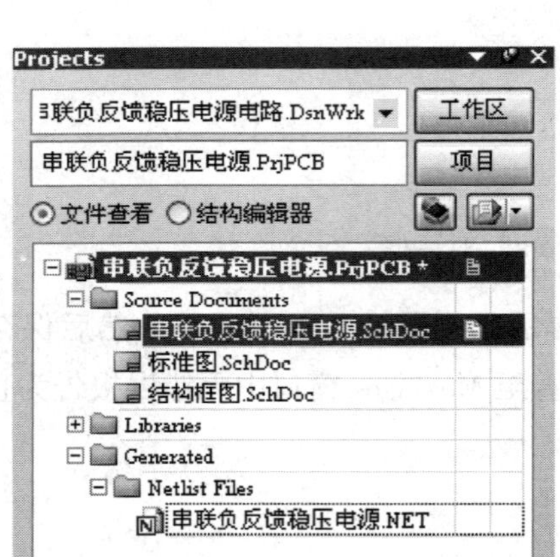

图 1—6—23　创建生成串联负反馈稳压电源 . NET

主页面　串联负反馈稳压电源电路.SCHDOC　串联负反馈稳压电源电路.NET

```
[
C1
CAPPR7.5-16x35
2200uF/35V


]
[
C2
RAD-0.2
0.01uF/35V


]
[
C3
CAPPR5-5x5
470uF/25V


]
[
JP1
HDR1X2
Header 2


]
[
JP2
HDR1X2
Header 2
```

图 1—6—24　打开“串联负反馈稳压电源 . NET” 文件

[

C1

CAPPR7. 5 – 16x35

2 200 uF/35 V

]

[

C2

RAD – 0. 2

0. 01 uF/35 V

]

[

C3

CAPPR5 – 5x5

470 uF/25 V

]

[

JP1

HDR1X2

Header 2

]

[

JP2

HDR1X2

Header 2

]
[
R1
AXIAL - 0. 4
7. 5K

]
[
R2
AXIAL - 0. 4
390

]
[
R3
AXIAL - 0. 4
220

]
[
R4
VR5
220

]
[
R5
AXIAL - 0. 4
150

]
[
T1
TRANS
18/12 VA

]
[
VD1
E - BIP - P4/D10
整流桥

]
[
VD2
DIODE - 0. 4
2DW51

]
[
VT1
1 - 04
3DD155A

]
[
VT2
BCY - W3/B. 7
3DG6D/9014

]
[
VT3
BCY - W3/B. 7
3DG6D/9014

]

```
(
AC1
JP1 -2
T1 -1
)
(
AC2
JP1 -1
T1 -2
)
(
GND
C1 -2
C2 -2
C3 -2
JP2 -1
R5 -1
VD1 -1
VD2 -1
)
(
NetC1_1
C1 -1
R1 -1
VD1 -3
VT1 -1
VT2 -1
)
(
NetC2_1
C2 -1
R1 -2
VT2 -2
VT3 -1
)
(
NetR2_1
R2 -1
VD2 -2
VT3 -3
)
(
NetR3_1
R3 -1
R4 -1
)
(
NetR4_2
R4 -2
R5 -2
)
(
NetR4_3
R4 -3
VT3 -2
)
(
NetT1_3
T1 -3
VD1 -2
)
(
NetT1_4
T1 -4
VD1 -4
)
(
NetVT1_2
```

VT1 -2
VT2 -3
)
(
OUT
C3 -1
JP2 -2
R2 -2
R3 -2
VT1 -3
)

浏览网络表文件中方括号元件描述部分：可检查元件编号是否重名或含有“?”号（元件描述中的第一行）、元件封装是否缺失或不正确（元件描述中的第二行）等问题；浏览网络表中圆括号网络连接描述部分：可查看每一条网络连接的分支引脚是否正确连接。当前网络表中包含16个元器件（16对方括号）和13条网络（13对圆括号），与串联负反馈稳压电源电路原理图中元件数、网络数相符合。

（3）修改原理图。根据上述具体分析，若有必要修改原理图中元件或网络连接，可回到原理图中进行相应修改；也可直接在网络表文件中修改完成。

注意

网络表提取的是当前原理图中的内容，每次原理图修改后需要重新生成更新后的网络表。

六、创建、输出原理图元件列表

1. 简单元件清单

在串联负反馈稳压电源电路原理图环境中，执行菜单命令【报告】/【Simple BOM】，生成项目简单元件清单，有两种文件格式，如图1—6—25和图1—6—26所示。

```
"Bill of Material for 串联负反馈稳压电源电路.SCHDOC"
"On 2012-5-8 at 上午 09:59:27"

"Comment","Pattern","Quantity","Components"

"0.01uF/35V","RAD-0.2","1","C2","Capacitor"
"150","AXIAL-0.4","1","R5","Resistor"
"18/12VA","TRANS","1","T1","Transformer (Coupled Inductor Model)"
"220","AXIAL-0.4","1","R3","Resistor"
"220","VR5","1","R4","Potentiometer"
"2200uF/35V","CAPPR7.5-16x35","1","C1","Polarized Capacitor (Axial)"
"2DW51","DIODE-0.4","1","VD2",""
"390","AXIAL-0.4","1","R2","Resistor"
"3DD155A","1-04","1","VT1","NPN Bipolar Transistor"
"3DG6D/9014","BCY-W3/B.7","2","VT2, VT3","NPN Bipolar Transistor"
"470uF/25V","CAPPR5-5x5","1","C3","Polarized Capacitor (Axial)"
"7.5K","AXIAL-0.4","1","R1","Resistor"
"Header 2","HDR1X2","2","JP1, JP2","Header, 2-Pin"
"整流桥2W005","E-BIP-P4/D10","1","VD1",""
```

图1—6—25　串联负反馈稳压电源电路.CSV文件

```
Bill of Material for 串联负反馈稳压电源电路.SCHDOC
On 2012-5-8 at 上午 09:59:27

 Comment        Pattern        Quantity          Components
------------------------------------------------------------------------------
 0.01uF/35V     RAD-0.2           1     C2      Capacitor
 150            AXIAL-0.4         1     R5      Resistor
 18/12VA        TRANS             1     T1    Transformer (Coupled Inductor Model)
 220            AXIAL-0.4         1     R3      Resistor
 220            VR5               1     R4      Potentiometer
 2200uF/35V     CAPPR7.5-16x35    1     C1      Polarized Capacitor (Axial)
 2DW51          DIODE-0.4         1     VD2
 390            AXIAL-0.4         1     R2      Resistor
 3DD155A        1-04              1     VT1     NPN Bipolar Transistor
 3DG6D/9014     BCY-W3/B.7        2     VT2, VT3 NPN Bipolar Transistor
 470uF/25V      CAPPR5-5x5        1     C3      Polarized Capacitor (Axial)
 7.5K           AXIAL-0.4         1     R1      Resistor
 Header 2       HDR1X2            2     JP1, JP2 Header, 2-Pin
 整流桥2W005     E-BIP-P4/D10      1     VD1
```

图 1—6—26　串联负反馈稳压电源电路 . BOM 文件

2．项目元件列表

（1）执行菜单命令【报告】/【Bill of Material】，弹出“元器件列表”对话框，如图 1—6—27 所示。

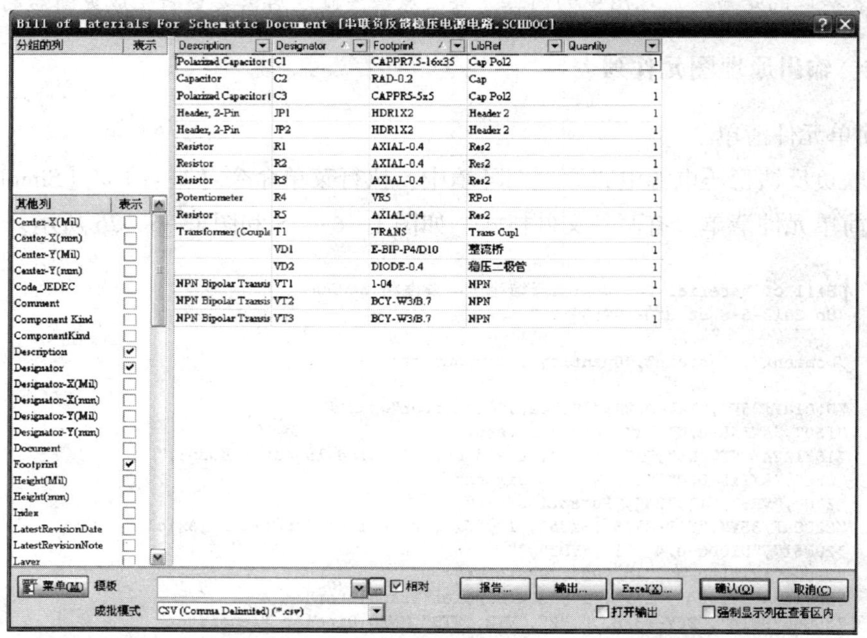

图 1—6—27　“元器件列表”对话框

（2）在“其他列”中选择报表的内容，选中的内容会在“列表”对话框中增加该列。

（3）单击“报告”按钮，弹出“报告预览”对话框；单击“输出”按钮，选择保存类型为：Microsoft Excel Worksheet 或 Adobe PDF，可输出两种文件类型的元器件列表清单，如图 1—6—28 和图 1—6—29 所示。

	A	B	C	D	E
1	Description	Designator	Footprint	LibRef	Quantity
2	Polarized Capacitor (	C1	CAPPR7.5-16x35	Cap Pol2	1
3	Capacitor	C2	RAD-0.2	Cap	1
4	Polarized Capacitor (	C3	CAPPR5-5x5	Cap Pol2	1
5	Header, 2-Pin	JP1	HDR1X2	Header 2	1
6	Header, 2-Pin	JP2	HDR1X2	Header 2	1
7	Resistor	R1	AXIAL-0.4	Res2	1
8	Resistor	R2	AXIAL-0.4	Res2	1
9	Resistor	R3	AXIAL-0.4	Res2	1
10	Potentiometer	R4	VR5	RPot	1
11	Resistor	R5	AXIAL-0.4	Res2	1
12	Transformer (Couple	T1	TRANS	Trans Cupl	1
13		VD1	E-BIP-P4/D10	整流桥	1
14		VD2	DIODE-0.4	稳压二极管	1
15	NPN Bipolar Transis	VT1	1-04	NPN	1
16	NPN Bipolar Transis	VT2	BCY-W3/B.7	NPN	1
17	NPN Bipolar Transis	VT3	BCY-W3/B.7	NPN	1

图 1—6—28　生成串联负反馈稳压电源电路 . xls 文件

Report Generated From DXP

Description	Designator	Footprint	LibRef	Quantity
Polarized Capacitor (Axial)	C1	CAPPR7.5-16x35	Cap Pol2	1
Capacitor	C2	RAD-0.2	Cap	1
Polarized Capacitor (Axial)	C3	CAPPR5-5x5	Cap Pol2	1
Header, 2-Pin	JP1	HDR1X2	Header 2	1
Header, 2-Pin	JP2	HDR1X2	Header 2	1
Resistor	R1	AXIAL-0.4	Res2	1
Resistor	R2	AXIAL-0.4	Res2	1
Resistor	R3	AXIAL-0.4	Res2	1
Potentiometer	R4	VR5	RPot	1
Resistor	R5	AXIAL-0.4	Res2	1
Transformer (Coupled Inductor Model)	T1	TRANS	Trans Cupl	1
	VD1	E-BIP-P4/D10	ÕûÁ÷ÇÅ	1
	VD2	DIODE-0.4	ÎÈÑ¹¶þ¼«¹Ü	1
NPN Bipolar Transistor	VT1	1-04	NPN	1
NPN Bipolar Transistor	VT2	BCY-W3/B.7	NPN	1
NPN Bipolar Transistor	VT3	BCY-W3/B.7	NPN	1

图 1—6—29　生成串联负反馈稳压电源电路 . PDF 文件

七、打印、输出原理图

1. 页面设置

（1）打印设置。执行菜单命令【文件】/【页面设定】，如图 1—6—30 所示。可设置打印纸尺寸、方向、打印比例等。

（2）打印预览。单击图 1—6—30 中的“预览”按钮，进行打印预览。

2. 原理图打印

执行菜单命令【文件】/【打印】，弹出“打印输出”对话框，如图 1—6—31 所示。对打印机名称、打印范围等设置完成后，单击“确认”按钮即可开始打印。

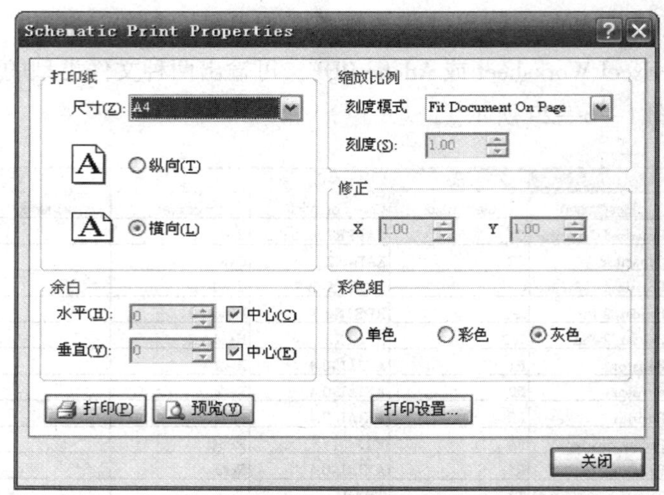

图 1—6—30　原理图打印属性设置

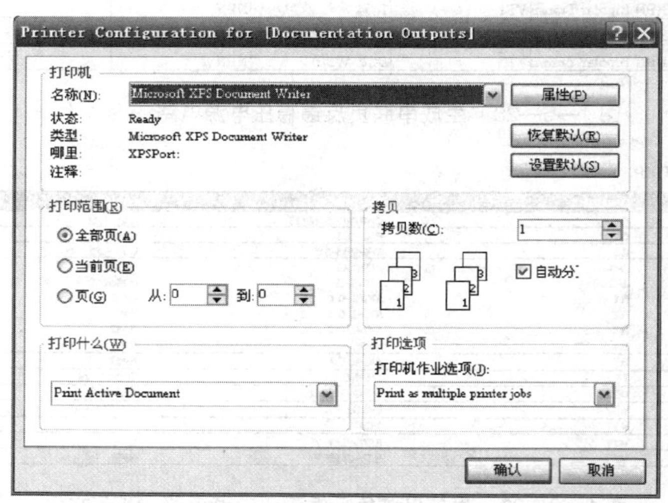

图 1—6—31　“打印输出”对话框

练一练

对任务 5 中已绘制完成的“基于单片机的步进电动机控制系统电路原理图”，依照上述相同方法进行电气规则检查，并创建、输出项目网络表、元件列表，并根据报表信息修改原理图。

任务评价

按表 1—6—2 中内容进行任务评价。

表 1—6—2　　任务评价表

评价项目	评价标准	配分（分）	自我评价	小组评价	教师评价
职业素养	安全意识、责任意识、服从意识强	5			
	积极参加教学活动，按时完成各项学习任务	5			
	团队合作意识强，善于与人交流和沟通	5			
	自觉遵守劳动纪律，尊敬师长，团结同学	5			
	爱护公物，节约材料，工作环境整洁	5			
专业能力	打开已有工作区、PCB 项目及原理图文件正确	2			
	设置元件封装型号正确	12			
	原理图电气规则检查正确	22			
	创建、输出网络表正确	22			
	创建、输出元件列表正确	8			
	创建层次电路图报表正确	9			
合计		100			
总评	自我评价 ×20% + 小组评价 ×20% + 教师评价 ×60% =	综合等级	教师（签名）：		

注：学习任务考核采用自我评价、小组评价和教师评价三种方式，考核分为 A（90 ~ 100）、B（80 ~ 89）、C（70 ~ 79）、D（60 ~ 69）、E（0 ~ 59）五个等级。

思考与练习

1．分析任务 2 的思考与练习题中的各电路原理图，分别设置图中各元件正确的封装型号，进行电气规则检查，待电路原理图修改无误后，创建、输出网络表、元件列表。

2．分析任务 5 的思考与练习题中的各电路原理图，分别设置图中元件正确的封装型号，进行电气规则检查，待电路原理图修改无误后，创建、输出网络表、元件列表。

模块二　印制电路板设计

印制电路板（Printed Circuit Board，即 PCB），又称印刷电路板，是电子设备的主要部件，是电子元器件的支撑体和电气连接的提供者。印制电路板是通过一定的制作工艺，在绝缘度非常高的基材上覆盖一层导电性能良好的铜箔构成覆铜板，按照设计好的 PCB 图，在覆铜板上蚀刻出相关的图形，再经钻孔等处理制成，以供元器件装配。未安装元器件的 PCB 称为裸板，也称为印制线路板，如图 2—0—1 所示。

安装、焊接元件后的印制电路板如图 2—0—2 所示，其为一个计算机主板的印制电路板。

图 2—0—1　印制线路板

图 2—0—2　计算机主板的印制电路板

本模块主要是运用 Protel DXP 2004 实现电路系统设计的最终目标——PCB 设计，如图 2—1—1 所示。在识读印制电路板及其 PCB 图的基础上，进行从简单双面 PCB 自动设计到单面 PCB 手动设计以及元件封装的编辑设计，并进行 PCB 设计后处理。

课题一　印制电路板设计初步

本课题的主要内容是运用 Protel DXP 2004 实现电路 PCB 设计，在识读印制电路板及其 PCB 图的基础上，进行简单双面 PCB 自动设计。

任务 1　认知印制电路板

学习目标

1. 了解印制电路板常见类型、制作工艺及图纸工作层面。
2. 熟悉印制电路板的组成元素及 PCB 图纸中的组成对象。

任务引入

运用 Protel DXP 2004 进行 PCB 设计之前，应了解印制电路板上的各种对象，识读各种对象在 PCB 图中的表示方法，以便为后续 PCB 设计做好准备。具体要求如下：

1. 认识印制电路板，识别电路板中组成对象及其功能。

2. 在 Protel DXP 2004 环境下打开设计完成的 PCB 文件，如图 2—1—1 所示，识读 PCB 图中的组成元素及其表示形式，理解其各自的功能。

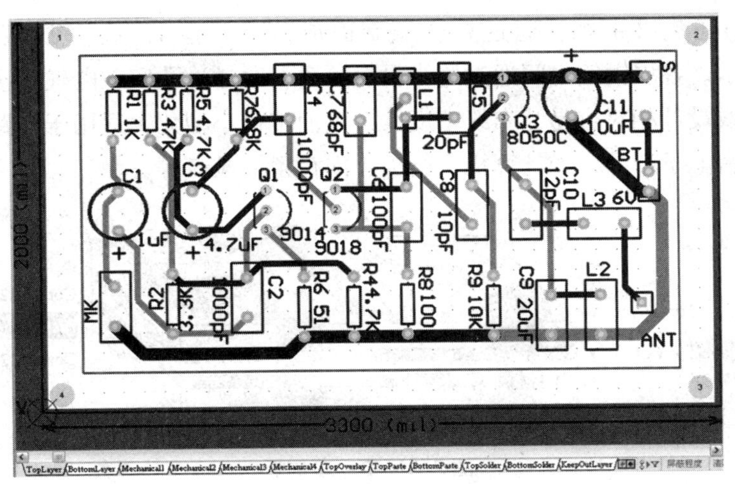

图 2—1—1　Protel DXP 2004 中的 PCB 图

任务分析

对于一块完整的印制电路板，需要识读组成电路板的绝缘基板、元件封装轮廓、铜膜导线、焊盘、孔、阻焊膜、字符等对象。而 PCB 图的识读内容包括工作层面、元件封装、铜膜导线、焊盘、过孔、元件标注、PCB 边框、尺寸标注以及 Mark 点等。

相关知识

印制电路板按照结构组成可分为单面板、双面板和多层板。

一、单面板

单面板是只有一面敷铜的电路板，只可在敷铜的一面布线。单面板结构简单，无须打过孔，故成本低，但因只可一面布线，布线难度大，所以适用于线路相对简单的一般电子产品，如电视机、计算机显示器等电路板。

二、双面板

双面板是两面均有敷铜、两面均可布线的电路板，包括底层（Bottom Layer）和顶层（Top Layer）。一般采用金属化孔（过孔）实现两面铜膜导线的电气连接。多数情况下，元件集中放置于 PCB 的顶层。双面板两面均可布线，布线设计较容易，所以使用最为广泛，如 DVD 机、单片机控制板和通信设备等。

三、多层板

多层板是指三层以上的电路板，不仅底层和顶层两面敷铜，在电路板内部层面（Internal Plane）还包含铜箔，通过叠合压制而成，通常有 4、6、8 层板等，其结构如图 2—1—2 所示。各层铜箔之间通过绝缘材料隔离，通过过孔实现电气连接。多层板多面均可布线，布线设计相对容易，布线密度大，可使整机小型化，适用于线路复杂且技术指标要求高的精密电子产品，如计算机主机板、内存条、显卡等。

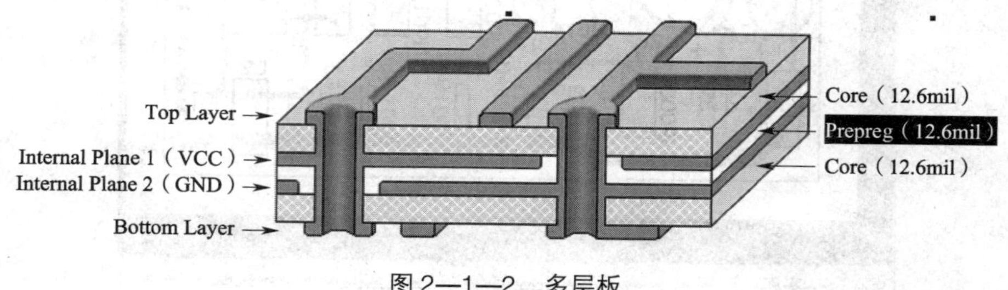

图 2—1—2　多层板

一、识读印制电路板中各种对象（以双面板为例）

一块完整的印制电路板主要由绝缘基板、元件封装轮廓、铜膜导线、焊盘、孔、阻焊膜、字符等对象组成，如图 2—1—3 所示。

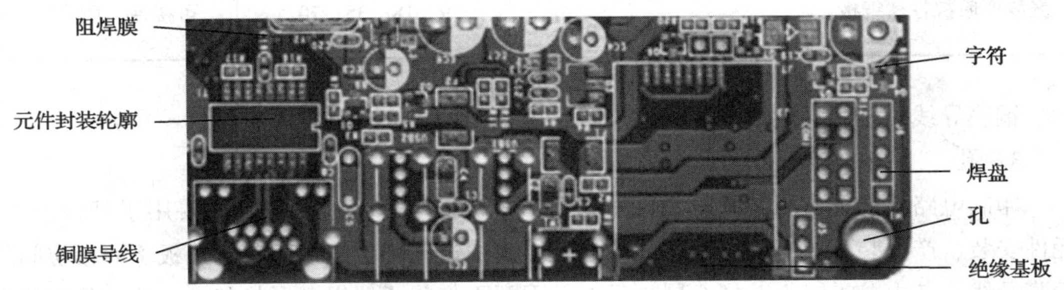

图 2—1—3　印制电路板中各对象

1．绝缘基板

印制电路板的绝缘基板是由高分子的合成树脂与增强材料组成。常用合成树脂有酚醛、环氧、聚四氟乙烯树脂等。增强材料一般有玻璃布、玻璃毡或纸，它们决定了绝缘基层的机械性能和电气性能。

2．铜膜导线

铜箔是印制电路板表面的导电材料，通过粘合剂将其粘贴到绝缘基板的表面，再制成印制导线（即铜膜导线）和焊盘，实现电气连接。常见覆铜板见表 2—1—1。

表 2—1—1　　常见覆铜板

覆铜板名称	覆铜板标称厚度（mm）	铜箔厚度（μm）	覆铜板特点
酚醛纸基覆铜板	1.0、1.5、2.0、2.5、3.2	18、35、70	价格低，阻燃强度低，易吸水，耐高温性能差
环氧纸基覆铜板	1.0、1.5、2.0、2.5、3.2	18、35、70	价格高于酚醛纸板，机械强度、耐高温和潮湿性较好
环氧玻璃布覆铜板	0.2、0.3、0.5、1.0、1.5、2.0、3.0	18、35、70	性能优于环氧和酚醛纸板，且基板透明

续表

覆铜板名称	覆铜板标称厚度（mm）	铜箔厚度（μm）	覆铜板特点
聚四氟乙烯覆铜板	0.25、0.3、0.5、0.8、1.0、1.5、2.0	18、35、70	价格高，介电常数低，介质损耗低，耐高温，耐腐蚀
聚酰亚胺挠性覆铜板	0.2、0.5、0.8、1.2、1.6、2.0	9、18、35、70	可挠性、质量轻

铜膜导线用于各导电对象之间的连接，由铜箔构成，具有导电特性。

3. 孔

印制电路板的孔有工艺孔、元件安装孔、机械安装孔及过孔等，主要用于基板加工、元件安装、产品装配及不同层面之间的连接。其中过孔用于连接印制电路板不同板层间的铜膜导线。其内壁需镀上一层金属，且上、下两面与普通的焊盘形状基本一致，具有导电特性。

4. 元件封装轮廓

元件封装轮廓表示元件实际占据印制电路板的空间大小，为元件安装预留的确切位置，印刷板上一般为白色图形，不具有导电特性。

5. 焊盘

焊盘用于放置焊锡、连接导线和元件引脚，由铜箔构成，具有导电特性。

6. 字符

字符部分一般用白色油漆制成，用于标注元器件的符号和编号等，便于印制电路板装配时的电路识别。该层用丝网印刷技术实现，故也称丝印层，不具有导电特性。

7. 阻焊膜

阻焊膜指涂覆在印制电路板表面的绿色阻焊剂（或是黄色、红色、黑色等），PCB 行业称这层绿色阻焊剂为“绿油”。阻焊膜能防止波峰焊时产生桥接现象，提高焊接质量和节约焊料。同时，阻焊膜是印制电路板的永久性保护层，能防潮、防烟雾、防霉菌和防止机械损伤。

二、识读 PCB 图

Protel DXP 2004 的 PCB 图中各对象如图 2—1—4 所示。

1. 工作层

Protel 软件中主要以工作层表示印制电路板中的不同对象，显示于工作区下方。具体工作层见表 2—1—2。

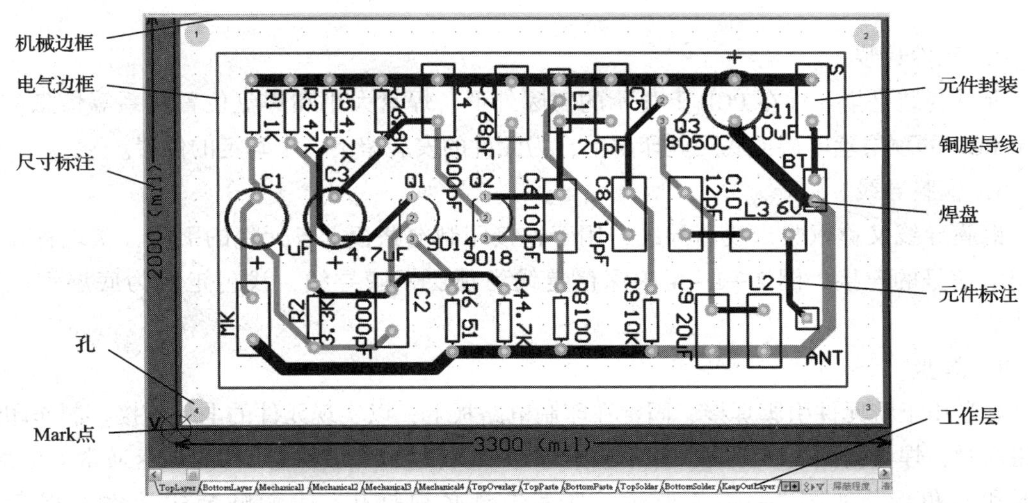

图 2—1—4　Protel DXP 2004 的 PCB 图中各对象

表 2—1—2　　Protel DXP 2004 的 PCB 工作层

工作层面	作用
信号层	用于放置与信号有关的电气元素，如铜膜导线等。最多可提供 32 个信号层，即 Top Layer（顶层）、Bottom Layer（底层）和 Mid－Layer 1～Mid－Layer 30（中间层）
内部电源/接地层	用于布置电源线和接地线，常用于大面积的电源或地。最多可提供 16 个内部电源/接地层，即 Internal Plane 1～ Internal Plane 16
机械层	用于确定电路板的形状、轮廓，也可以印上标注的尺寸等重要信息。最多可提供 16 个机械层，即 Mechanical 1～Mechanical 16
屏蔽层	Top Solder 和 Bottom Solder 分别为顶层阻焊层和底层阻焊层，用于确保电路板上不需要镀锡的地方不被镀锡，从而保证电路板运行的可靠性。Top Paste 和 Bottom Paste 分别为顶层焊锡膏层和底层焊锡膏层，用于贴片式元器件的安装
丝印层	用于绘制元件的轮廓、放置元件的编号和其他文本信息。其中，Top Overlay 和 Bottom Overlay 分别为顶层丝印层和底层丝印层
禁止布线层	即 Keep－Out Layer，主要用于绘制电路板的电气边框，指定放置元件和布线的区域
其他层	Drill Guide（钻孔方位层）和 Drill Drawing（钻孔绘图层）：为制造电路板提供钻孔信息，该层为自动计算 Multi－Layer（多层）：代表所有的信号层，在它上面放置的元件会自动地放到所有的信号层上，所以可通过 Multi－Layer 将焊盘快速地放置到所有的信号层上

2．元件封装

元件封装是指元件在 PCB 上显示的实际外形、焊盘大小和焊盘位置关系等信息，存在于 PCB 的顶层丝印层或底层丝印层上，为元件的安装留下一个确定的位置。

3．铜膜导线

铜膜导线又称铜膜走线、导线，用于连接印制电路板上各元件的引脚，实现各元件之间电信号的连接。图 2—1—4 中深色走线为顶层铜膜导线，浅色走线为底层铜膜导线。

4．焊盘

焊盘用于将元件引脚焊接、固定在印制电路板上，以实现元件的电气连接。制作印制电路板时，焊盘会预先布上锡，并不被阻焊绿油所覆盖。插针式元件的焊盘通常有圆形、方形和八角形，如图 2—1—5 所示，且其焊盘必须打孔；表面贴装式元件的焊盘如图 2—1—6 所示。

图 2—1—5　插针式元件的焊盘

图 2—1—6　表面贴装式元件的焊盘

5．孔

PCB 图中的孔有安装孔、过孔等。安装孔用于印制电路板的安装或元器件的安装，由螺钉大小决定孔径尺寸。

过孔可实现不同板层间电信号的连接，孔内壁需要镀上一层金属。从制板工艺角度可将其分为 3 类：通孔（Through Via，从顶层直接通到底层）、盲孔（Blind Via，从顶层、底层通到某一里层，未穿透所有层）、埋孔（Buried Via，只在内部里层之间相互连接），如图 2—1—7 所示。

6．元件标注

元件标注为元件编号和元件参数信息，用于标识各元件的安装位置，一般存在于顶层丝印层或底层丝印层。

7．PCB 边框

（1）电气边框。即为 PCB 的内边框，存在于禁止布线层，用于规定元件布局、铜膜导线布线等电气区域范围。

（2）机械边框。即为 PCB 的外边框，存在于机械层 4，用于规定印制电路板制作、加工过程中的机械夹持范围。

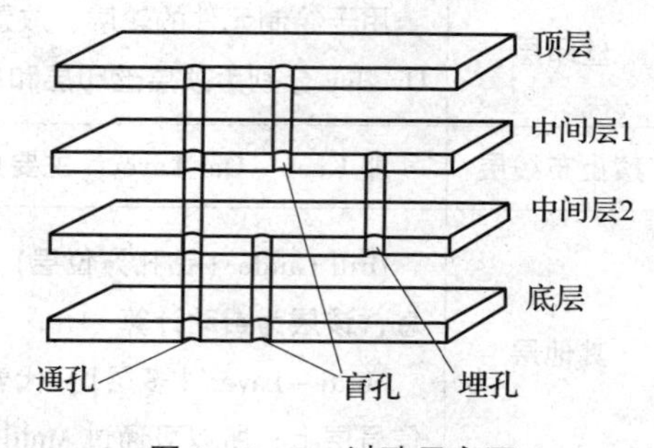

图 2—1—7　过孔示意图

8．尺寸标注

PCB 中关键尺寸的标注，存在于机械层 1。

9．Mark 点

Mark 点即基准点，为印制电路板装配工艺中所有步骤提供共同的可测量参考点。

任务评价

按表 2—1—3 中内容进行任务评价。

表 2—1—3　　　　任务评价表

评价项目	评价标准	配分（分）	自我评价	小组评价	教师评价
职业素养	安全意识、责任意识、服从意识强	5			
	积极参加教学活动，按时完成各项学习任务	5			
	团队合作意识强，善于与人交流和沟通	5			
	自觉遵守劳动纪律，尊敬师长，团结同学	5			
	爱护公物，节约材料，工作环境整洁	5			
专业能力	区分单面板、双面板及多层板及其特性正确	12			
	掌握绝缘基板板材及厚度规格	3			
	识别印制电路板上的铜膜导线、元件封装轮廓正确，识别孔、焊盘、字符、阻焊膜及其功能正确	22			
	识别 PCB 图中各工作层、元件封装、铜膜导线、焊盘及元件标注正确	20			
	识别 PCB 图中过孔、安装孔、PCB 边框、尺寸标注及 Mark 点正确	18			
合计		100			
总评	自我评价 ×20% ＋小组评价 ×20% ＋教师评价 ×60% =	综合等级	教师（签名）：		

注：学习任务考核采用自我评价、小组评价和教师评价三种方式，考核分为 A（90～100）、B（80～89）、C（70～79）、D（60～69）、E（0～59）五个等级。

思考与练习

1．简述印制电路板的组成。

2．识读实用门铃电路的 PCB 图，如图 2—1—8 所示。

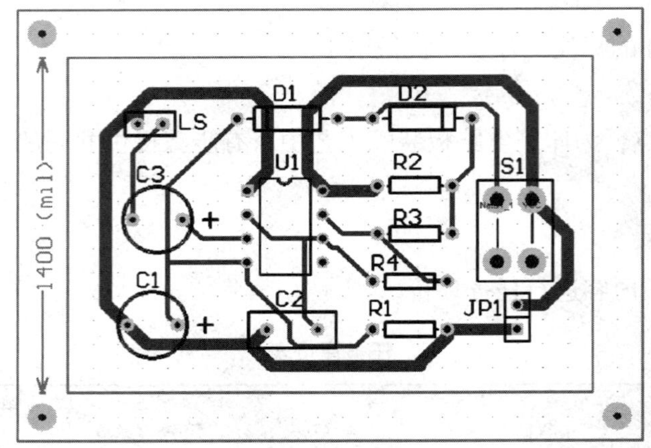

图 2—1—8　实用门铃电路的 PCB 图

任务 2　双面 PCB 自动设计

学习目标

1. 了解印制电路板设计的一般原则。
2. 掌握双面 PCB 自动设计的基本步骤。
3. 掌握自动布局、布线参数的设置方法以及印制电路板设计规则检查。
4. 能根据绘图需要加载、卸载元件库文件，并能解决封装导入时的错误。
5. 能按要求完成简单电路双面 PCB 自动设计。

任务引入

运用 Protel DXP 2004 实现电路系统设计的最终目标是进行 PCB 设计，为加工印制电路板提供设计图纸。本任务要求在如图 1—4—1 所示的脉冲抖动去除电路原理图基础上，运用 PCB 编辑器自动布局、自动布线方法设计出如图 2—2—1 所示的 PCB 图，具体要求如下：

1. 双面板，电路板尺寸为 3 000 mil × 2 000 mil，禁止布线区与电路板边沿距离为 200 mil。
2. 采用插针式元件，焊盘之间允许走一条导线，安全间距为 15 mil。
3. 最小铜膜导线尺寸为 20 mil，VCC 和 GND 网络导线尺寸为 60 mil。
4. 元件间的最小间距为 20 mil。

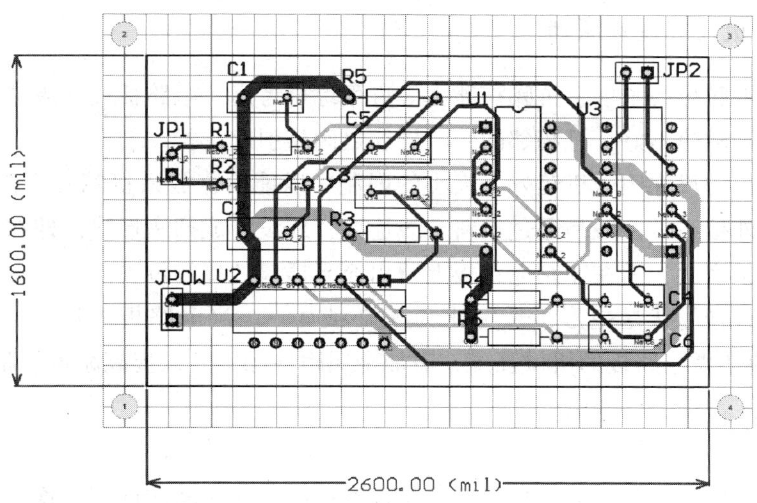

图 2—2—1　脉冲抖动去除电路的 PCB 图

5. 四角放置 4 个安装孔，孔径为 120 mil。

6. 对该 PCB 图进行设计规则检查。

任务分析

双面 PCB 自动设计流程如图 2—2—2 所示。

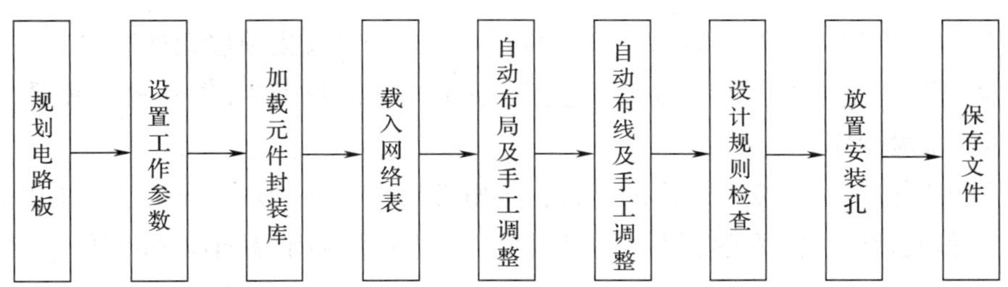

图 2—2—2　双面 PCB 自动设计流程

相关知识

一、覆铜板选用原则

覆铜板的性能指标主要有抗剥强度、耐浸焊性（耐热性）、翘曲度（或弯曲度）、电气性能（工作频率范围、介质损耗、绝缘电阻和耐压强度）及耐化学溶剂性能。覆铜板的选用主要根据产品的技术要求、工作环境和工作频率，同时兼顾经济性。在保证产品质量的前提下，优先考虑经济效益，选用价格低廉的覆铜板，以降低成本。

二、印制电路板尺寸设计原则

从成本、铜膜导线长度、抗噪声能力等方面综合考虑，电路板尺寸应越小越好。但如果尺寸过小，则散热不好，且相邻的铜膜导线之间易引起干扰。

印制电路板的尺寸因受机箱外壳大小的限制，以能恰好放入机箱外壳内为宜。其次，印制电路板与外接组件一般是通过塑料导线连接，或设计成插座形式，即在设备内安装一个插入式插座，因此，需在印制电路板上留出充当插口的接触位置。

电路板的最佳形状是矩形，长宽比为 3∶2 或 4∶3。当电路板的尺寸大于 200 mm × 150 mm 时，应考虑电路板的机械强度，需加金属附件固定，以提高耐振、耐冲击性能。

三、布局原则

根据电路原理图，按照信号走向逐个安排各功能单元电路元件的位置，以每个功能单元电路的核心元件为中心，围绕其进行布局。信号的流向应从左至右或从上至下，元件相互平行或垂直排列（以求整齐、美观、紧凑），模拟部分与数字部分分开，高频信号与低频信号分开，输入信号与输出信号分开。

1. 元件距印制电路板边缘的距离

通常元件距印制电路板边缘的距离至少等于板厚。若印制电路板需要使用导轨槽进行流水线插件、贴片、波峰焊或回流焊，则所有元件应放置在距板边缘约 5 mm 处。

2. 元件布局层面

通常所有元件均应布置在印制电路板的同一面上，只有当顶层元件过密时，才可将一些高度有限且发热量小的器件（如贴片电阻、贴片电容、贴片 IC 等）放在底层。

3. 元件布局顺序

首先放置装配时位置要求较高的元件，如电源插座、指示灯、开关、连接件等；再放置特殊元件和大元件，如发热元件、变压器、IC 等；最后放置小器件，如电阻、电容、二极管等。

4. 特殊元件布局

（1）高频元件的连线尽可能短。

（2）尽量加大具有高电位差元件之间的距离。

（3）带有高电压的元件尽量布置在手不易触及的位置。

（4）发热元件应远离热敏元件。

（5）质量过大的元件应有支架固定或不安装在印制板上。

（6）对于电位器、可变电容器、可调电感线圈或微动开关等可调元件应考虑整机的结构要求。

（7）机外调节的元件要与调节旋钮在机箱面板上的位置相对应，机内调节的元件应放置在印制电路板上便于调节的位置。

四、布线原则

1．线长

铜膜导线应尽可能短，拐弯处应为圆角或斜角（45°），因为直角或尖角在高频电路和布线密度高的情况下会影响电气性能。当双面板布线时，两面的导线应相互垂直、斜交或弯曲走线，避免相互平行，以减少寄生耦合。

2．线宽

导线宽度应以能满足电气特性要求且便于生产为准则，其最小值取决于流过的电流，一般不宜小于 0.2 mm。如果电路的工作电流较大时，对于铜皮厚度为 35 μm 的印制电路板，走线可按照 1 A/mm 的经验值决定导线宽度。安装孔和支架孔附近不能布线，电源线和地线的线宽一般大于或等于 1 mm。

3．绝缘间隔

相邻电气对象之间的间距应该满足绝缘间隔的要求，同时还需考虑实际生产条件，绝缘间隔越宽越好。一般双面板最小绝缘间隔设为 0.3 mm，单面板最小绝缘间隔设为 0.5 mm。在高压电路中，绝缘间隔一般取 500 V/mm 的经验值。

4．屏蔽与接地

电路板上尽可能多地保留铜箔作为地线，既有利于散热，又有利于增强屏蔽能力，以减小电磁干扰。多层电路板的内层用作电源和地线专用层，能进一步提高电路板的抗干扰能力。

五、焊盘设计原则

印制电路板上的焊盘内孔直径通常在金属引脚直径基础上增加 0.2 mm 以上，焊盘直径至少在焊盘孔径基础上增加 1 mm 以上，一般取 $D/d=1.5\sim2$（式中，D 为焊盘直径，d 为焊盘内孔直径，一般焊盘的内孔直径不小于 0.6 mm）。

双面板的焊盘最小直径为 1.5 mm，单面板的焊盘最小直径为 2～2.5 mm。焊盘的形状可为圆形或方形。大型元件（变压器、直径 15 mm 的电解电容、钮子开关、大电流插座等）的焊盘应加大面积，至少是原焊盘面积的一倍。

任务实施

一、向导法规划印制电路板

1．打开脉冲抖动去除电路的 PCB 项目文件（图 2—2—3）

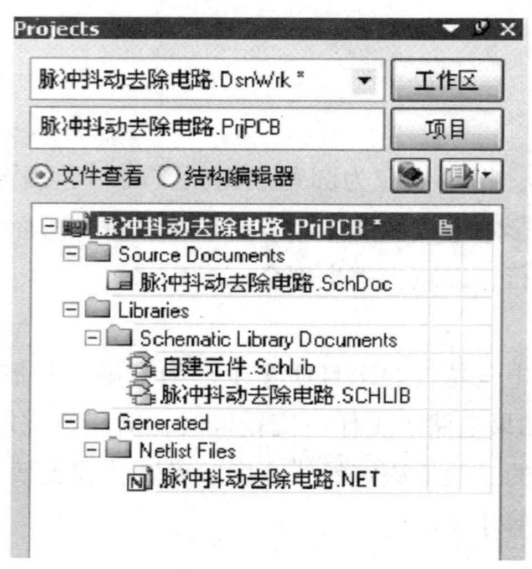

图 2—2—3　脉冲抖动去除电路的 PCB 项目文件

2. 启动 PCB 向导

单击图 2—2—3 左下角的“Files”工作面板，选择“根据模板新建”选项组中的“PCB Board Wizard”项，启动 PCB 向导，如图 2—2—4 所示。

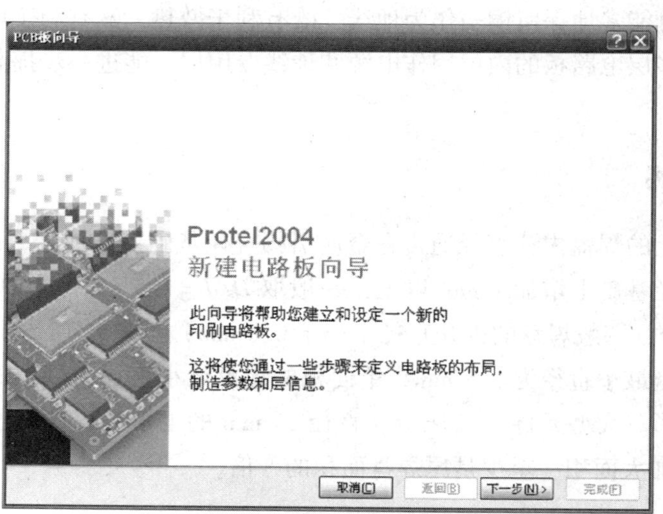

图 2—2—4　启动 PCB 设计向导

3. 选择电路板单位

单击图 2—2—4 中的 下一步(N)>，进入“选择电路板单位”界面，如图 2—2—5 所示。系统提供两种单位：英制（mil）、公制（mm）。

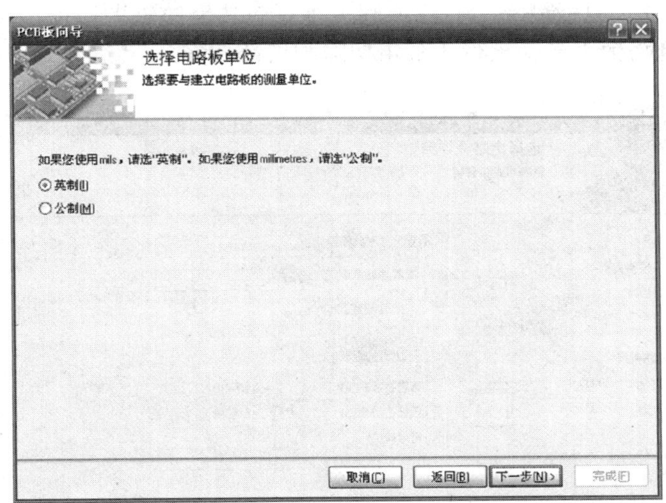

图 2—2—5　“选择电路板单位”界面

4．选择电路板配置文件

单击图 2—2—5 中的 下一步(N)>，进入“选择电路板配置文件”界面，如图 2—2—6 所示。Protel DXP 2004 提供多种工业制板的规格供用户选择，选择【Custom】自定义电路板的配置文件。

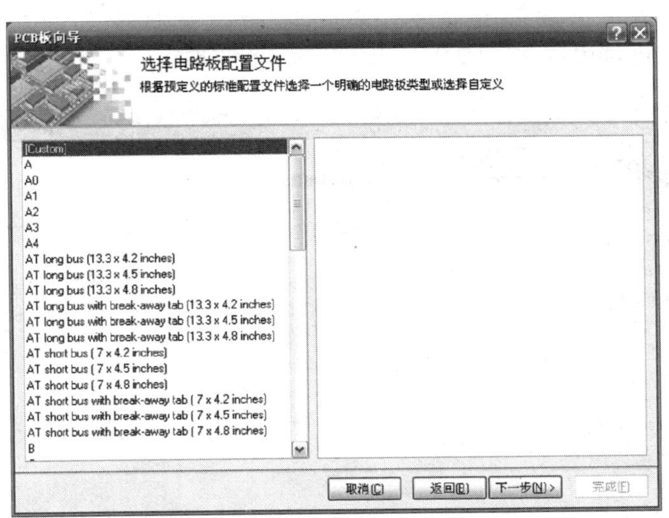

图 2—2—6　“选择电路板配置文件”界面

5．选择电路板详情

单击图 2—2—6 中的 下一步(N)>，进入“选择电路板详情”界面，如图 2—2—7 所示，根据任务要求输入电路板尺寸、形状等信息。其中“角切除”复选框确定是否需切除电路板的 4 个角；“内部切除”复选框确定是否需在电路板的内部切除一部分。根据任务要求，本印制电路板不需要进行 4 个角切除和内部切除。

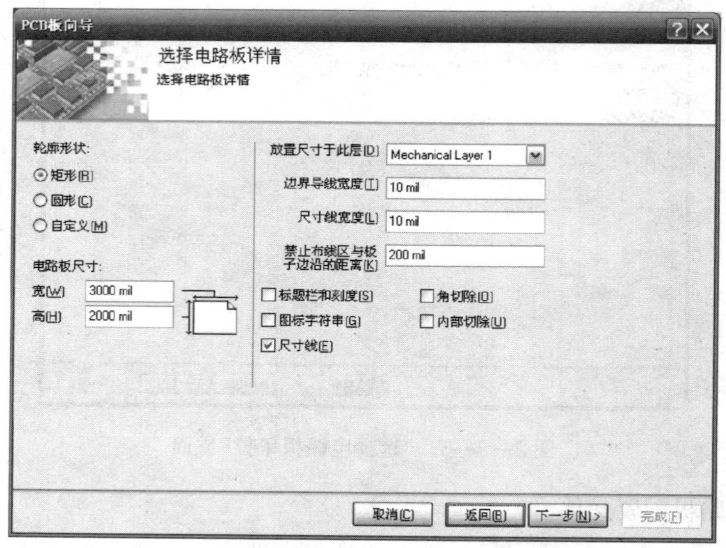

图 2—2—7 “选择电路板详情”界面

6. 选择电路板层

单击图 2—2—7 中的 下一步[N]>，进入“选择电路板层”界面，根据任务要求设置“信号层”为 2，“内部电源层”为 0，如图 2—2—8 所示。

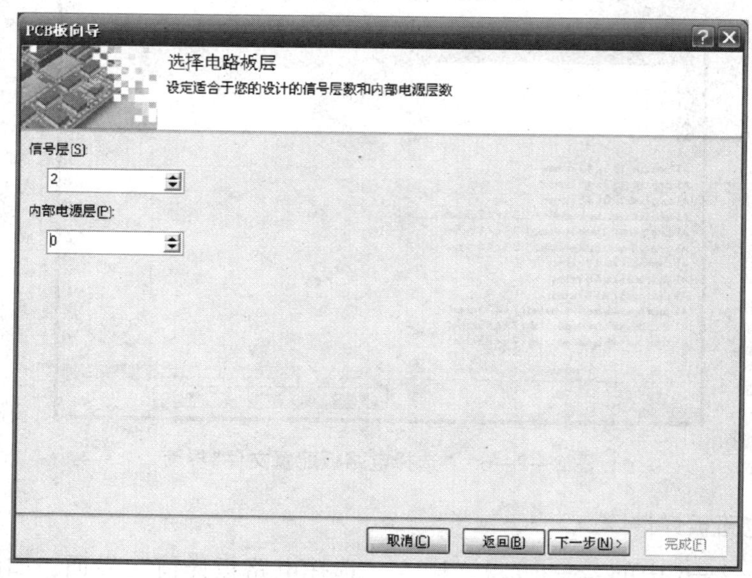

图 2—2—8 “选择电路板层”界面

7．选择过孔风格

单击图 2—2—8 中的 下一步(N)>，进入“选择过孔风格”界面，如图 2—2—9 所示，设置“只显示通孔”（盲孔或埋过孔只可能在多层板中存在）。

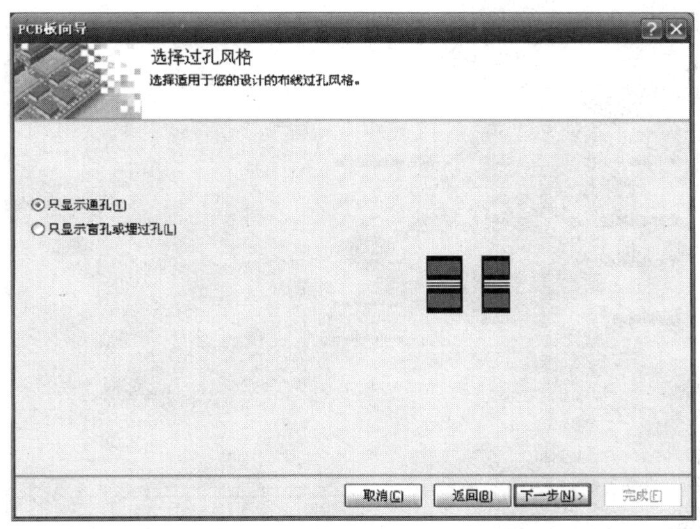

图 2—2—9　“选择过孔风格”界面

8．选择元件和布线逻辑

单击图 2—2—9 中的 下一步(N)>，进入“选择元件和布线逻辑”界面，如图 2—2—10 所示，根据实际布线密度设置相邻焊盘间导线数目。

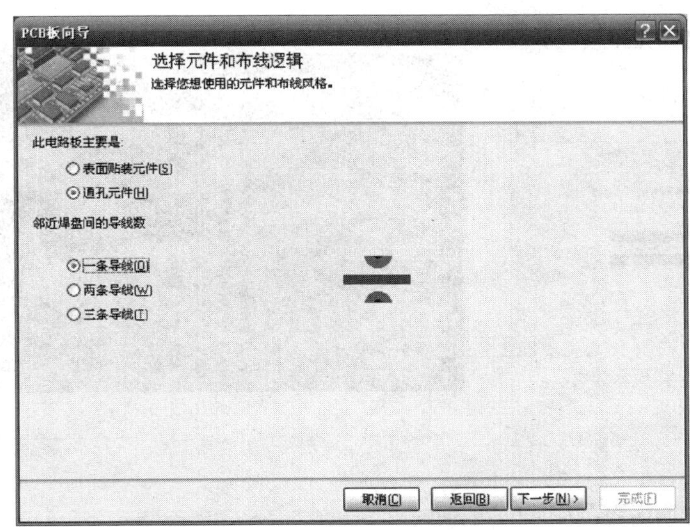

图 2—2—10　“选择元件和布线逻辑”界面

9．选择默认导线和过孔尺寸

单击图 2—2—10 中的 下一步(N)>，进入“选择默认导线和过孔尺寸”界面，如图 2—2—11 所示，修改“最小导线尺寸”为 20 mil，“最小间隔”为 15 mil。

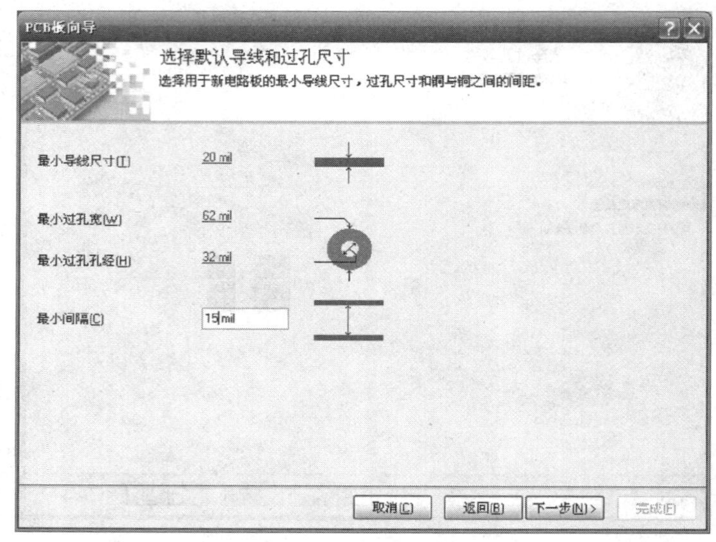

图 2—2—11 “选择默认导线和过孔尺寸”界面

10．完成 PCB 的创建

单击图 2—2—11 中的 下一步(N)>，电路板向导完成提示，单击“完成”按钮，新建的 PCB 文件如图 2—2—12 所示。

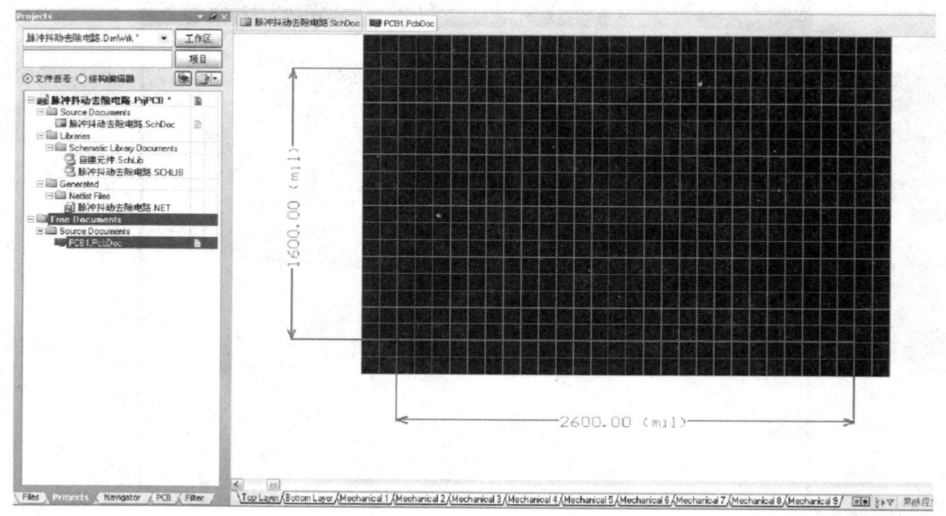

图 2—2—12 新建的 PCB 文件

11. 保存新建的 PCB 文件

单击工具栏中的 [保存图标]，或执行菜单命令【文件】/【另存为】，将 PCB1. PcbDoc 文件另存为上述设计工作区所在文件夹中，并改名为：脉冲抖动去除电路 . PcbDoc，此时为临时文件，如图 2—2—13 所示。

12. 将新建的 PCB 文件追加到项目中

右击项目文件名“脉冲抖动去除电路 . PrjPCB”，弹出如图 2—2—14 所示的快捷菜单，执行【追加已有文件到项目中】命令，将“脉冲抖动去除电路 . PcbDoc”文件追加到项目中，如图 2—2—15 所示。

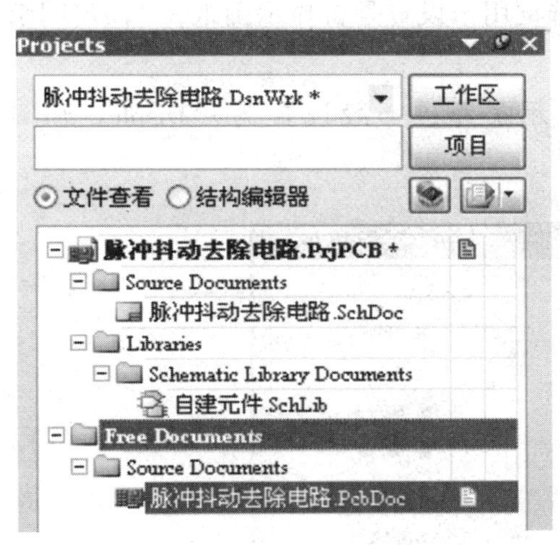

图 2—2—13　保存的 PCB 文件

图 2—2—14　快捷菜单

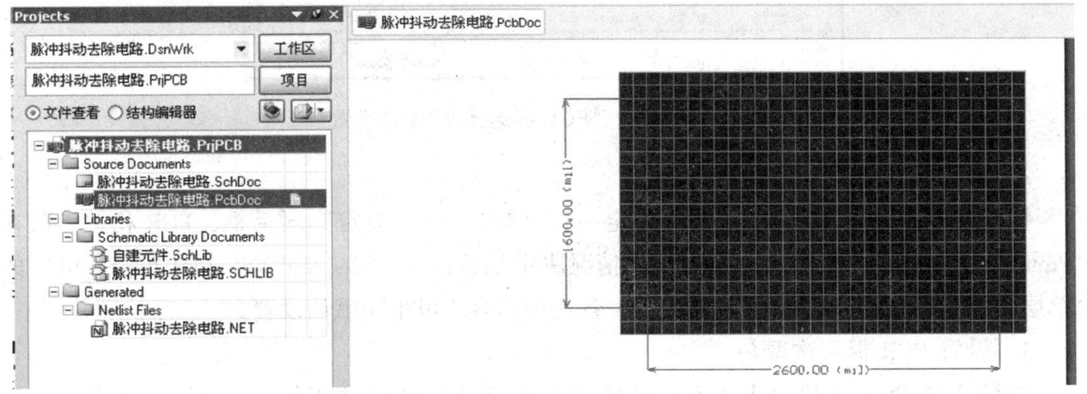

图 2—2—15　追加到项目中的 PCB 文件

二、设置双面 PCB 设计的环境参数

1. 设置 PCB 板选择项参数

执行菜单命令【设计】/【PCB 板选择项…】，弹出“PCB 板选择项”对话框，其参数设置如图 2—2—16 所示。其中：

（1）“捕获网格”“元件网格”“可视网格”“电气网格”均与原理图编辑器环境中的含义相同，不同之处在于“可视网格”有网格 1 和网格 2 两种，其度量值分别为 10 mil 和 100 mil。

（2）“图纸位置”中，“X”“Y”栏用于设置图纸左下角顶点的坐标，“宽”“高”栏用于设置图纸的宽度和高度。“显示图纸”复选框用于设置是否显示图纸，“锁定图纸图元”复选框用于设置是否锁定图纸图元。

（3）“标识符显示”用于设置标识符显示类型，一般设置为“Display Physical Designators”（显示物理标识符）。

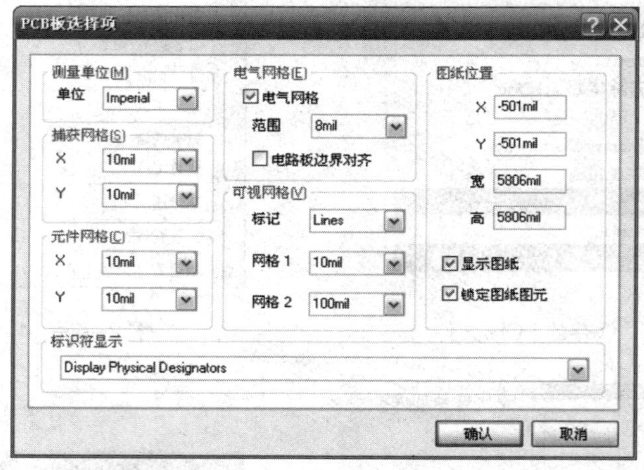

图 2—2—16 “PCB 板选择项”参数设置

2. 设置系统参数

执行菜单命令【工具】/【优先设定…】，弹出“优先设定”对话框，PCB 相关参数在“Protel PCB”选项中设置，用户可根据情况决定是否需要“Display”页（图 2—2—17）的“单层模式”“原点标记”。一般情况下，各选项内容均可采用默认设置。

3. 设置 PCB 板层次颜色

执行菜单命令【设计】/【PCB 板层次颜色】，弹出“板层和颜色”对话框，如图 2—2—18所示，可通过每个板层对应“表示”栏的“√”控制该层面的打开或关闭，也可通过“颜色”栏设置各个层面的颜色，此处颜色设置选用默认设置，脉冲抖动去除电路双面 PCB 的板层次设置如图 2—2—18 所示。

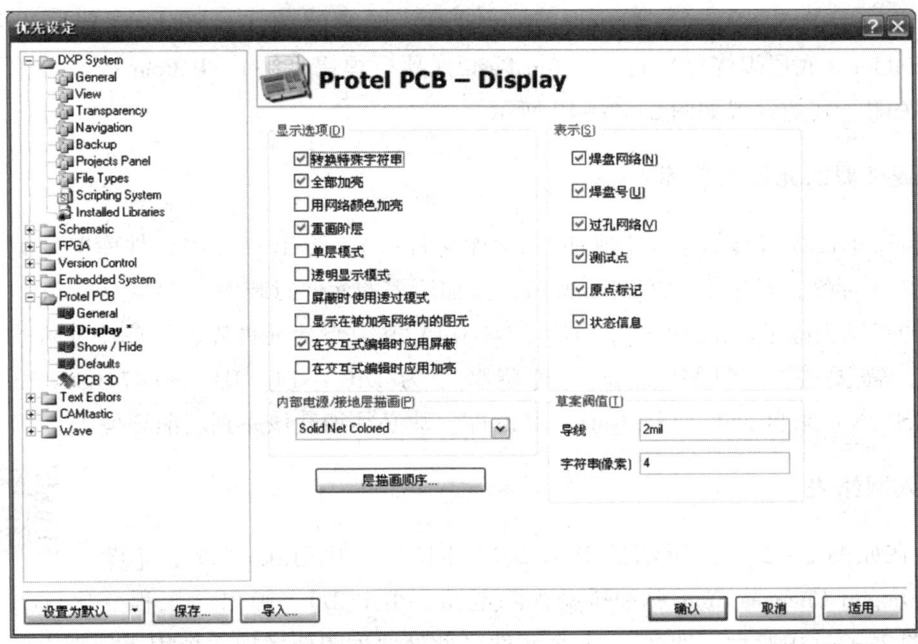

图 2—2—17　“Display”选项

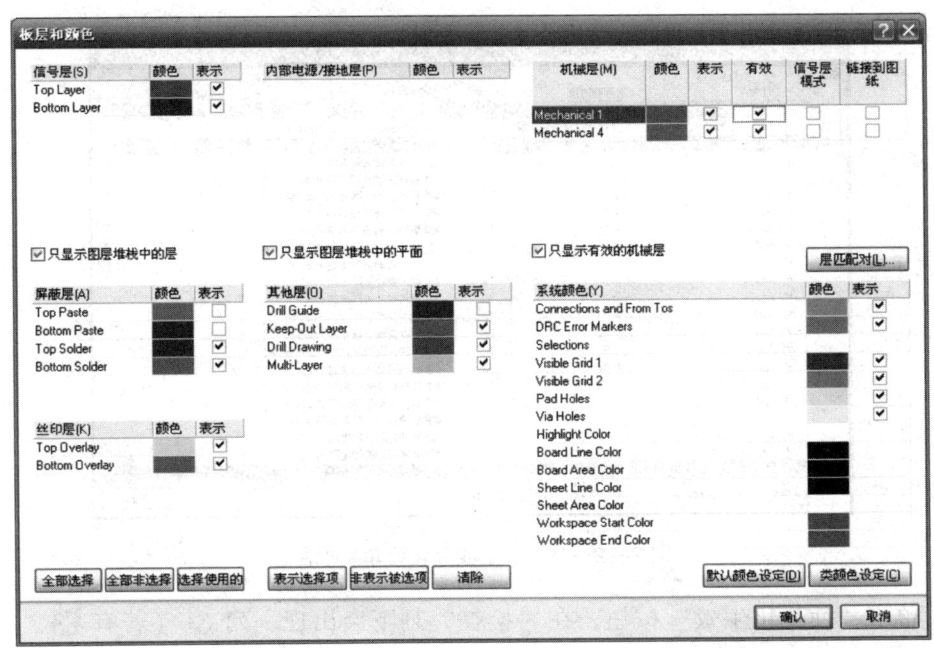

图 2—2—18　“板层和颜色”对话框

本次任务要求设计脉冲抖动去除电路双面 PCB，因原理图中元件均采用插针式封装，故所有元件安装在 Top Layer（顶层），在 Top Layer 和 Bottom Layer（底层）布置铜膜导线，故信号层的 Top Layer、Bottom Layer 打开；屏蔽层的 Top Solder（顶层阻焊层）、Bottom Solder（底层阻焊层）打开，Top Paste（顶层焊锡膏层）、Bottom Paste（底层焊锡膏层）关闭。其他设置如图 2—2—18 所示。

三、加载必要的元件封装库

执行菜单命令【设计】/【追加/删除库文件…】，弹出“可用元件库”对话框，选择“安装”标签，且单击“安装”按钮，添加所需的元件封装库。

脉冲抖动去除电路原理图中的 U3（74LS74）来自自建元件库，该库中元件均未赋予封装值，需要在原理图中追加其封装型号为 DIP－14。U1（DM74LS04N）和 U2（DM74LS32N）来自 NSC Logic Gate. IntLib 库，故必须加载该库到当前环境中。

四、载入网络表

1. 在如图 2—2—15 所示的 PCB 编辑环境中，执行菜单命令【设计】/【Import Changes From 脉冲抖动去除电路 . PRJPCB】，弹出“工程变化订单”对话框，如图 2—2—19所示，加载了 18 个元件（此处原理图新增加一个用于外部电源连接器的 JPOW，JPOW－1接入 VCC，JPOW－2 接入 GND）、18 条网络。

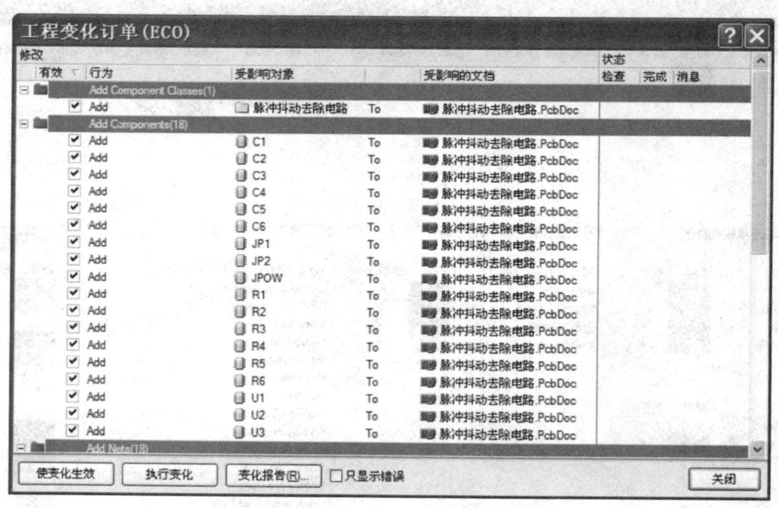

图 2—2—19 “工程变化订单”对话框

2. 单击“使变化生效”按钮，在“检查”列下会出现一列 （若有 ，则检查元件封装类型 Footprint 并修改），表明载入的元件封装全部正确，如图 2—2—20 所示。

3. 分别取消最上端与最下端的“Add Component Classes”“Add Rooms”项的“Add”复选框，如图 2—2—21 所示。

图 2—2—20　载入项全部正确的“工程变化订单”对话框

图 2—2—21　取消“Add Component Classes”“Add Rooms”的“Add”复选框

4. 单击“执行变化”按钮，系统将脉冲抖动去除电路中的元件封装、网络等信息全部载入到 PCB 文件中，此时“工程变化订单”对话框的“完成”列下也会出现一列 ✅。网络表载入完成后如图 2—2—22 所示。

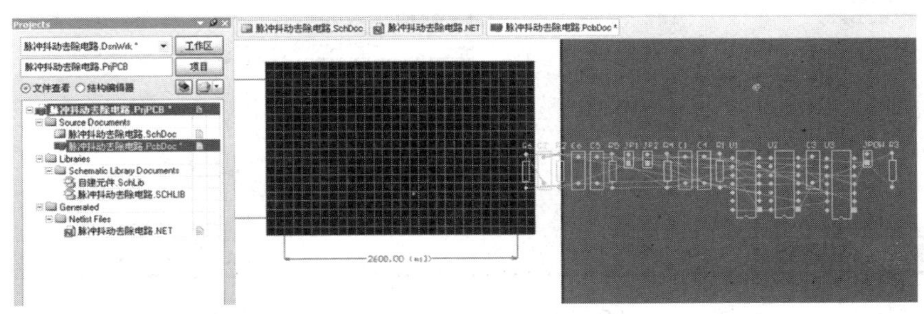

图 2—2—22　网络表载入完成

注意

（1）如果“检查”列显示有 ，必须分析原因并进行正确处理，确认无误后才可单击“执行变化”按钮载入网络表，否则载入的内容会有缺陷。

（2）如图 2—2—22 所示焊盘之间的连线称为“飞线”，表明元器件之间的电气连接关系，并不是实际的铜膜导线。

（3）在原理图“脉冲抖动去除电路 . SchDoc”环境中，执行菜单命令【设计】/【Update PCB Document 脉冲抖动去除电路 . PcbDoc】，同样可以完成网络表的载入工作。

五、布局

1. 设置布局规则

执行菜单命令【设计】/【规则…】，进入“PCB 规则和约束编辑器”对话框，如图 2—2—23 所示，选择左侧【Placement】/【Component Clearance】/【Component Clearance】选项，设置元件间距限制规则，图中右侧下方“间距”栏已设置元件之间最小间距为 20 mil。其余均采用默认设置。

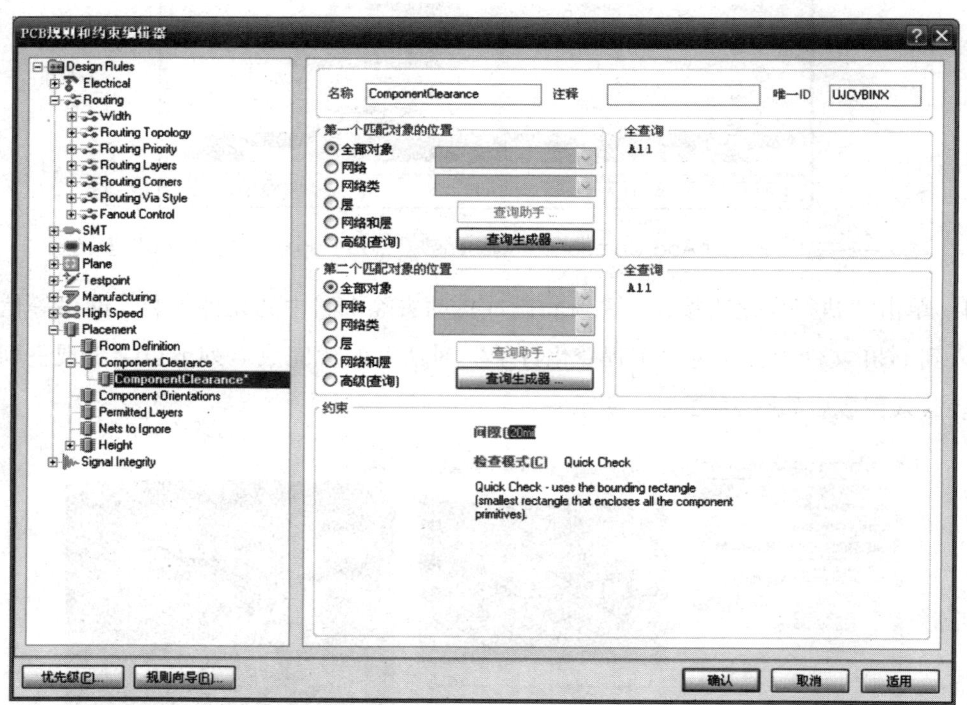

图 2—2—23 “PCB 规则和约束编辑器”对话框

2. 自动布局

执行菜单命令【工具】/【放置元件】/【自动布局…】，弹出“自动布局”对话框，如图 2—2—24 所示。自动布局有“分组布局”和“统计式布局”两种方式，此处选择“分组布局”。单击“确认”按钮后系统开始自动布局，自动布局结果如图 2—2—25 所示。

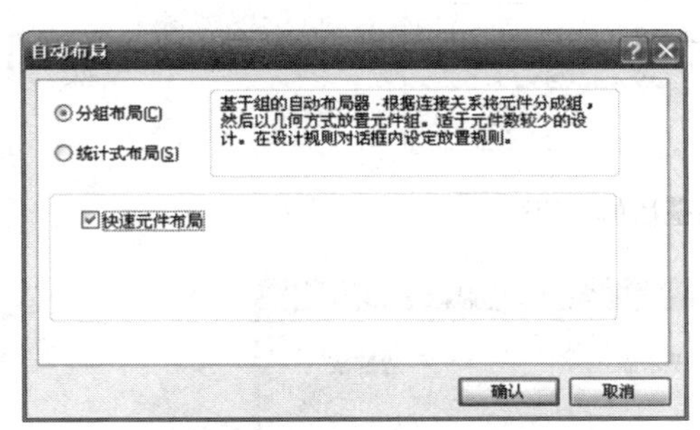

图 2—2—24　“自动布局”对话框

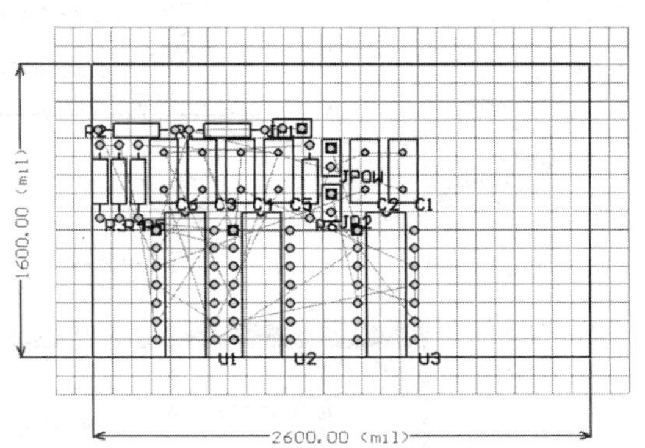

图 2—2—25　自动布局后的 PCB

执行菜单命令【工具】/【放置元件】/【停止自动布局器】，可终止自动布局操作。

3. 手工调整布局

自动布局结果通常不理想，还需要手工调整布局以满足后续布线的要求。通常采用以下两种方法手工调整布局：

（1）自动推开元件。执行菜单命令【工具】/【放置元件】/【设定推挤深度…】，设定推挤深度为 5，如图 2—2—26 所示。确认后再执行菜单命令【工具】/【放置元件】/【推挤】，利用十字光标单击推挤元件。

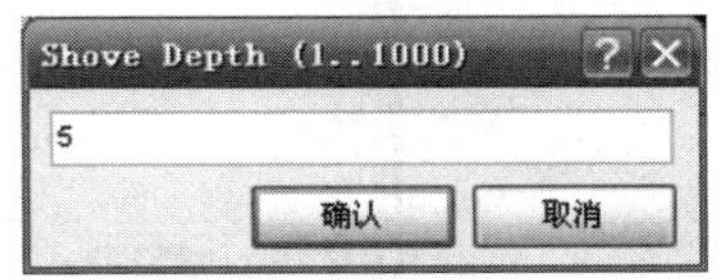

图 2—2—26　设定推挤深度

（2）元件的移动与旋转。通过实用工具栏中的各项调准工具，对元件进行移动、旋转、对齐等操作，手工调整后较合理的布局如图 2—2—27 所示。

六、布线

1. 设置布线规则

执行菜单命令【设计】/【规则…】，弹出“PCB 规则和约束编辑器”对话框。

（1）Clearance（安全间距规则）。用于设置印制板上两个电气对象间的最小间隙（安全间距），若电气对象的间距小于该指定值，系统则认为有可能造成电气对象间不安全问题。单击【Electrical】/【Clearance】/【Clearance】，如图 2—2—28 所示，将安全间距设为 15 mil。

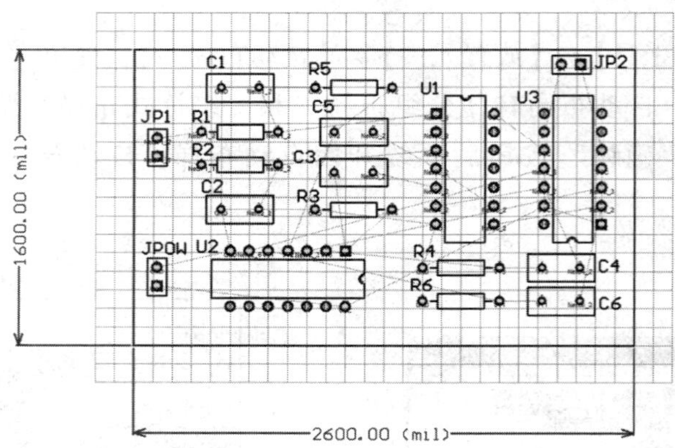

图 2—2—27　手工调整后的 PCB

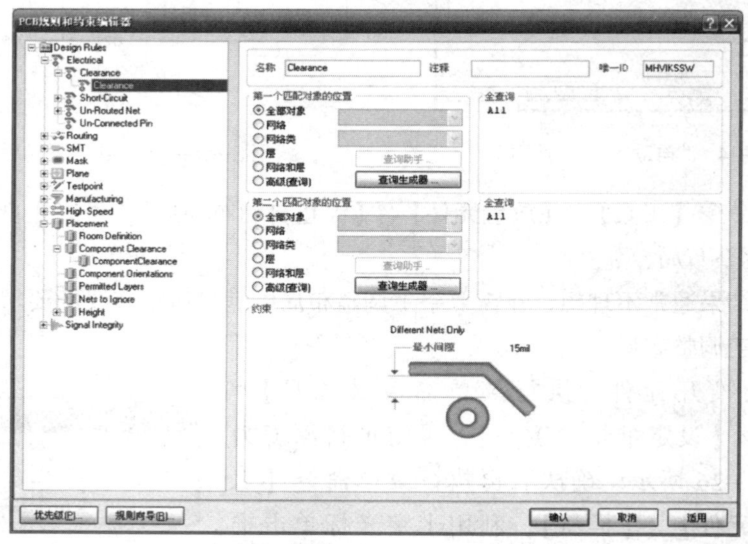

图 2—2—28　“Clearance”界面

（2）Short - Circuit（短路规则）。用于检查两个电气对象间是否存在短路。单击【Electrical】/【Short - Circuit】/【ShortCircuit】，即进入“ShortCircuit”界面，如图 2—2—29所示。

（3）Width（线宽规则）。单击【Routing】/【Width】/【Width】，如图 2—2—30 所示，进行线宽的设置。右击左侧规则名称“Width”，执行快捷菜单命令【新建规则…】，进入如图 2—2—31 所示添加新的线宽规则界面。根据任务要求，需添加 2 个新线宽规则：即 VCC 和 GND 网络线宽均设置为 60 mil。

（4）Routing Layers（布线层面规则）。单击【Routing】/【Routing Layers】/【Routing - Layers】，双面板布线层面设置如图 2—2—32 所示。

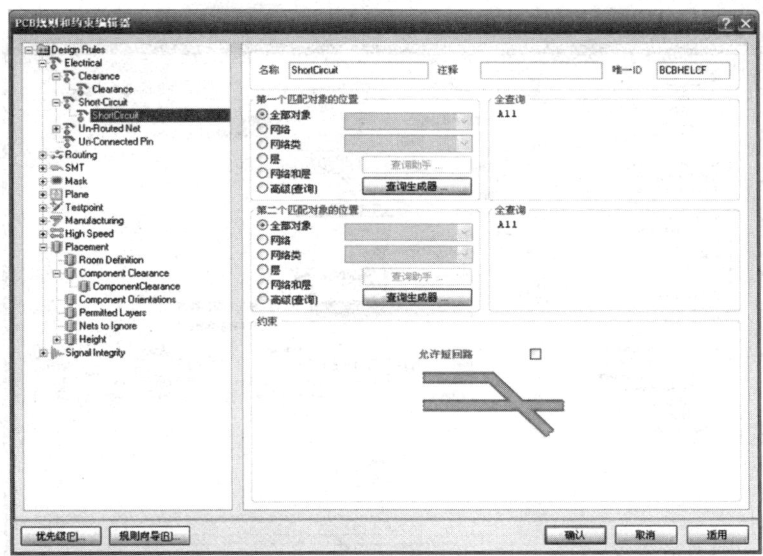

图 2—2—29 “ShortCircuit”界面

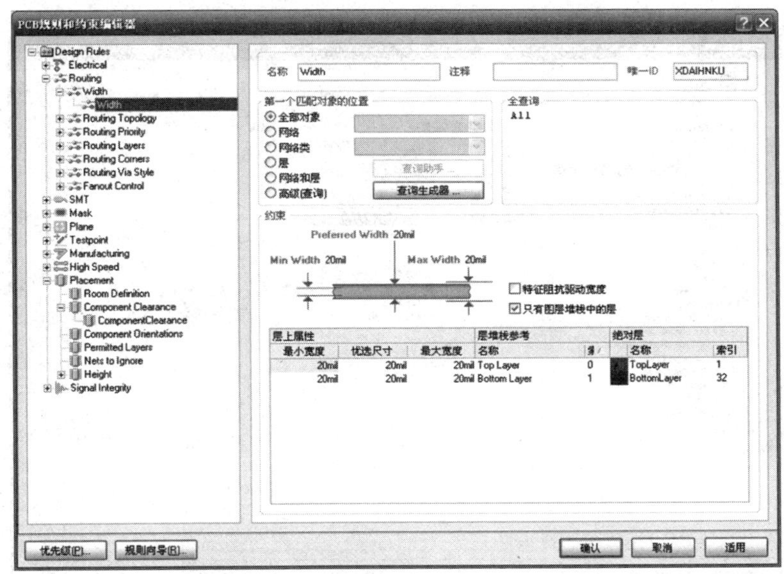

图2—2—30 设置最小导线宽度

(5) Routing Corners（布线转角）。单击【Routing】/【Routing Corners】/【Routing - Corners】，如图 2—2—33 所示，满足 45°转角的设计要求。

2. 自动布线

(1) 执行菜单命令【自动布线】/【全部对象…】，弹出“Situs 布线策略”对话框，如图 2—2—34 所示。单击“编辑层方向”按钮，按照图 2—2—35 设置布线方向。

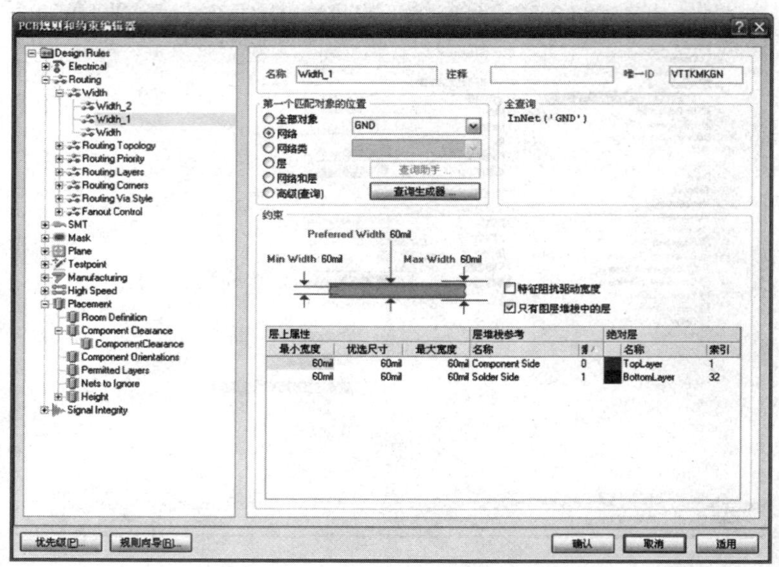

图 2—2—31　添加新的线宽规则

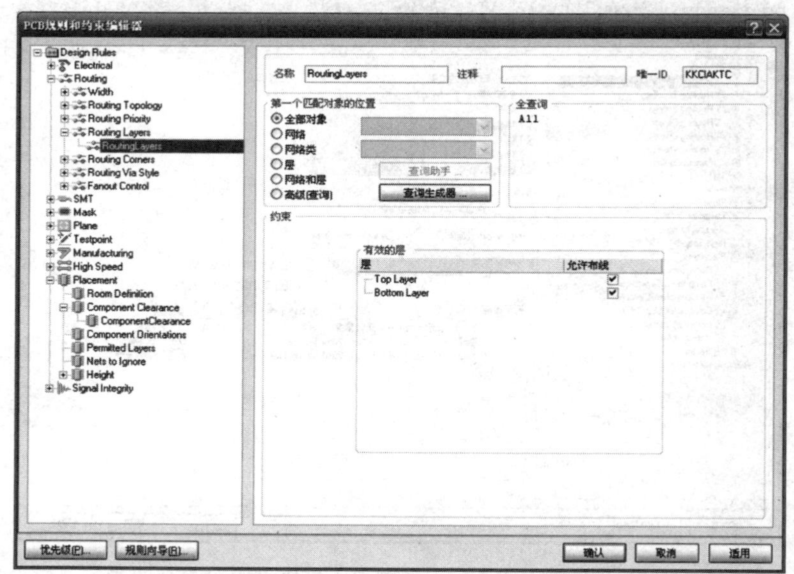

图 2—2—32　“Routing Layers”界面

（2）单击图 2—2—34 中的“Route All”按钮，开始对 PCB 上的所有对象进行自动布线，同时系统自动打开一个“Messages”窗口，显示当前自动布线的进展，如图 2—2—36 所示。执行菜单命令【自动布线】/【停止】，可终止自动布线操作。

（3）自动布线结束，关闭“Messages”窗口。自动布线完成后的 PCB 如图 2—2—37 所示。

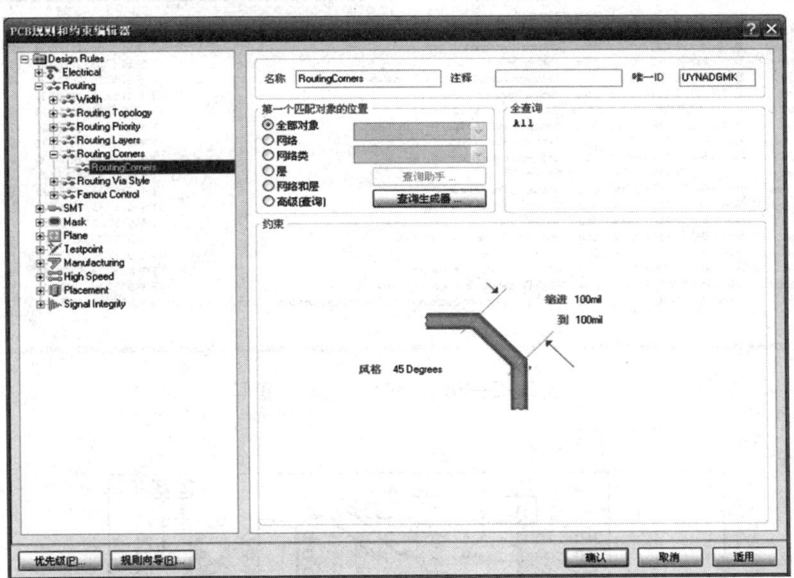

图 2—2—33　“Routing Corners”界面

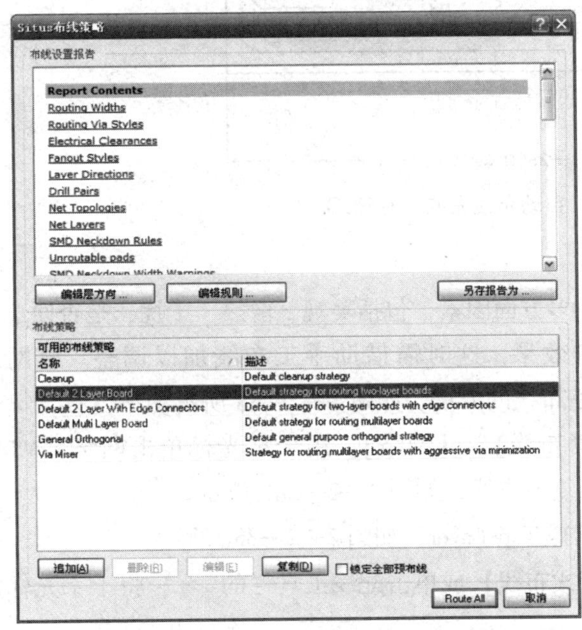

图 2—2—34　“Situs 布线策略”对话框

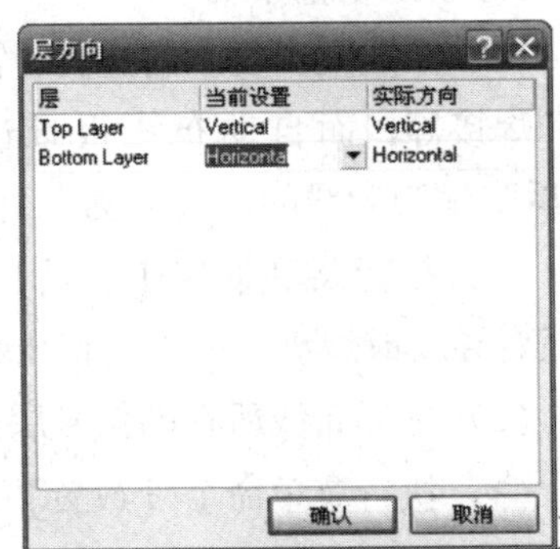

图 2—2—35　“层方向”对话框

Messages

Class	Document	Sour...	Message	Time	Date	No.
Situs Event	脉冲抖动去除电路.PcbDoc	Situs	Routing Started	下午 07:57:34	2012-3-20	1
Routing Status	脉冲抖动去除电路.PcbDoc	Situs	Creating topology map	下午 07:57:35	2012-3-20	2
Situs Event	脉冲抖动去除电路.PcbDoc	Situs	Starting Fan out to Plane	下午 07:57:35	2012-3-20	3
Situs Event	脉冲抖动去除电路.PcbDoc	Situs	Completed Fan out to Plane in 0 Seconds	下午 07:57:35	2012-3-20	4
Situs Event	脉冲抖动去除电路.PcbDoc	Situs	Starting Memory	下午 07:57:35	2012-3-20	5
Situs Event	脉冲抖动去除电路.PcbDoc	Situs	Completed Memory in 0 Seconds	下午 07:57:35	2012-3-20	6
Situs Event	脉冲抖动去除电路.PcbDoc	Situs	Starting Layer Patterns	下午 07:57:35	2012-3-20	7
Routing Status	脉冲抖动去除电路.PcbDoc	Situs	Calculating Board Density	下午 07:57:35	2012-3-20	8
Situs Event	脉冲抖动去除电路.PcbDoc	Situs	Completed Layer Patterns in 0 Seconds	下午 07:57:35	2012-3-20	9
Situs Event	脉冲抖动去除电路.PcbDoc	Situs	Starting Main	下午 07:57:35	2012-3-20	10
Routing Status	脉冲抖动去除电路.PcbDoc	Situs	Calculating Board Density	下午 07:57:35	2012-3-20	11
Situs Event	脉冲抖动去除电路.PcbDoc	Situs	Completed Main in 0 Seconds	下午 07:57:35	2012-3-20	12
Situs Event	脉冲抖动去除电路.PcbDoc	Situs	Starting Completion	下午 07:57:35	2012-3-20	13
Situs Event	脉冲抖动去除电路.PcbDoc	Situs	Completed Completion in 0 Seconds	下午 07:57:35	2012-3-20	14
Situs Event	脉冲抖动去除电路.PcbDoc	Situs	Starting Straighten	下午 07:57:35	2012-3-20	15
Situs Event	脉冲抖动去除电路.PcbDoc	Situs	Completed Straighten in 0 Seconds	下午 07:57:35	2012-3-20	16
Routing Status	脉冲抖动去除电路.PcbDoc	Situs	40 of 40 connections routed (100.00%) in 1 Second	下午 07:57:36	2012-3-20	17
Situs Event	脉冲抖动去除电路.PcbDoc	Situs	Routing finished with 0 contentions(s). Failed to complete 0 connection(s) in 1 Second	下午 07:57:36	2012-3-20	18

图 2—2—36 “Messages” 窗口

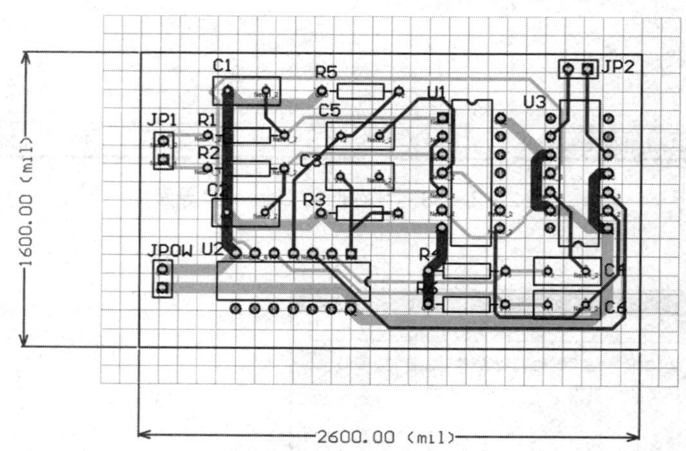

图2—2—37 自动布线完成后的 PCB

3. 手工调整布线

PCB 布线是个复杂的过程，需要考虑多方面因素，包括美观、散热、干扰、是否便于安装和焊接等，而自动布线很难达到最佳效果，这时需借助手工布线加以调整。以网络“VT4”铜膜导线的调整为例介绍手工调整布线的方法，如图 2—2—38 所示。

（1）执行菜单命令【工具】/【取消布线】/【网络】，用十字光标单击网络“VT4”的任意导线或焊盘，被取消布线的连接恢复为飞线，如图 2—2—38b 所示。

（2）选择布线所在的信号层。这里选择 Top Layer，如图 2—2—38c 所示。

（3）执行菜单命令【放置】/【交互式布线】或单击配线工具栏的 ，将十字光标定位于飞线的一端，单击鼠标左键确定手工布线的起点，按 Space 键，布线转角为 45°方向，依次在布线拐点、终点处单击鼠标左键确定位置，单击右键完成此铜膜导线的布线工作。手工调整后，网络“VT4”布线如图 2—2—38d 所示。

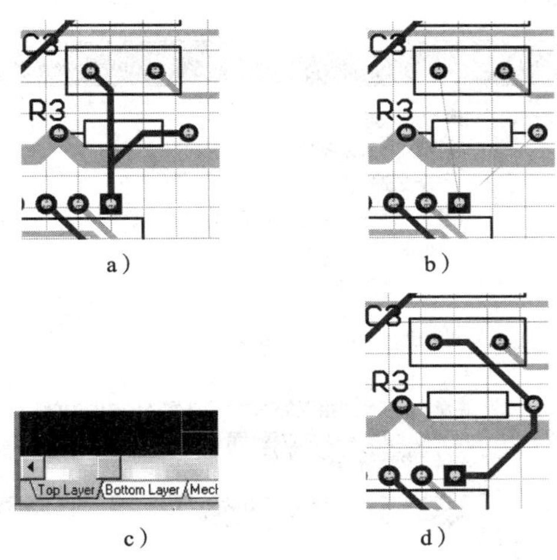

图 2—2—38　手工调整布线

a）自动布线后　b）取消自动布线后　c）切换信号层　d）手工布线后

注意

放置铜膜导线时可通过按 Shift + Space 键在各种转角模式间切换。

经过手工调整后脉冲抖动去除电路的 PCB 图如图 2—2—39 所示。

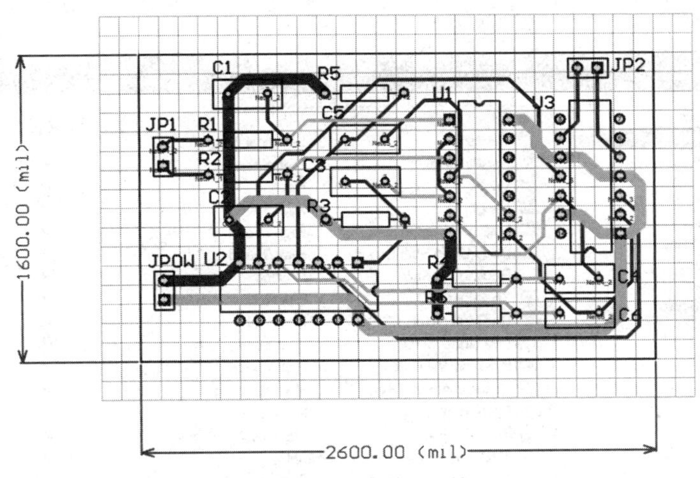

图 2—2—39　手工调整布线后的 PCB

七、设计规则检查

1. 执行菜单命令【工具】/【设计规则检查…】，进入如图 2—2—40 所示的“设计规则检查器”对话框，本任务采用默认设置。

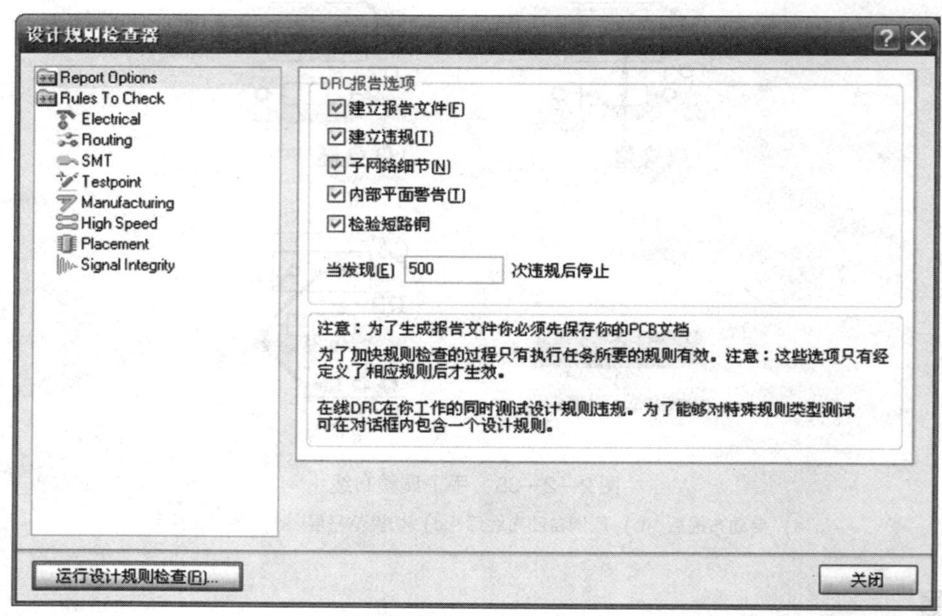

图 2—2—40　“设计规则检查器”对话框

2. 单击图 2—2—40 中“Rules To Check”项，在对话框的规则列表中，每条规则后均有“在线”栏和“批处理”栏选项，如图 2—2—41 所示，本任务采用默认设置。

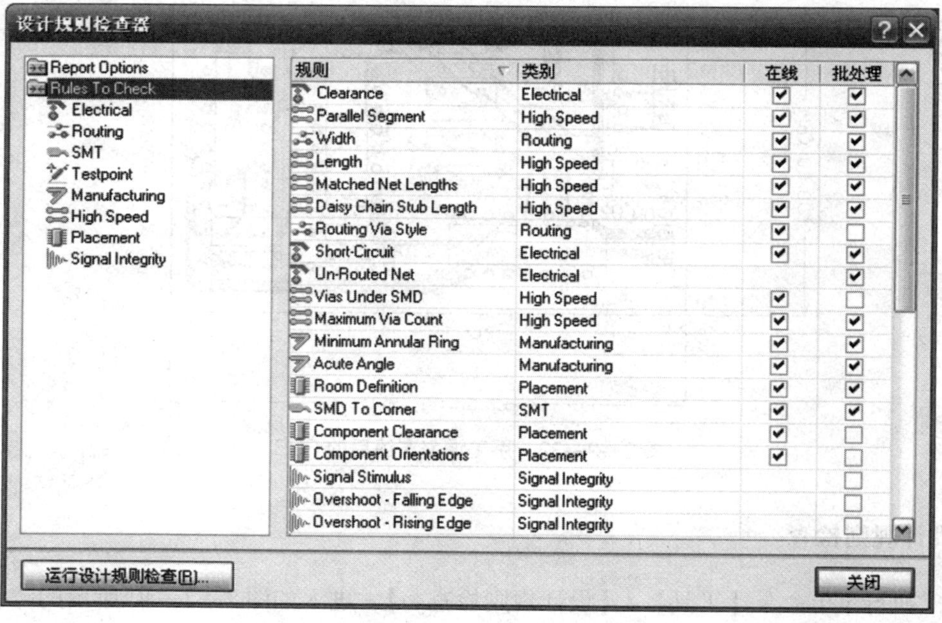

图 2—2—41　“Rules To Check”选项

3. 单击“运行设计规则检查”按钮，启动批处理 DRC 检查，检查结果如图 2—2—42 所示，可见此 PCB 设计没有违规之处，可进行后续操作。

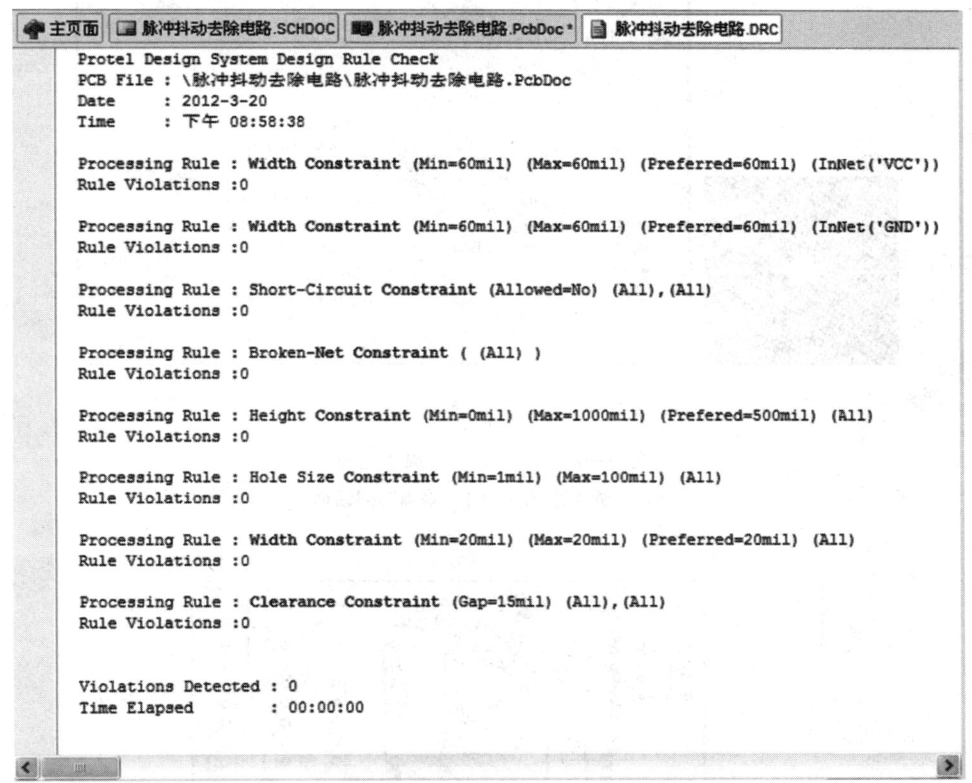


```
Protel Design System Design Rule Check
PCB File : \脉冲抖动去除电路\脉冲抖动去除电路.PcbDoc
Date     : 2012-3-20
Time     : 下午 08:58:38

Processing Rule : Width Constraint (Min=60mil) (Max=60mil) (Preferred=60mil) (InNet('VCC'))
Rule Violations :0

Processing Rule : Width Constraint (Min=60mil) (Max=60mil) (Preferred=60mil) (InNet('GND'))
Rule Violations :0

Processing Rule : Short-Circuit Constraint (Allowed=No) (All),(All)
Rule Violations :0

Processing Rule : Broken-Net Constraint ( (All) )
Rule Violations :0

Processing Rule : Height Constraint (Min=0mil) (Max=1000mil) (Prefered=500mil) (All)
Rule Violations :0

Processing Rule : Hole Size Constraint (Min=1mil) (Max=100mil) (All)
Rule Violations :0

Processing Rule : Width Constraint (Min=20mil) (Max=20mil) (Preferred=20mil) (All)
Rule Violations :0

Processing Rule : Clearance Constraint (Gap=15mil) (All),(All)
Rule Violations :0


Violations Detected : 0
Time Elapsed        : 00:00:00
```

图 2—2—42　设计规则检查报告

若有违规，会在如图 2—2—42 所示的设计规则检查信息和报告文件中给出违规的类型，同时也会在 PCB 图中以高亮绿色显示违规之处。根据提示信息修改 PCB 图，直至全部正确。

八、放置安装孔

1. 执行菜单命令【放置】/【焊盘】，或单击配线工具栏的 ◎ ，光标变成十字并处于放置焊盘状态，如图 2—2—43a 所示。

2. 按 Tab 键，弹出“焊盘”对话框，参数设置如图 2—2—43b 所示，注意“镀金”栏取消“√”。

3. 确认后将焊盘放置于印制板四个角作为安装孔，完成后的 PCB 图如图 2—2—44 所示。

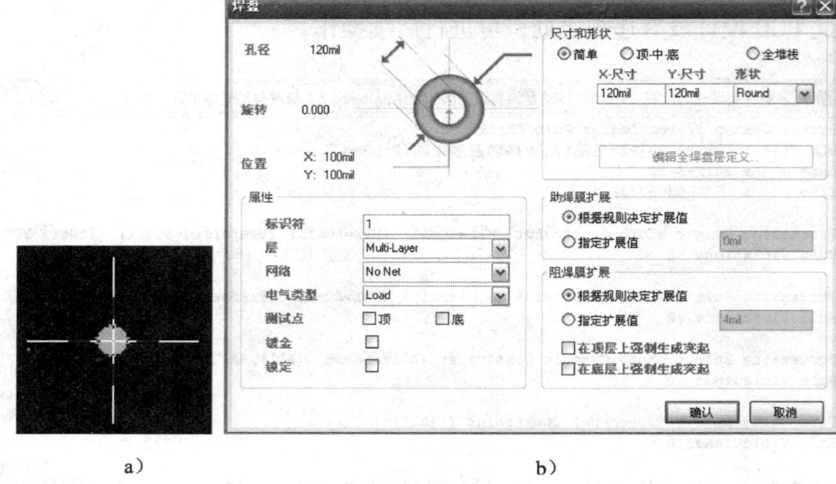

a）　　　　b）

图 2—2—43　安装孔放置过程

a）放置焊盘状态　b）“焊盘”对话框

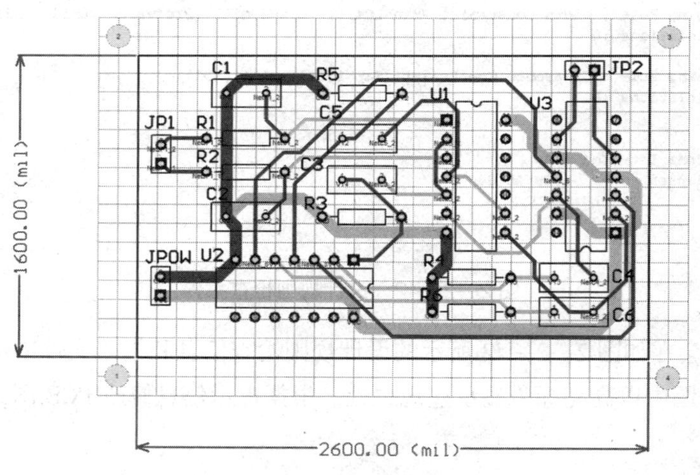

图 2—2—44　完成后的 PCB 图

注意

（1）焊盘孔径大小需根据所使用的螺钉直径确定，120 mil 孔径适合安装直径为 3 mm 的螺钉。

（2）执行菜单命令【放置】/【过孔】，或单击配线工具栏的 ◎ ，也可用于放置安装孔，需在“过孔”属性对话框中将“孔径”和“直径”数值均设置为 120 mil，“起始层”选择 Top Layer，“结束层”选择 Bottom Layer 即可。

任务评价

按表 2—2—1 中内容进行任务评价。

表 2—2—1　　任务评价表

评价项目	评价标准	配分（分）	自我评价	小组评价	教师评价
职业素养	安全意识、责任意识、服从意识强	5			
	积极参加教学活动，按时完成各项学习任务	5			
	团队合作意识强，善于与人交流和沟通	5			
	自觉遵守劳动纪律，尊敬师长，团结同学	5			
	爱护公物，节约材料，工作环境整洁	5			
专业能力	能利用向导创建 PCB 文件，并将其追加到项目中	10			
	设置 PCB 环境参数正确	9			
	装载元件封装库正确	3			
	载入网络表正确	14			
	布局和布线规则设置正确，能进行布局和布线	30			
	设计规则检查操作正确	5			
	放置安装孔正确	4			
合计		100			
总评	自我评价 ×20% + 小组评价 ×20% + 教师评价 ×60% =	综合等级	教师（签名）：		

注：学习任务考核采用自我评价、小组评价和教师评价三种方式，考核分为 A（90 ~ 100）、B（80 ~ 89）、C（70 ~ 79）、D（60 ~ 69）、E（0 ~ 59）五个等级。

思考与练习

1. 在如图 1—2—39 所示的稳压电源电路原理图基础上运用 PCB 编辑器自动布局、自动布线方法设计 PCB 图，技术要求如下：

（1）双面板，电路板尺寸为 3 000 mil ×1 900 mil，禁止布线区与印制板边沿的距离为 200 mil。

（2）采用插针式元件，镀铜过孔。

（3）焊盘之间允许走两条导线，且最小间距为 30 mil。

（4）最小铜膜导线宽度为 50 mil，导线拐角为 45°。

（5）在印制板四个角上放置 4 个安装孔，孔径为 120 mil。

（6）对该 PCB 图进行设计规则检查。

2. 在如图 1—4—46 所示的照明自动控制电路原理图基础上运用 PCB 编辑器自动布局、自动布线方法设计 PCB 图，技术要求如下：

（1）双面板，电路板尺寸为 3 000 mil × 2 200 mil，禁止布线区与印制板边沿的距离为 200 mil。

（2）采用插针式元件，镀铜过孔。

（3）焊盘之间允许走一条导线，且最小间距为 15 mil。

（4）最小铜膜导线宽度为 20 mil，VCC 和 GND 网络导线宽度为 50 mil，导线拐角为 45°。

（5）在印制板四个角上放置 4 个安装孔，孔径为 120 mil。

（6）对该 PCB 图进行设计规则检查。

3. 在如图 1—5—35 所示的高灵敏度无线话筒电路原理图基础上运用 PCB 编辑器自动布局、自动布线方法设计 PCB 图，技术要求如下：

（1）双面板，电路板尺寸为 3 300 mil × 2 000 mil，禁止布线区与印制板边沿的距离为 200 mil。

（2）采用插针式元件，镀铜过孔。

（3）焊盘之间允许走两条导线，且最小间距为 15 mil。

（4）最小铜膜导线宽度为 20 mil，VCC 和 GND 网络导线宽度为 50 mil，导线拐角为 45°。

（5）在印制板四个角上放置 4 个安装孔，孔径为 120 mil。

（6）对该 PCB 图进行设计规则检查。

课题二　印制电路板设计进阶

在学会利用 Protel DXP 2004 软件自动设计双面 PCB 后，需要进一步掌握更多 PCB 设计操作。因为无论 Protel DXP 2004 软件自动布局、自动布线功能如何完善，都无法满足不同功能、不同工作频率、不同电磁兼容性要求的电路板。实际印制电路板设计中，为了完成一块散热良好，抗干扰能力强，布局及布线合理、规范且美观、大方的 PCB 板，在完成电路原理图后，通常需要通过手工方式完成布局和布线。本课题主要学习针对新元件在封装库中没有对应的新封装或不合适的元件封装进行制作和编辑，以及手工设计单面 PCB 板的方法和步骤。

任务 3　编辑、制作 PCB 元件封装

学习目标

1. 了解 PCB 元件封装库编辑器的设计环境。

2. 掌握编辑元件封装库中已有封装的方法及制作新元件封装的方法。

3. 掌握创建项目独立元件库及项目集成元件库的方法。

4. 能编辑、制作元件的封装图形，并在 PCB 编辑器环境下调用自建的元件封装图。

任务引入

随着新元件层出不穷，新封装工艺日新月异，大量非标准元件的使用等原因，造成 Protel DXP 2004 内置元件封装库难以满足设计需求。这时，需要设计者根据元件的实际尺寸自行编辑、制作封装形式。具体要求：

1. 编辑、制作图 1—5—1 中基于单片机的步进电动机控制系统电路的三个元件封装图：U4（图 2—3—1）、S1 ~ S16 和 RST（图 2—3—2）和 JP11（图 2—3—3）。其中，图 2—3—1中焊盘外径为 0. 5 mm × 3. 5 mm，焊盘孔径为 0 mm（表面贴装式），焊盘标识符自左至右依次为 1、2、…、22；图 2—3—2 中焊盘外径为 70 mil × 70 mil，焊盘孔径为 32 mil；图 2—3—3 中焊盘外径为 60 mil × 60 mil，焊盘孔径为 32 mil。

2. 在“脉冲抖动去除电路”项目基础上创建项目的独立元件库和集成元件库。

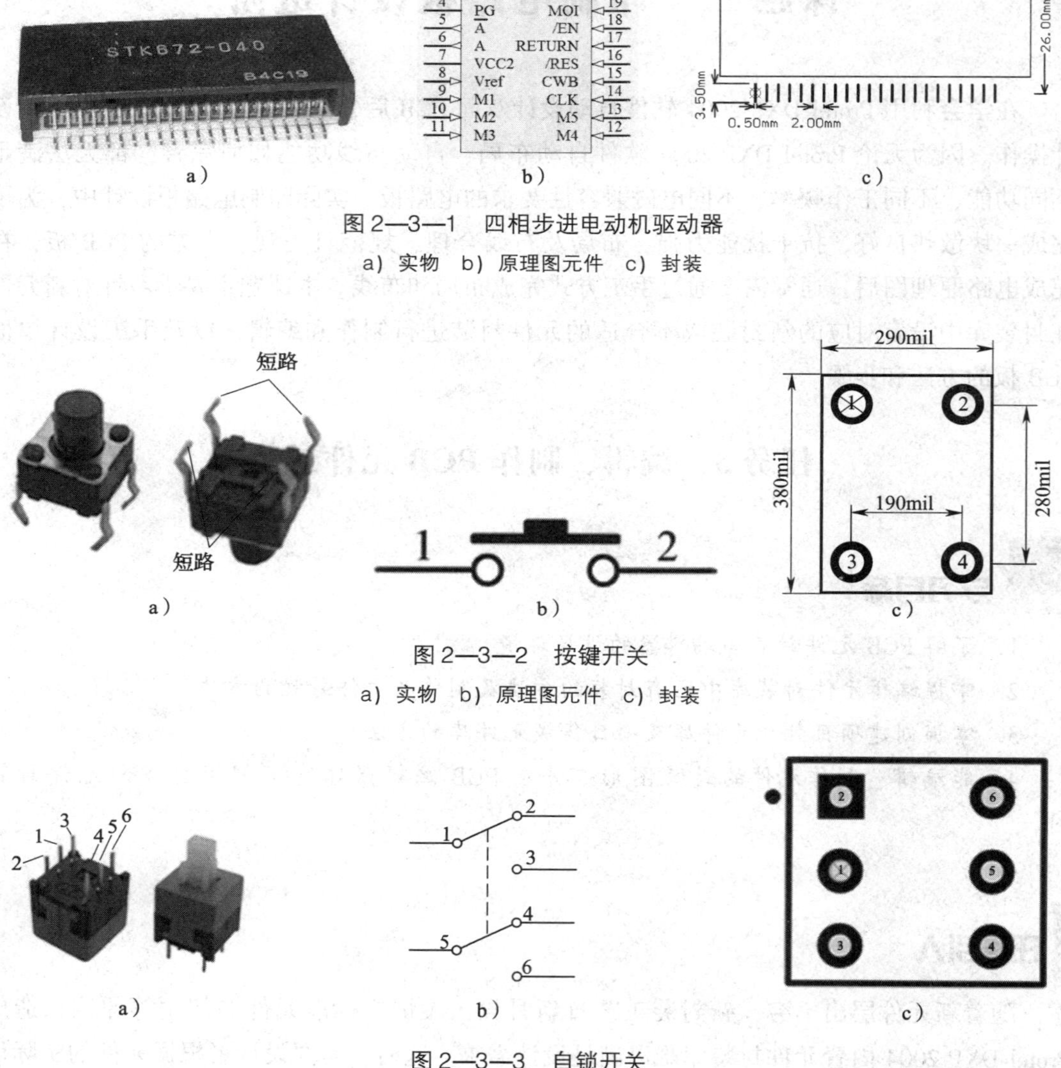

图 2—3—1　四相步进电动机驱动器

a）实物　b）原理图元件　c）封装

图 2—3—2　按键开关

a）实物　b）原理图元件　c）封装

图 2—3—3　自锁开关

a）实物　b）原理图元件　c）封装

任务分析

电子元件的封装形式有插针式和表面贴装式。编辑、制作 PCB 元件封装图一般采用两种方法：一是利用 Protel DXP 2004 封装库编辑器提供的相应绘图工具完全手工制作新封装；二是从 Protel DXP 2004 封装库或已有的封装库中找出相近或相似的元件，经过适当编辑、修改后得到符合标准的封装。如图 2—3—1 所示的四相步进电动机驱动器为表面贴装式元件，类似 SOP（小外形）封装形式，故可通过向导法借用 SOP44 的封装制作而成；如图 2—3—2 所示的按键开关封装图较简单，可利用 PCB 封装库中的绘图工具手工制作完成；如图 2—3—3 所示的自锁开关封装图与软件内置封装 DPDT－6 相似，仅焊盘大小和标识符有所不同，故可采用对软件内置封装型号 DPDT－6 稍作修改制作而成。

相关知识

一、元件封装图的结构

元件封装图主要由元件投影轮廓和焊盘组成。

1. 元件投影轮廓

元件投影轮廓即元件的实际几何图形，不具备电气性质，只起到标注符号或图案的作用。

2. 焊盘

元件焊盘是元件主要的电气部分，对应于电路原理图中元件的引脚。

二、封装图绘图工具

PCB 封装库编辑器中的绘图可使用菜单或 PCB 库放置工具完成，如图 2—3—4 所示。工具栏中的按钮功能只需要将光标置于其上即可显示功能提示。

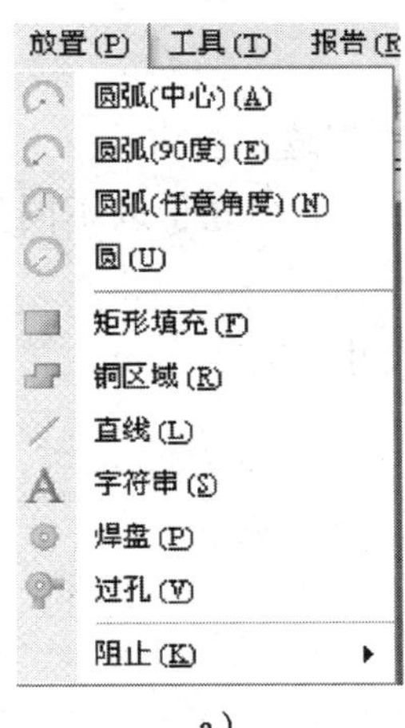

a）

b）

图 2—3—4　封装图绘图工具

a）菜单方式　b）PCB 库放置工具

三、元件封装设计准则

1. 插针式元件设计准则

（1）普通焊点的焊盘直径一般不小于 1.5 mm（即 60 mil）。

（2）若接 220 V 市电的接线端子其焊盘直径应大于 3 mm，当电流超过 0.5 A 时焊盘直径不小于 4 mm。

（3）焊盘内孔间距既受实际尺寸制约，又与焊盘直径有关，一般以能走两根最窄的导线为标准。其中 1/4 W 插针式电阻两焊盘内孔中心间距一般为 10 mm 以上，1/2 W 电阻一般为 17 mm 以上，1/2 W 以上的一般要比电阻本身长 2 mm 以上。DIP 封装的焊盘内孔直径一般为 0.8 mm（即 32 mil）。

2. 矩形贴片元件焊盘的设计准则

（1）良好的对称性，能够保证熔融的焊锡表面张力平衡。

（2）间距合理，以确保元件端头与焊盘适当搭接。

（3）剩余尺寸合理。元件端头与焊盘搭接后，剩余尺寸必须保证焊点能形成弯月面。

（4）宽度合理。焊盘宽度一般要求与元件端头宽度一致，一些特殊散热用的器件除外。

3. SOT 封装焊盘的设计准则

一般应保持焊盘间中心间距与引脚中心间距基本一致，而且每个焊盘要比引脚宽至少 15 mil。

4. SOP 和 QFP 封装焊盘的设计准则

焊盘中心间距与引脚中心间距相等；焊盘宽度一般与引脚宽度相等，但若引脚间距小于 1 mm，为方便焊接，焊盘宽度可比引脚宽度稍大。

5. PLCC 封装焊盘的设计准则

此类引脚焊接时以引脚内部作为主焊缝，引脚外部作为次焊缝。要求：

（1）引脚中心在焊盘图形内侧 1/3 和中心之间，以对主、次焊缝予以不同的空间区分。

（2）相对两排焊盘外轮廓之间的距离 = PLCC 最大封装尺寸 +0.75 mm。

（3）一般单个焊盘外径为 75 mil，孔径为 25 mil。

任务实施

一、创建 PCB 库文件

打开模块一任务 5 基于单片机的步进电动机控制系统电路的 PCB 项目文件，执行菜单命令【文件】/【创建】/【库】/【PCB 库】，新建一个 PCB 库文件，单击工具栏的 ，或执行菜单命令【文件】/【另存为】，将新建的 PCB 库文件保存在上述文件夹中，并命名为“自建封装库. PcbLib”，如图 2—3—5 所示。单击下方“PCB Library”工作面板，可对元件封装进行编辑，如图 2—3—6 所示。

图 2—3—5　保存后的 PCB 封装库文件

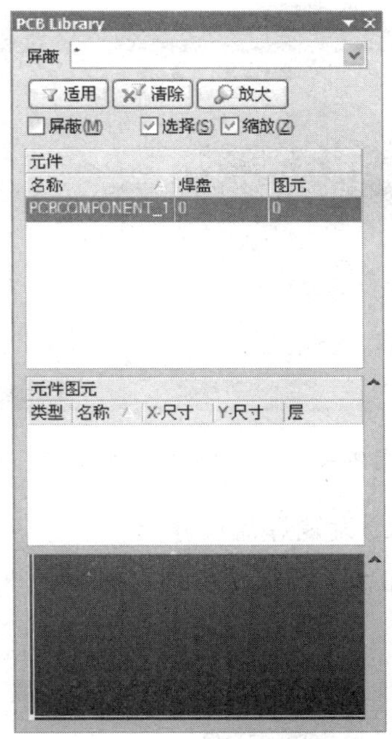

图 2—3—6　元件封装编辑器

二、设置元件封装编辑器环境参数

1. 显示原点标记

执行菜单命令【工具】/【优先设定…】，弹出“优先设定”对话框，选中“Display”页的“原点标记”复选框。

2. 设置库选择项参数

执行菜单命令【工具】/【库选择项…】，弹出“PCB 板选择项”对话框，其设置参考 PCB 设计。

三、用向导法制作四相步进电动机驱动器的封装

1. 启动元件封装向导

执行菜单命令【工具】/【新元件】，弹出“元件封装向导”对话框，如图 2—3—7 所示。

2. 选择元件模式和单位

单击 下一步 >，进入元件模式和单位选择界面，如图 2—3—8 所示。在“元件模式”列表中选择一个与元件的封装形式最接近的模式，此处选择“Small Outline

Package（SOP）”。“选择单位”根据元件尺寸标注单位进行选择，此处选择“Metric（mm）”。

图 2—3—7 “元件封装向导”对话框

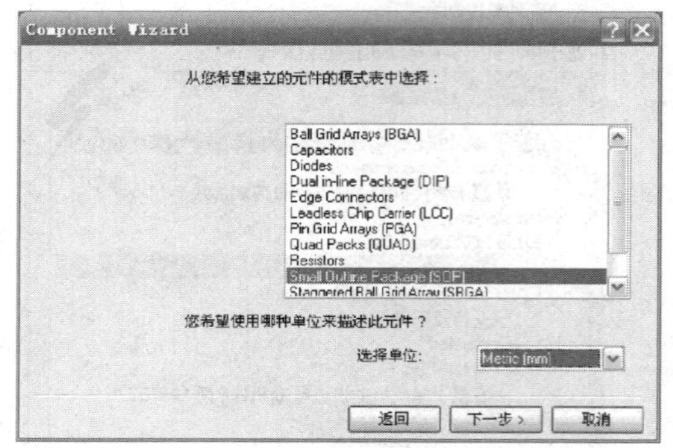

图 2—3—8 选择元件模式和单位

3. 设置焊盘尺寸

单击 下一步 > ，进入焊盘尺寸设置界面，根据任务要求设置焊盘尺寸，如图 2—3—9 所示。

4. 设置焊盘间距

单击 下一步(N) > ，进入焊盘间距设置界面，根据任务要求设置焊盘间距，如图 2—3—10 所示。

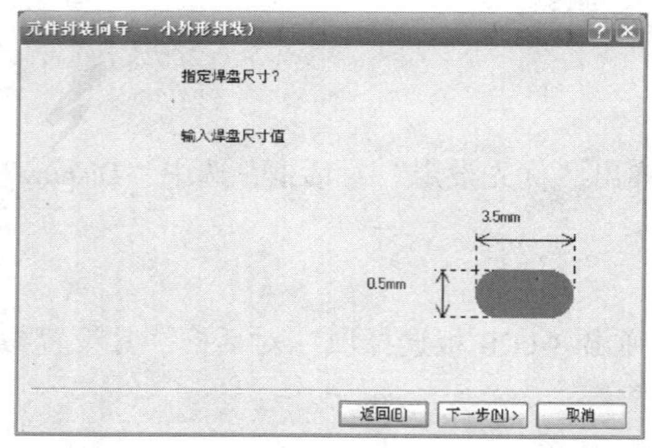

图 2—3—9 设置焊盘尺寸

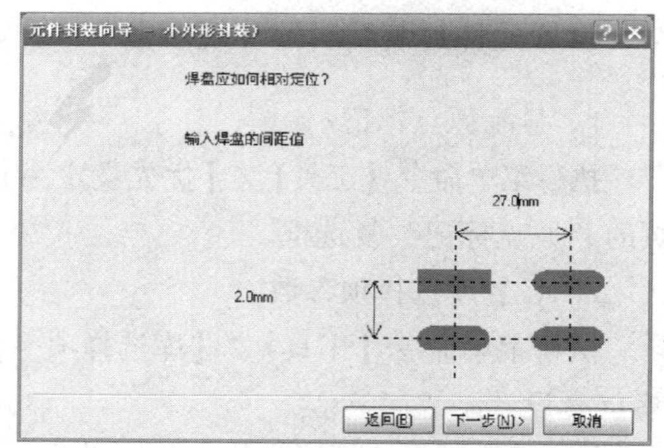

图 2—3—10 设置焊盘间距

5. 设置轮廓宽度

单击 下一步(N) > ，进入轮廓宽度设置界面，根据任务要求设置轮廓宽度，如图 2—3—11 所示。

6. 设置焊盘数

单击 下一步(N) > ，进入焊盘数设置界面，根据任务要求设置焊盘数，如图 2—3—12 所示。

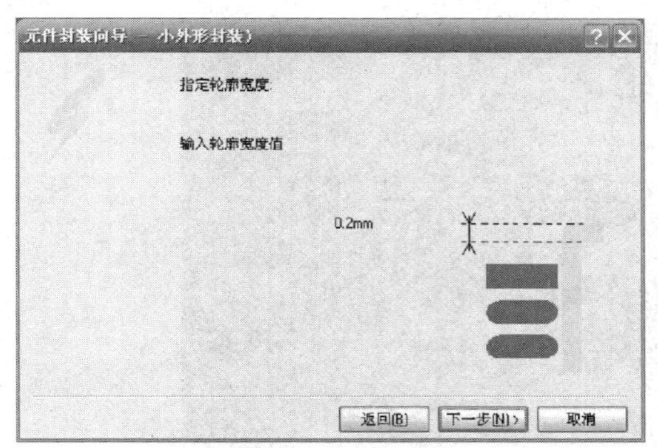

图 2—3—11　设置轮廓宽度

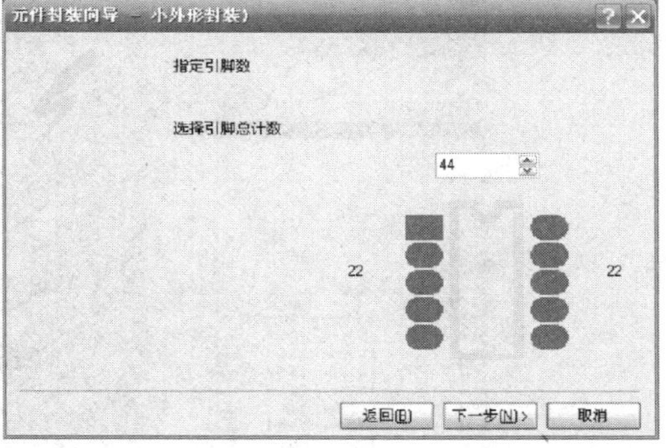

图 2—3—12　设置焊盘数

7．设置封装名称

单击 下一步(N)> ，进入封装名称设置界面，根据任务要求设置元件封装的名称，如图 2—3—13所示。

图 2—3—13　设置封装名称

8．完成元件封装向导

单击 Next > ，弹出“元件封装向导完成”对话框，单击 Finish ，PCB 库文件中新增名为“STK672－0. 5 mm”的封装形式，如图 2—3—14 所示。

9．旋转封装图形

执行【编辑】/【选择】/【全部对象】菜单命令，选中封装图形的所有元素。将鼠标移到封装图形上，当出现“✣”形光标时，按住鼠标左键不放，按 Space 键旋转封装图形，如图 2—3—15 所示。

10．设置参考点

执行菜单命令【编辑】/【设定参考点】/【引脚 1】，将参考点设定到 1 号焊盘。

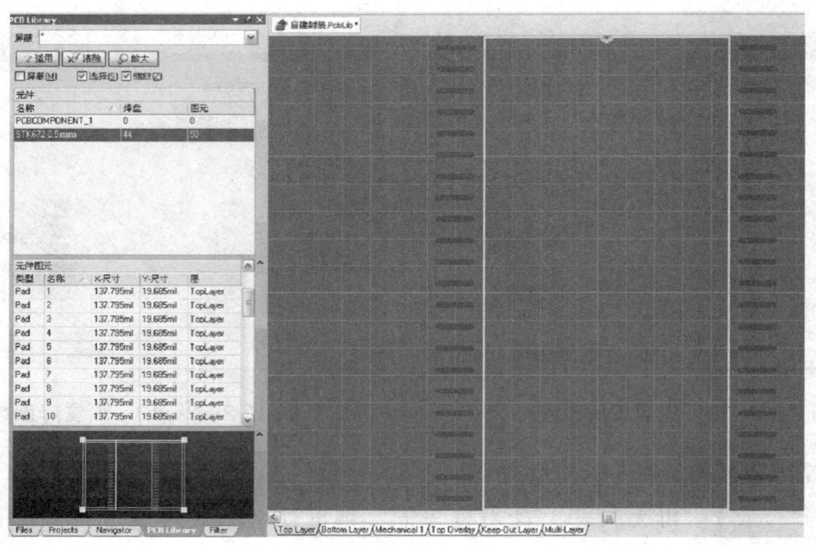

图 2—3—14　利用向导新建的四相步进电动机驱动器元件封装

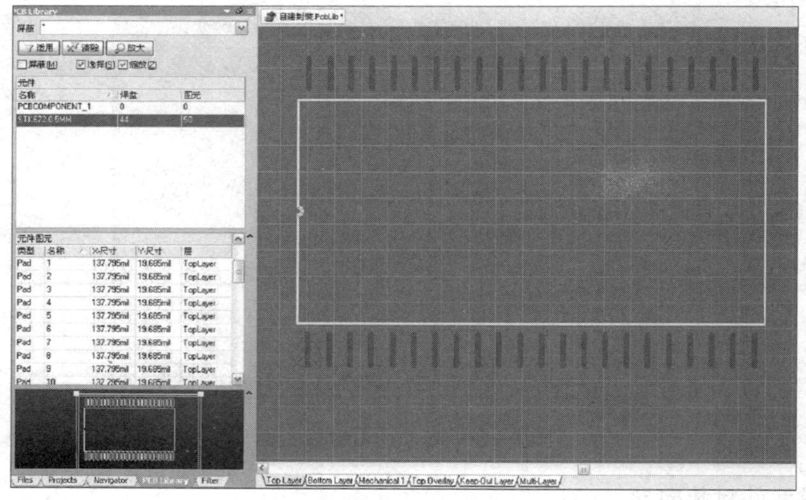

图 2—3—15　旋转之后的封装图形

11. 修改焊盘数目和外轮廓线

（1）删除标识符为 23 ~ 44 的焊盘。

（2）单击要删除的轮廓线，按 Delete 键将轮廓线删除，如图 2—3—16 所示。

（3）分别双击 4 条外轮廓线，修改轮廓线端点坐标或删除原来的直线，在 "Top Overlay" 层面重新绘制四条直线，新轮廓的顶点坐标分别为（ –6.25 mm，3 mm）、（ –6.25 mm，26 mm）、（48.25 mm，26 mm）和（48.25 mm，3 mm）。修改完成的四相步进电动机驱动器封装如图 2—3—17 所示。

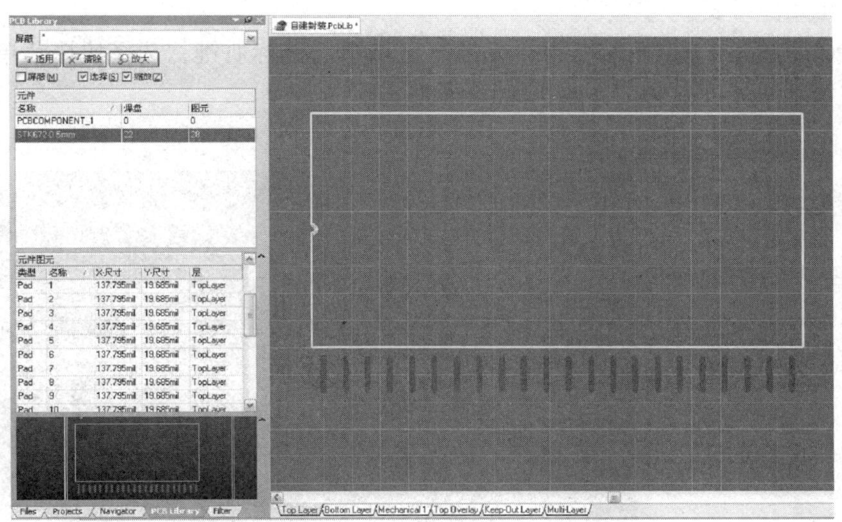

图 2—3—16　删除焊盘和部分轮廓线后

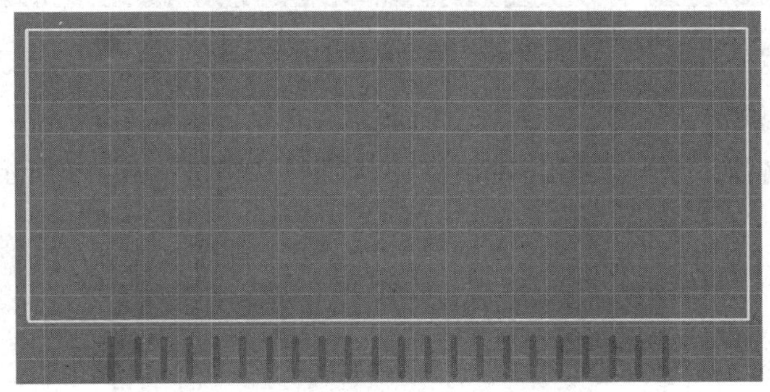

图 2—3—17　修改完成的四相步进电动机驱动器封装

注意

外轮廓矩形各顶点的位置必须以实际元件的外形尺寸为依据确定。

12. 保存封装

保存自制完成的“STK672 - 0. 5 mm”封装。

四、用手工法制作按键开关的封装

注意

根据任务要求，按键开关的封装图尺寸使用英制单位，PCB 编辑环境中公制与英制单位的切换操作可通过按 Q 键实现。

1．新建元件封装

在“PCB Library”工作面板的“元件”区域单击鼠标右键，选择快捷菜单【新建空元件】，新建一个元件封装，如图 2—3—18 所示。

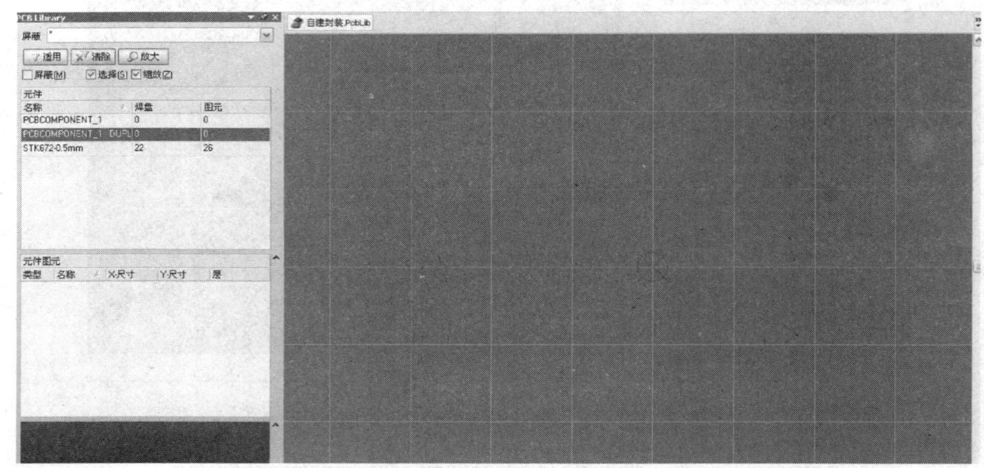

图 2—3—18　新建的元件封装

2．重命名封装

双击新封装名称，弹出“PCB 库元件”对话框，如图 2—3—19 所示，将其封装名改为“BUTTON”。

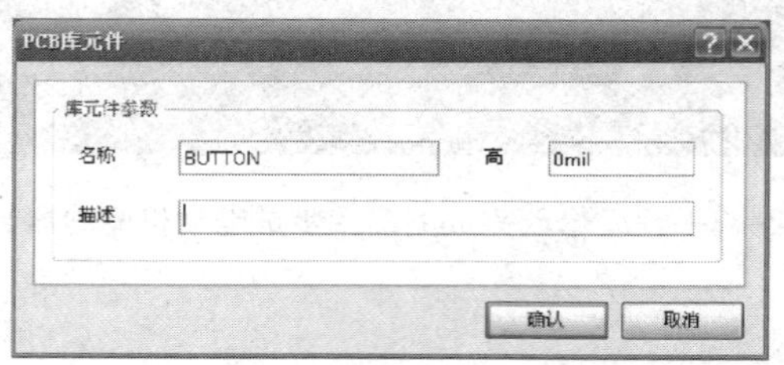

图 2—3—19　“PCB 库元件”对话框

3．放置焊盘

（1）执行菜单命令【放置】/【焊盘】，或单击 PCB 库放置工具栏的 ，放置焊盘。按 Tab 键，弹出“焊盘”属性对话框，如图 2—3—20 所示，修改焊盘外径为 70 mil × 70 mil，孔径为 32 mil。

（2）依次放置并修改另外三个焊盘的属性，设置“1”号焊盘为坐标原点，焊盘间距为 190 mil × 280 mil，如图 2—3—21 所示。

4．绘制轮廓线

按键盘上的 + 和 − 键将工作层面切换到 Top Overlay，执行菜单命令【放置】/

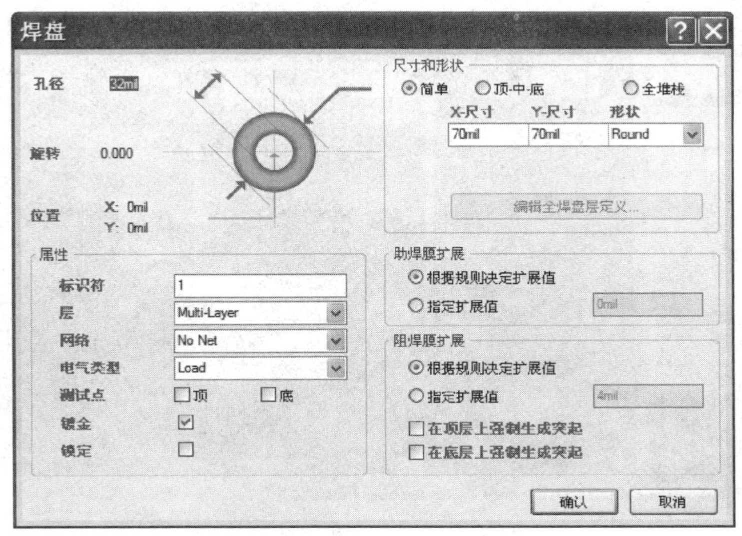

图 2—3—20　“焊盘”属性对话框

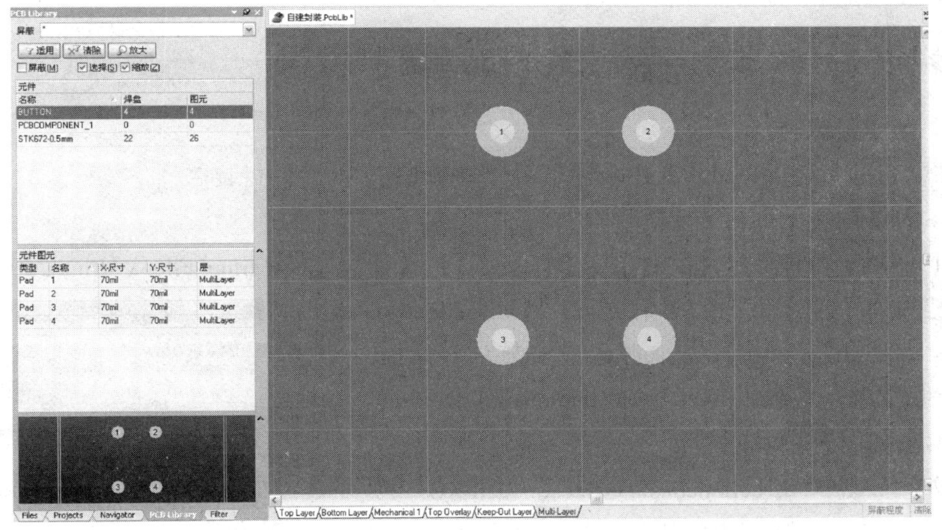

图 2—3—21　焊盘放置完成

【直线】，依次绘制 4 条轮廓线段，轮廓大小为 290 mil × 380 mil，外轮廓矩形的 4 个顶点坐标分别为（−50 mil，50 mil）、(240 mil，50 mil)、(240 mil，−330 mil）和（−50 mil，−330 mil)，绘制完成的按键开关封装如图 2—3—22 所示。

5．设置参考点

执行菜单命令【编辑】/【设定参考点】/【引脚 1】，将参考点设定到 1 号焊盘上。

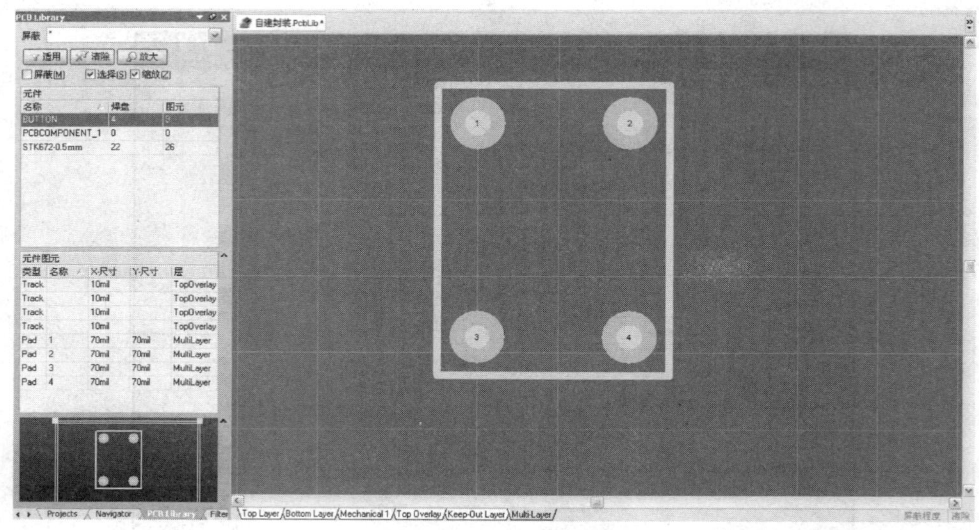

图 2—3—22　按键开关封装

6. 单击 ，保存“BUTTON”封装。

五、参考已有封装，编辑、制作自锁开关的封装

1. 新建封装

在“自建封装. PcbLib”中新建名为“SWITCH”的元件封装。

2. 打开内置元件封装库

（1）执行菜单命令【文件】/【打开…】，打开“C：\Program Files\Altium2004 SP2\Library”中位置在最后的集成库“Miscellaneous Devices. IntLib”，弹出“抽取源码或安装”对话框，单击“抽取源”按钮，打开库“Miscellaneous Devices. LIBPKG”，如图 2—3—23 所示。

（2）右击“Miscellaneous Devices. LIBPKG”项目名，在弹出的快捷菜单中执行【追加已有文件到项目中…】命令，将路径“C：\Program Files\Altium2004 SP2\Library\Miscellaneous Devices”中“Miscellaneous Devices. PcbLib”追加到项目中，双击“Miscellaneous Devices. PcbLib”进入其环境中。

（3）单击左下方的“PCB Library”面板标签，选定元件区中“DPDT－6”封装，如图 2—3—24 所示。

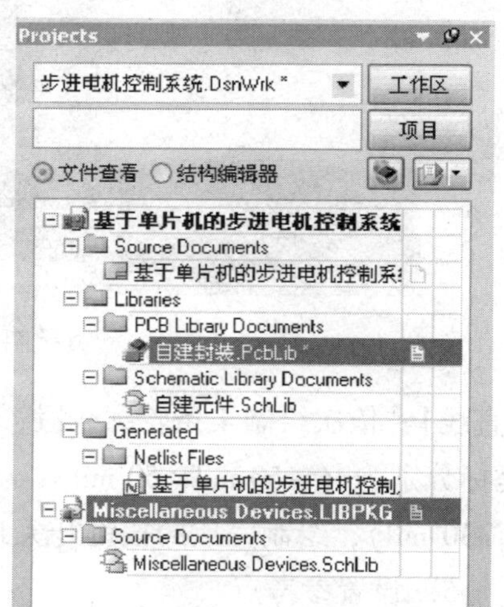

图 2—3—23　打开的集成库项目文件

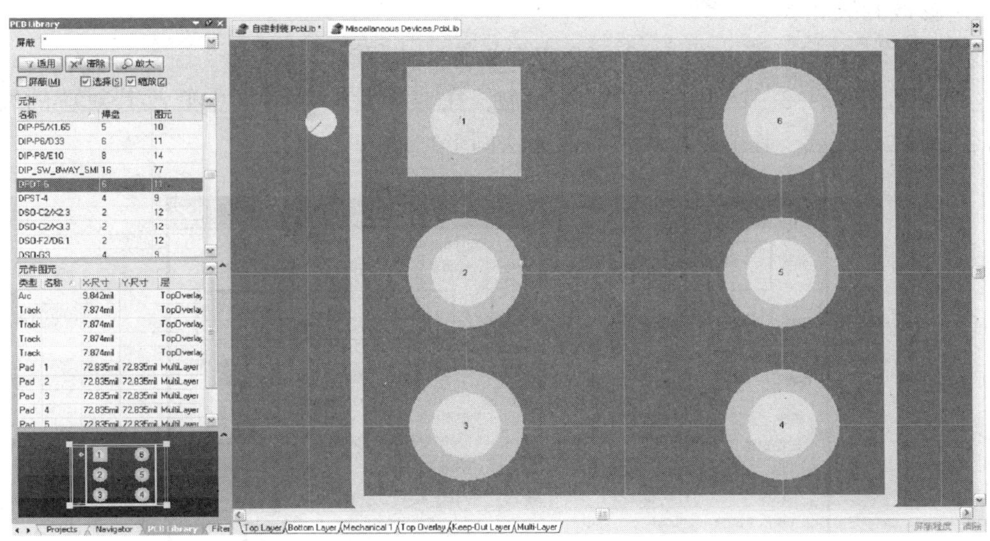

图 2—3—24　找到参考封装

3. 复制粘贴参考封装

(1) 选中“DPDT－6”封装的所有元素，执行菜单命令【编辑】/【复制】，或单击 ，选定一个参考点，单击鼠标左键完成复制。

(2) 在“Projects”工作面板打开“自建封装. PcbLib”中的“SWITCH”封装，单击 ，将已复制的“DPDT－6”封装粘贴到“SWITCH”封装的工作区，如图 2—3—25 所示。

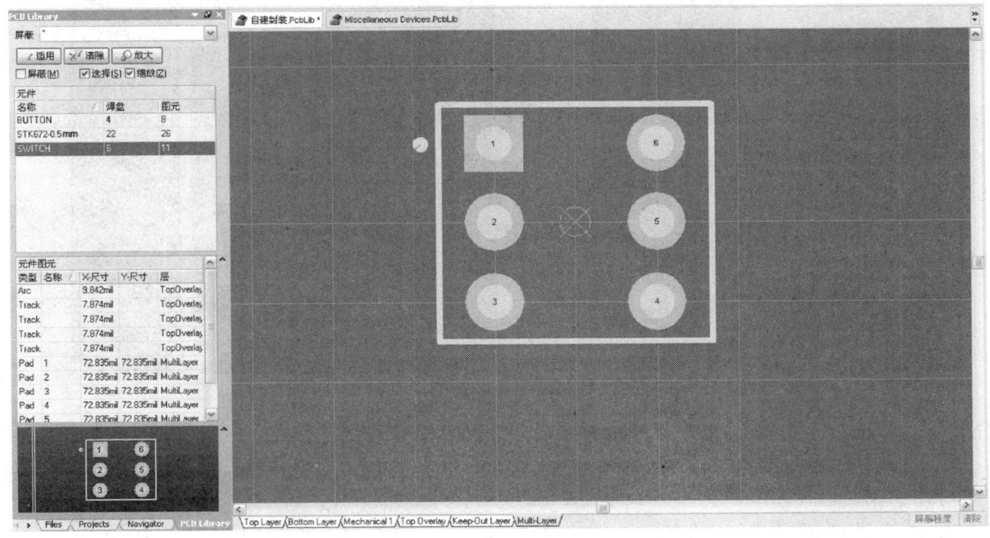

图 2—3—25　粘贴到“SWITCH”封装工作区的参考封装

4．修改封装相关参数

参照图 2—3—3，修改图 2—3—25 中焊盘的尺寸和标识符。

（1）双击图 2—3—25 中的“1”号焊盘，在“焊盘”对话框中修改其对应的属性，如图 2—3—26 所示。其余焊盘参数修改方法同上。

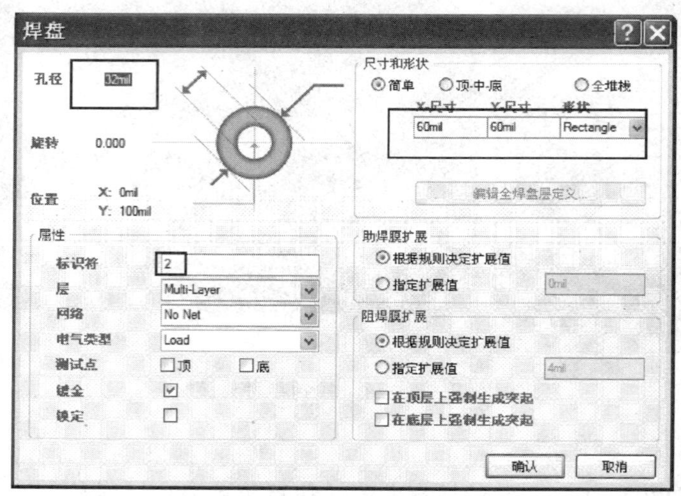

图 2—3—26 “1”号焊盘属性修改

（2）将参考点设定到“1”号焊盘，绘制好的“SWITCH”封装如图 2—3—27 所示。

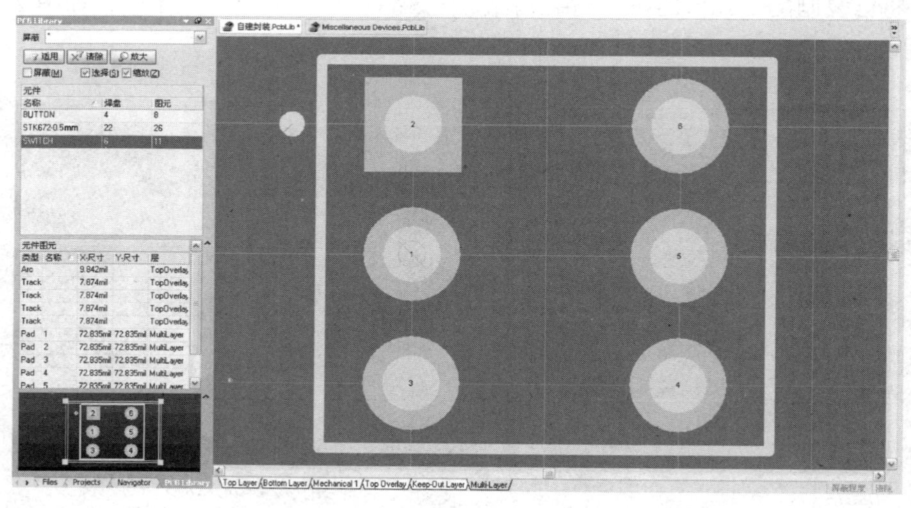

图 2—3—27 “SWITCH”封装

5．保存

单击主工具栏的 ，保存“SWITCH”封装。此时在“自建封装．PcbLib”中完成了三个封装形式：STK672－0.5 mm、BUTTON 和 SWITCH。

六、创建项目独立的元件库

1. 打开文件

打开脉冲抖动去除电路的 PCB 项目文件及要创建元件库的脉冲抖动去除电路原理图。

2. 创建原理图个性化元件库

参考模块一任务 4 中的操作方法，创建原理图个性化元件库。

3. 创建 PCB 的元件封装库

（1）打开模块二任务 2 中已设计完成的脉冲抖动去除电路的 PCB 文件，执行菜单命令【设计】/【生成 PCB 库】，创建的元件封装库如图 2—3—28 所示。

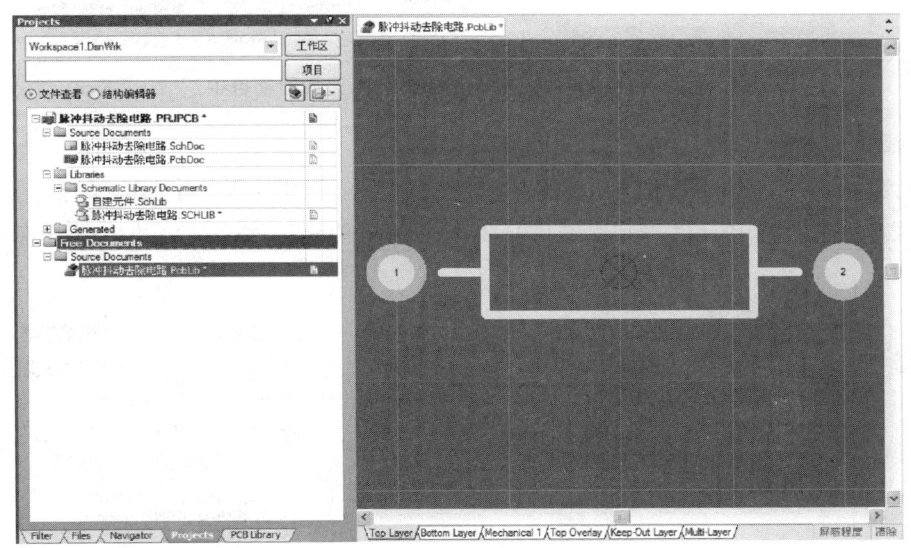

图 2—3—28　创建的 PCB 元件封装库

（2）将创建的 PCB 元件封装库追加到项目中，如图 2—3—29 所示。

4. 保存元件封装库

单击主工具栏的 ，或执行菜单命令【文件】/【保存】，保存创建的 PCB 元件封装库。

七、创建集成元件库

1. 创建集成元件库项目文件

执行菜单命令【文件】/【创建】/【项目】/【集成元件库】，创建集成元件库项目文件，如图 2—3—30 所示。

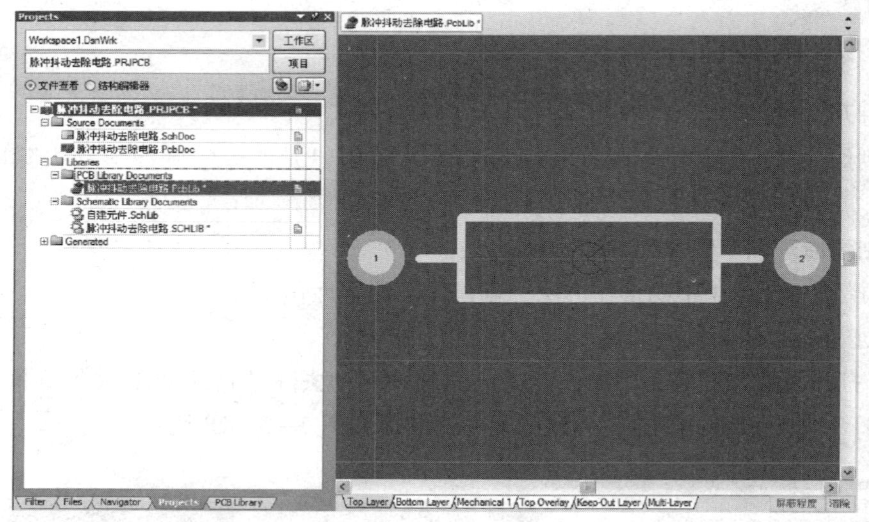

图 2—3—29　将 PCB 元件封装库追加到项目中

2．添加库文件

执行菜单命令【项目管理】/【追加已有文件到项目中…】，分别选择脉冲抖动去除电路的原理图元件库和元件封装库文件，将两个独立的元件库追加到集成元件库项目中。添加成功后，如图 2—3—31 所示。

图 2—3—30　创建的集成元件库项目文件

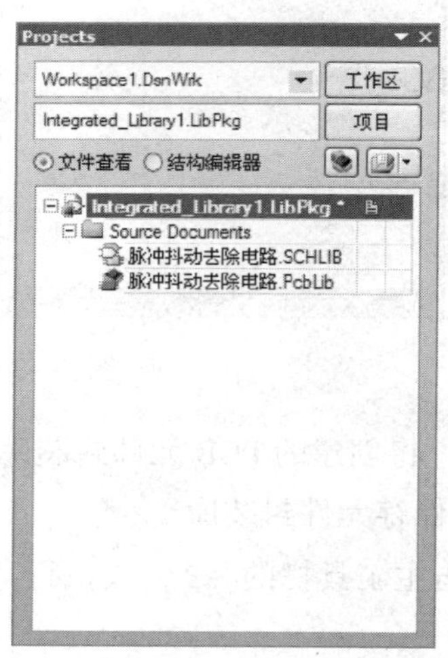

图 2—3—31　添加的库文件

3．保存集成元件库项目文件

执行菜单命令【文件】/【保存项目】，保存该集成元件库项目文件到上述文件夹中的“Project Outputs for 脉冲抖动去除电路集成元件库”文件夹中，并命名为“脉冲抖动去除电路集成元件库．LibPkg”，如图 2—3—32 所示。

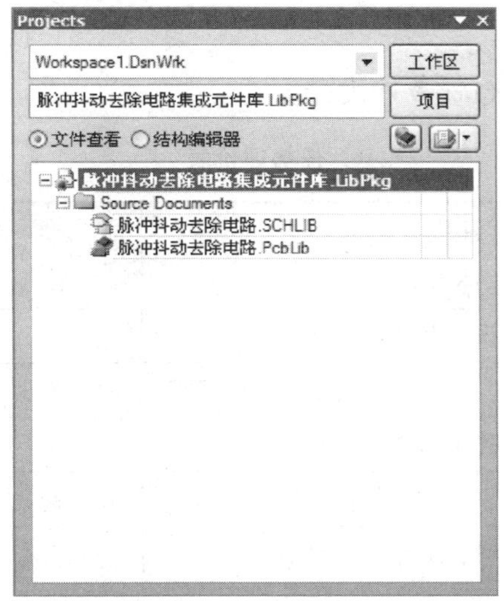

图 2—3—32　保存集成元件库项目文件

4. 编译集成元件库项目文件

执行菜单命令【项目管理】/【Compile Integrated Library 脉冲抖动去除电路集成元件库. LibPkg】。编译完成后，弹出如图 2—3—33 所示的元件库对话框，在该对话框中自动添加并显示集成元件库“脉冲抖动去除电路集成元件库. IntLib”的信息。

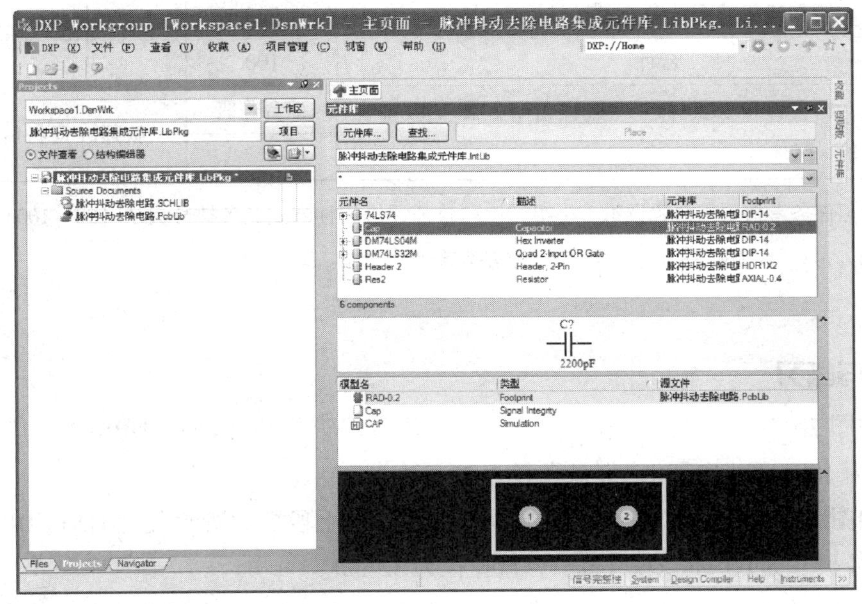

图 2—3—33　编译完成后的信息显示

任务评价

按表 2—3—1 中内容进行任务评价。

表 2—3—1 任务评价表

评价项目	评价标准	配分（分）	自我评价	小组评价	教师评价
职业素养	安全意识、责任意识、服从意识强	5			
	积极参加教学活动，按时完成各项学习任务	5			
	团队合作意识强，善于与人交流和沟通	5			
	自觉遵守劳动纪律，尊敬师长，团结同学	5			
	爱护公物，节约材料，工作环境整洁	5			
专业能力	创建 PCB 库文件正确，并能正确保存	6			
	设置封装编辑器环境参数正确	9			
	运用向导新建封装、修改封装图形正确	15			
	能手工制作按键开关的封装	15			
	能以系统元件封装为基础制作自锁开关的封装	15			
	能创建项目独立的元件库	7.5			
	能创建集成元件库	7.5			
合计		100			
总评	自我评价 ×20% + 小组评价 ×20% + 教师评价 ×60% =	综合等级	教师（签名）：		

注：学习任务考核采用自我评价、小组评价和教师评价三种方式，考核分为 A（90～100）、B（80～89）、C（70～79）、D（60～69）、E（0～59）五个等级。

思考与练习

1. 如图 2—3—34 所示，利用向导制作七段数码管封装“LED_DIP10”。其中，焊盘外径尺寸为 100 mil×60 mil，焊盘孔径为 32 mil。

2. 如图 2—3—35 所示，利用向导制作四位一体七段数码管封装“4IN1_DIP12”。其中焊盘外径尺寸为 60 mil×60 mil，焊盘孔径为 32 mil。

3. 手工制作如图 2—3—36 所示的继电器封装“JDQ”。其中焊盘外径尺寸为 80 mil×80 mil，焊盘孔径为 32 mil。

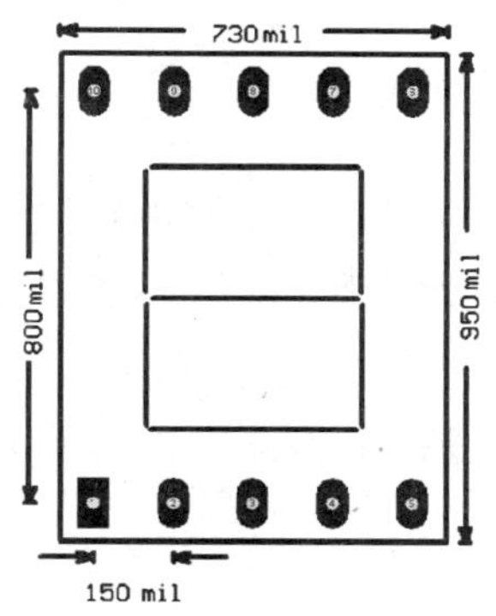

图 2—3—34 “LED_DIP10”封装

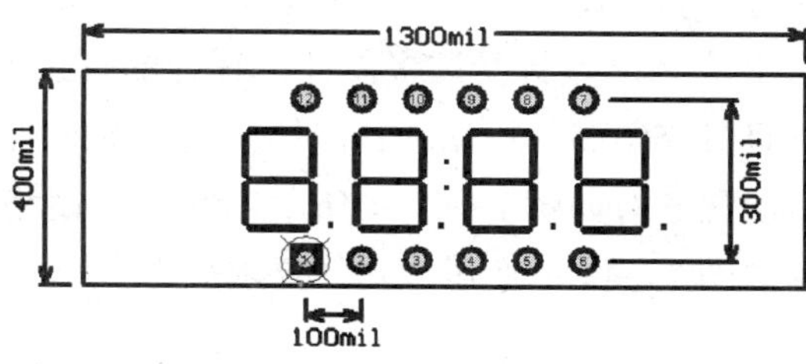

图 2—3—35 “4IN1_DIP12”封装

4. 软件封装库中有一个“DSUB1.385－2H9”的封装类型，在它的基础上制作如图 2—3—37 所示的 COM 口公头封装“DB9/M”。

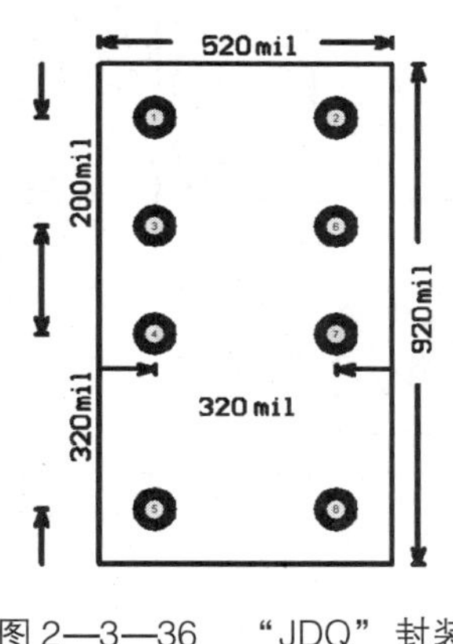

图 2—3—36 “JDQ”封装

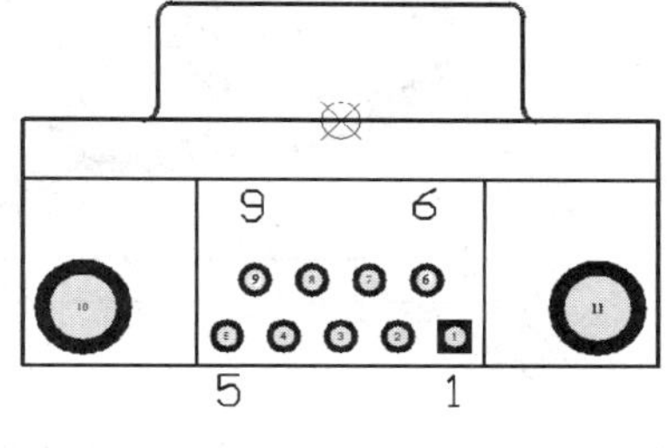

图 2—3—37 “DB9/M”封装

封装“DSUB1.385－2H9”在集成元件库“Miscellaneous Connectors. IntLib”中。

5. 在模块二任务 2 的思考与练习题 3 高灵敏度无线话筒 PCB 图基础上，创建该电路项目的独立元件库及集成元件库。

任务 4 单面 PCB 手动设计

1. 掌握单面 PCB 手动设计的基本步骤。

2. 掌握手动布局、手动布线的技巧。

任务引入

对于一些简单电路或者一些局部有特殊要求的电路的 PCB 设计，依照电路原理图直接进行手工 PCB 设计是许多设计工程师的首选方法。因为完全的手工设计不需要任何投资，并且具有很高的机动性，能体现设计者的独创性，目前广泛被设计师采用。

本次任务对如图 1—2—1 所示串联负反馈稳压电源电路进行手工方法 PCB 设计，设计结果如图 2—4—1 所示，具体要求如下：

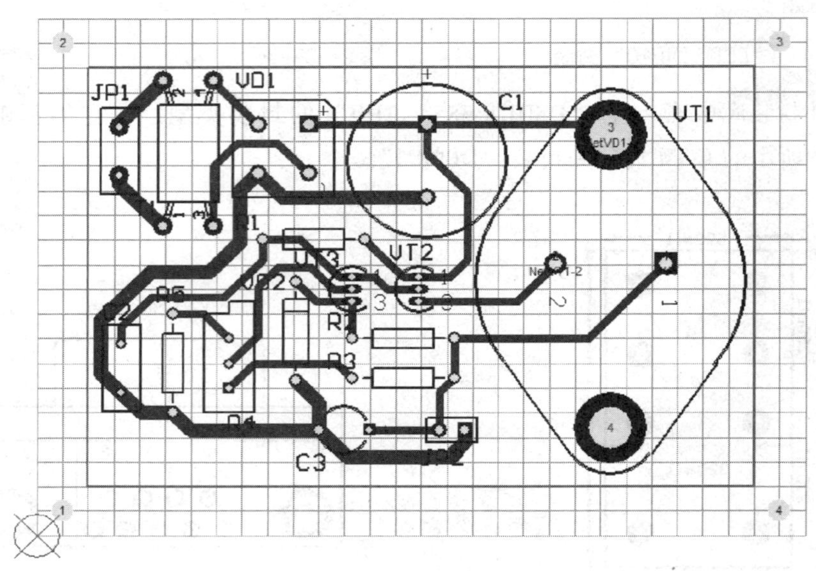

图 2—4—1　串联负反馈稳压电源电路的 PCB 图

1. 单面板，手工设计电路板尺寸为 3 400 mil × 2 500 mil，禁止布线区与电路板边沿的距离为 200 mil。

2. 手工放置元件封装并合理布局。

3. 手工放置铜膜导线，安全间距为 10 mil，一般铜膜导线尺寸为 30 mil，电源/接地网络导线尺寸为 60 mil，导线拐角为 45°。

4. 在电路板四角放置安装孔，孔径为 90 mil。

5. 对 PCB 进行设计规则检查。

任务分析

本次任务要求全部采用手动方法完成单面 PCB 设计，即对照电路原理图对各元件封装手工布局、手工布线而完成 PCB 设计。单面 PCB 手动设计流程如图 2—4—2 所示。

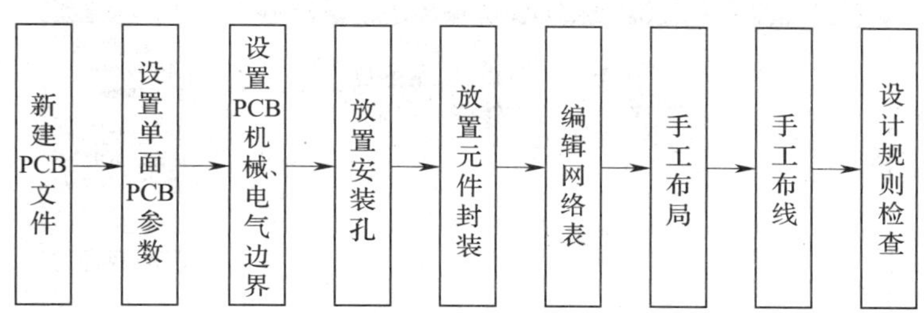

图 2—4—2　单面 PCB 手动设计流程

任务实施

一、新建、保存空白的 PCB 文件

1. 打开模块一任务 2 中已经建立的串联负反馈稳压电源电路的 PCB 项目文件。

2. 执行菜单命令【文件】/【创建】/【PCB 文件】，新建 PCB 文件。保存新建的 PCB 文件到上述文件夹中，并命名为“串联负反馈稳压电源. PcbDoc”，如图 2—4—3 所示。

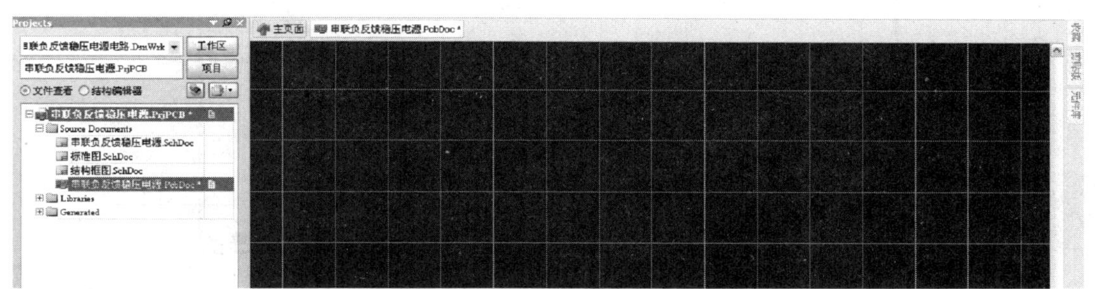

图 2—4—3　新建、保存 PCB 文件

二、设置单面 PCB 设计的环境参数

1. 确定板层数量

(1) 执行菜单命令【设计】/【层堆栈管理器…】，弹出“图层堆栈管理器”对话框，如图 2—4—4 所示。

(2) 单击“菜单”按钮，在弹出的快捷菜单中执行【图层堆栈范例】/【单层】命令，调用的 PCB 图层堆栈范例如图 2—4—5 所示。确认后完成“图层堆栈管理器”对话框的设置。

2. 设置工作参数

(1) 设置 PCB 板选择项。详细操作参见模块二任务 2。

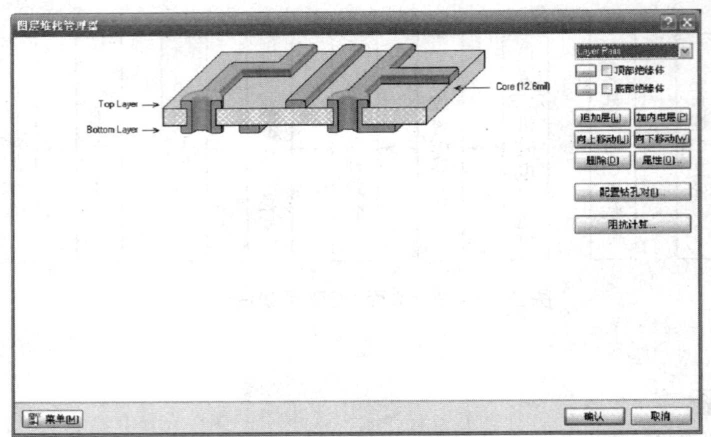

图 2—4—4　“图层堆栈管理器”对话框

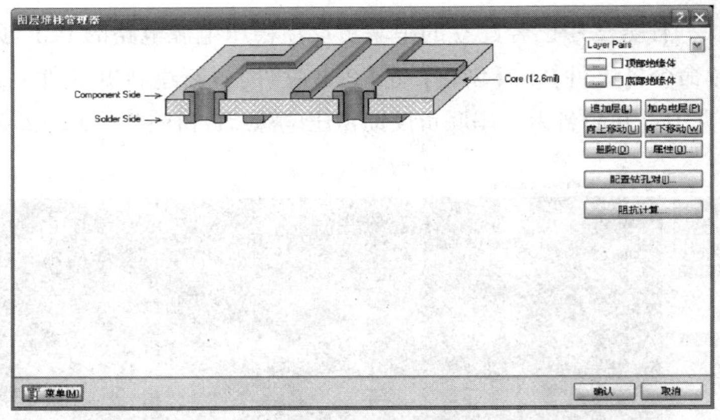

图 2—4—5　调用的 PCB 图层堆栈范例

（2）设置 PCB 板层和颜色。详细操作参见模块二任务 2。单面 PCB 板层和颜色设置如图 2—4—6 所示。

3．设置系统参数

执行菜单命令【工具】/【优先设定…】，弹出“优先设定”对话框，选择左侧“Display”选项，在“原点标记”复选框内打“√”。

三、设置原点、机械边界和电气边界

1．设置原点

执行菜单命令【编辑】/【原点】/【设定】，将 PCB 左下角顶点设置为原点（0，0）。

2．设置机械边界

执行菜单命令【设计】/【PCB 板形状】/【移动 PCB 板顶】，光标变成十字，PCB

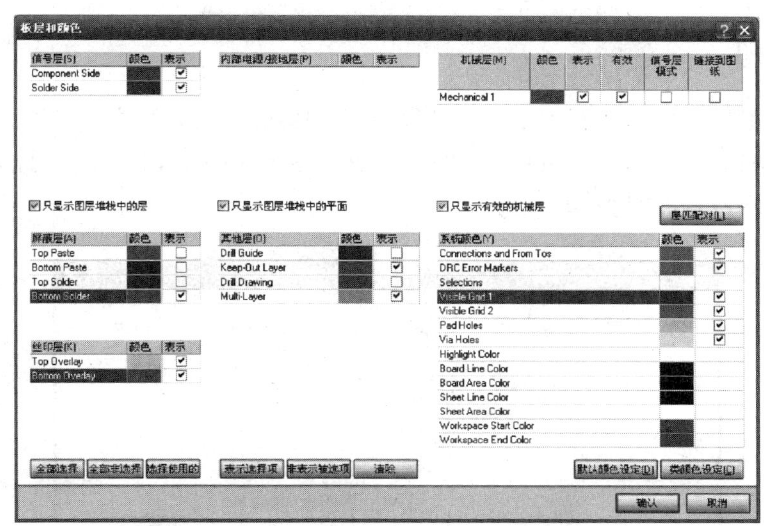

图 2—4—6 设置单面 PCB 板层和颜色

背景变成绿色，将十字光标对准板框左上角顶点，单击鼠标左键并拖拽其至目标坐标(0 mil,2 500 mil) 处释放，再次单击鼠标左键，则左上角的顶点移动操作结束。依照上述方法继续将板框右上角、右下角分别移至（3 400 mil，2 500 mil）和（3 400 mil，0 mil)处释放，单击鼠标右键完成机械边界的设置。

3．设置电气边界

将工作层面切换到 Keep - Out Layer。执行菜单命令【放置】/【直线】，或单击实用工具栏的放置直线工具，绘制一个封闭矩形，设置电气边界 4 个顶点的坐标分别为(200 mil，200 mil)、(200 mil，2 300 mil)、(3 200 mil，2 300 mil）和（3 200 mil，200 mil)，如图 2—4—7 所示，电气边界距机械边界 200 mil。

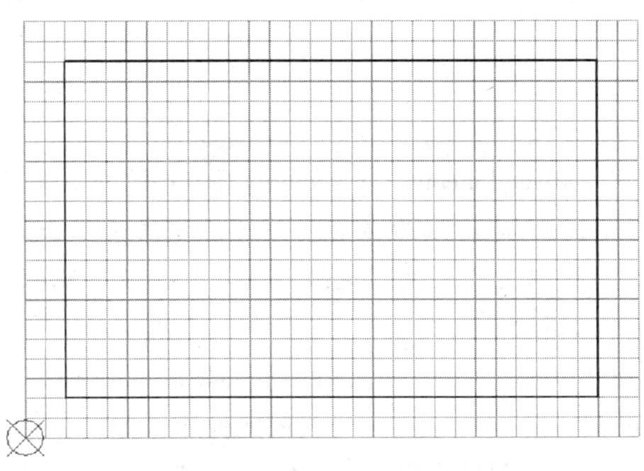

图 2—4—7 设置完成的机械边界和电气边界

四、放置安装孔

详细操作参见模块二任务 2。4 个安装孔中心的坐标位置分别为（100 mil，100 mil）、（100 mil，2 400 mil）、（3 300 mil，2 400 mil）和（3 300 mil，100 mil），此处安装孔的孔径、尺寸和形状设置如图 2—4—8 所示。

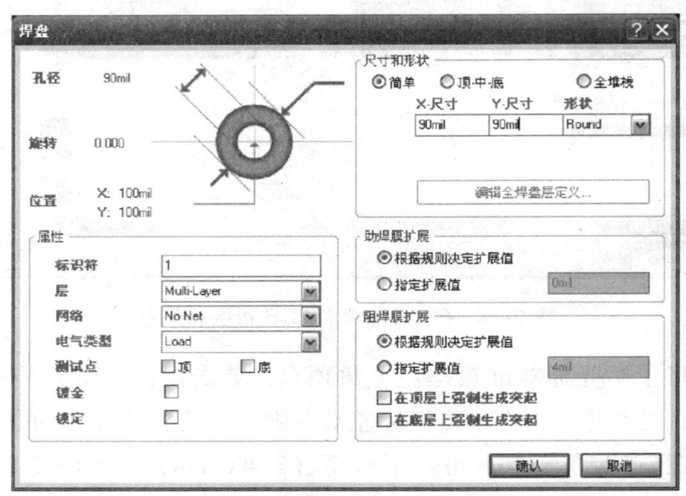

图 2—4—8　设置安装孔的孔径、尺寸和形状

五、放置元件封装

1. 加载元件封装库

单击图 2—4—3 右侧“元件库”面板，已默认安装了元件集成库“Miscellaneous Devices. IntLib”和“Miscellaneous Connectors. IntLib。”若需安装其他元件封装库，方法同原理图中元件库的安装。

如果封装在元件库“Miscellaneous Connectors. IntLib”中，则需选择“Miscellaneous Connectors. IntLib（Footprint View）”为当前元件库，方法是单击如图 2—4—9 所示的圆圈部分，在弹出的对话框中取消“元件”选项，选定“封装”选项即可。

2. 放置元件封装并编辑属性

（1）执行菜单命令【设计】/【浏览元件…】，调出“元件库”面板，选择“Miscellaneous Devices. IntLib（Footprint View）”为当前元件库，如图 2—4—9 所示。

（2）在封装列表栏中双击封装名称“AXIAL - 0. 4”，弹出“放置元件”对话框，如图 2—4—10 所示，设置元件封装的属性，填写“标识符”和“注释”。

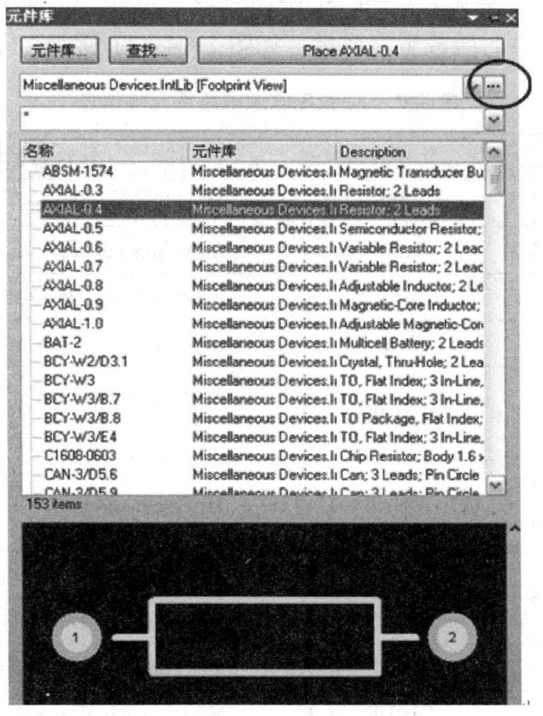

图 2—4—9　元件库面板

（3）确认后在编辑区合适位置单击放置电阻 R1 的封装，然后单击鼠标右键，将再次弹出如图 2—4—10 所示的对话框，可输入下一个“AXIAL－0.4”封装的标识符和注释。依照上述方法，将电路中所有“AXIAL－0.4”封装的元件放置到 PCB 图的布局区域中。放置完成后单击“取消”按钮，或按 Esc 键退出放置元件封装操作。

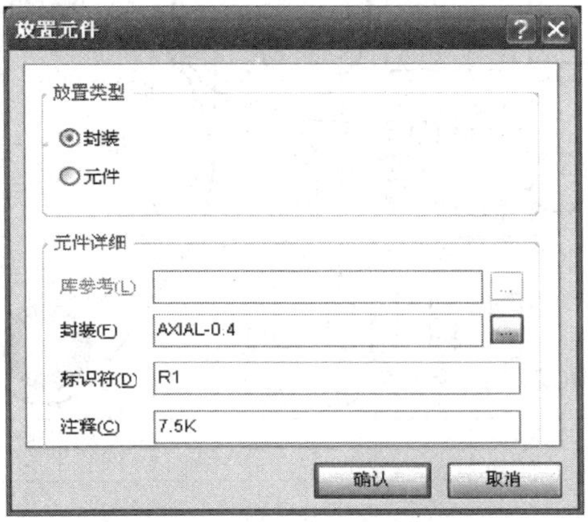

图 2—4—10　“放置元件”对话框

（4）依照上述方法，参见表 2—4—1 中信息放置电路中其他元件封装。串联负反馈稳压电源电路中所有元件封装放置完成后，如图 2—4—11 所示。

表 2—4—1　　　　　　串联负反馈稳压电源电路图元件信息

元件编号	元件参考值	元件封装型号	元件封装所在封装库
C1	2 200 μF/35 V	CAPPR7. 5 - 16x35	Miscellaneous Devices. IntLib (Footprint View)
C2	0. 01 μF/35 V	RAD - 0. 2	Miscellaneous Devices. IntLib (Footprint View)
C3	470 μF/25 V	CAPPR5 - 5x5	Miscellaneous Devices. IntLib (Footprint View)
JP1	Header 2	RAD - 0. 2	Miscellaneous Devices. IntLib (Footprint View)
JP2	Header 2	HDR1X2	Miscellaneous Connectors. IntLib (Footprint View)
R1、R2、R3、R5	7. 5 kΩ、390 Ω、220 Ω、150 Ω	AXIAL - 0. 4	Miscellaneous Devices. IntLib (Footprint View)
R4	220 Ω	VR5	Miscellaneous Devices. IntLib (Footprint View)
T1	18 V/12 VA	TRANS	Miscellaneous Devices. IntLib (Footprint View)
VD1	整流桥	E - BIP - P4/D10	Miscellaneous Devices. IntLib (Footprint View)
VD2	2DW51	DIODE - 0. 4	Miscellaneous Devices. IntLib (Footprint View)
VT1	3DD155A	1 - 04	Motorola Discrete BJT. IntLib (Footprint View)
VT2、VT3	3DG6D/9014	BCY - W3/B. 7	Miscellaneous Devices. IntLib (Footprint View)

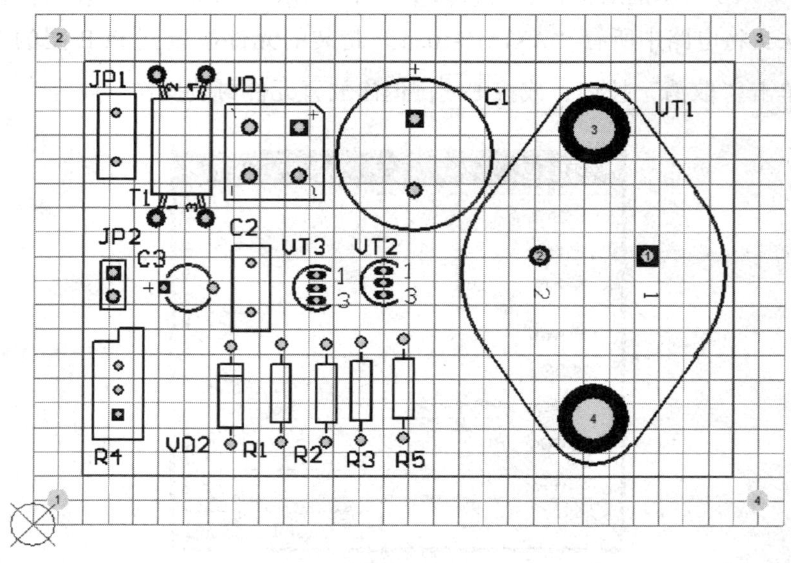

图 2—4—11　放置完成所有元件封装

六、编辑网络表

1. 执行菜单命令【设计】/【网络表】/【编辑网络…】，弹出“网络表管理器”对话框。

2. 单击“类中的网络”项的“追加”按钮，弹出“编辑网络”对话框，如图 2—4—12 所示，填写网络名 AC1，并从“其他网络中的引脚”列表中选择本网络中的两个引脚（即 JP1－2 和 T1－1），通过右移按钮 > 分别移至“网络中引脚”列表中，确认后完成一个网络的编辑（可在 PCB 图中看到元件 JP1 的 2 号焊盘与元件 T1 的 1 号焊盘之间产生一条飞线）。用同样的方法编辑其他网络，完成后如图 2—4—13 所示。

图 2—4—12 “编辑网络”对话框

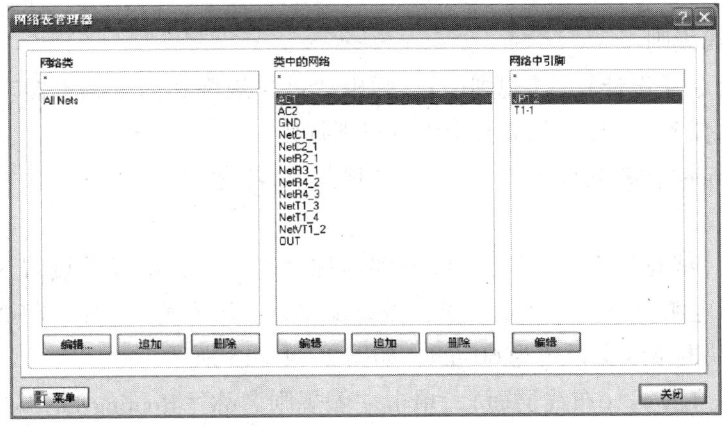

图 2—4—13 “网络表管理器”对话框

七、手工布局

通过移动、旋转等操作调整元件及其标识符的位置，具体操作见模块二任务 2。调整后的布局效果如图 2—4—14 所示。

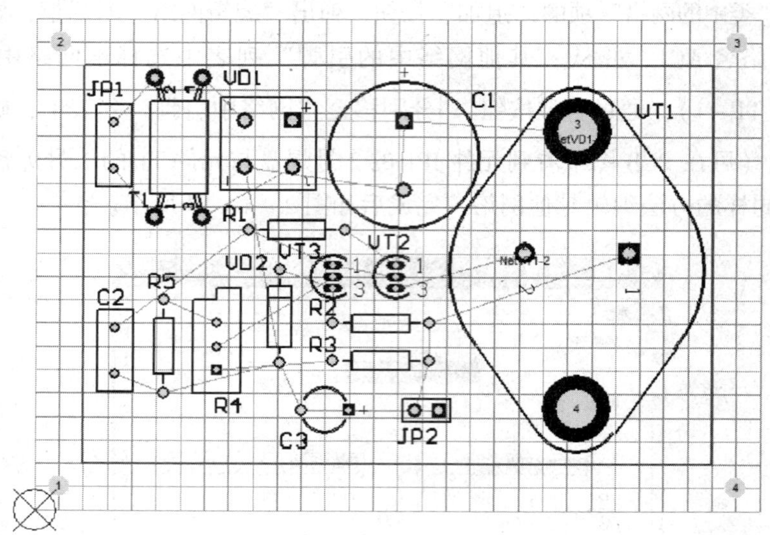

图 2—4—14　手工布局结果

注意

手工布局不可能一次成功，在后面的布线过程中还将反复更新布局，以便更方便、更合理地走线。

八、手工布线

1. 设置布线规则

执行菜单命令【设计】/【规则…】，弹出“PCB 规则和约束编辑器”对话框，具体操作参见模块二任务 2，根据任务要求设置以下规则：

（1）Clearance（安全间距）。单击左侧规则名称“Clearance”，将安全间距设为 10 mil。

（2）Width（线宽规则）。单击左侧规则名称“Width”，将线宽设置为 30 mil。根据串联负反馈稳压电源电路设计技术要求，需要添加 2 个新的线宽规则：将 220 V 市电接入端和 GND 接入端网络线宽设置为 60 mil，如图 2—4—15 所示。

（3）Routing Layers（布线层面）。单击左侧规则名称“Routing Layers”，单面板布线层面设置如图 2—4—16 所示，只在 Solder Side（焊接面）布线。

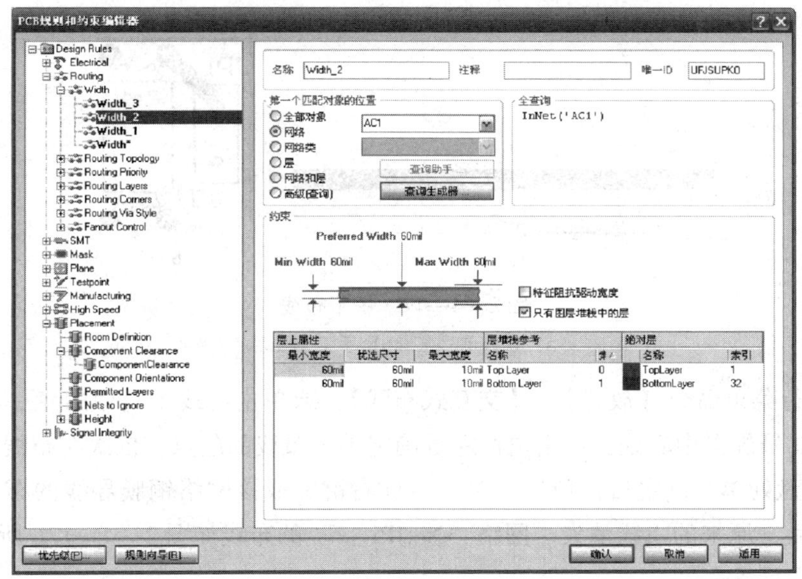

图 2—4—15　“Width_2”规则对话框

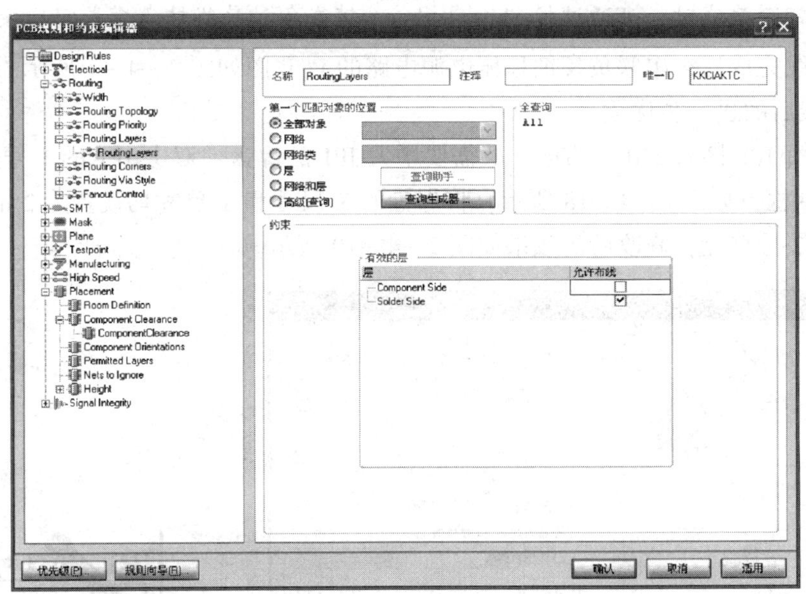

图 2—4—16　设置单面板布线层面

2. 手工布线

以网络“NetJP1_2”为例介绍手工布线的方法。

(1) 选择布线所在的信号层。在编辑区下方切换到“Solder Side”，如图 2—4—17a 所示。

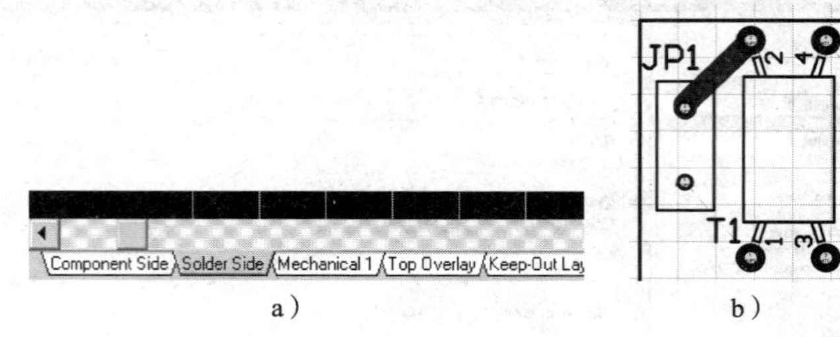

a）　　　　　　　　b）

图 2—4—17　手工布线

a）切换信号层　b）手工布线后

（2）执行菜单命令【放置】/【交互式布线】，或单击配线工具栏的 ，将十字光标放在 JP1 的 2 号焊盘中心处，单击鼠标左键确定手工布线的起点，依次在布线拐点、终点 T1 的 2 号焊盘处单击确定目标位置，单击鼠标右键完成该网络铜膜导线的布线工作。手工布线完成后，原来的飞线消失。网络“NetJP1_2”的布线如图 2—4—17b 所示。

在放置铜膜导线时，可通过按 Shift + Space 键在各种导线转角模式间切换。

手工布线完成后，串联负反馈稳压电源电路的 PCB 图如图 2—4—1 所示。

3. 布线后的进一步优化

本电路由 JP1 接入 220 V 市电，故需要增大 JP1 的焊盘。双击 JP1 的 1 号焊盘，弹出“焊盘”对话框，如图 2—4—18 所示，将焊盘的 X 尺寸和 Y 尺寸均设置为 2 mm。用同样的方法修改 2 号焊盘，修改后的效果如图 2—4—19 所示。

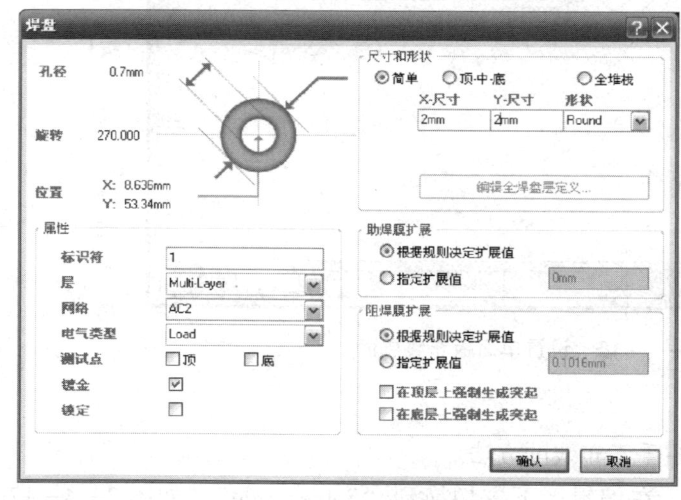

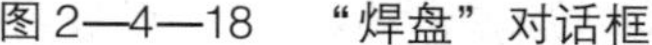

图 2—4—18　“焊盘”对话框

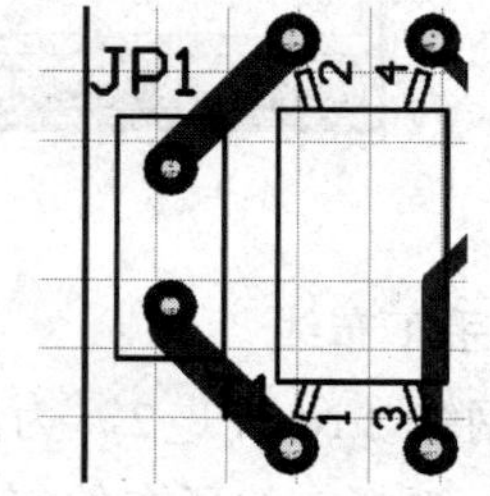

图 2—4—19　焊盘修改后的效果

九、设计规则检查

具体操作参见模块二任务 2，执行菜单命令【工具】/【设计规则检查…】，在弹出的“设计规则检查器”对话框中单击“运行设计规则检查”按钮，启动批处理 DRC 检查，检查结果显示此 PCB 设计无违规现象。

任务评价

按表 2—4—2 中内容进行任务评价。

表 2—4—2　　任务评价表

<table>
<tr><th>评价项目</th><th>评价标准</th><th>配分（分）</th><th>自我评价</th><th>小组评价</th><th>教师评价</th></tr>
<tr><td rowspan="5">职业素养</td><td>安全意识、责任意识、服从意识强</td><td>5</td><td></td><td></td><td></td></tr>
<tr><td>积极参加教学活动，按时完成各项学习任务</td><td>5</td><td></td><td></td><td></td></tr>
<tr><td>团队合作意识强，善于与人交流和沟通</td><td>5</td><td></td><td></td><td></td></tr>
<tr><td>自觉遵守劳动纪律，尊敬师长，团结同学</td><td>5</td><td></td><td></td><td></td></tr>
<tr><td>爱护公物，节约材料，工作环境整洁</td><td>5</td><td></td><td></td><td></td></tr>
<tr><td rowspan="7">专业能力</td><td>新建、保存 PCB 文件正确</td><td>2</td><td></td><td></td><td></td></tr>
<tr><td>能确定板层数量</td><td>5</td><td></td><td></td><td></td></tr>
<tr><td>设置工作参数正确</td><td>10</td><td></td><td></td><td></td></tr>
<tr><td>设置原点、物理边界和电气边界正确</td><td>12</td><td></td><td></td><td></td></tr>
<tr><td>放置安装孔及元件封装正确</td><td>12</td><td></td><td></td><td></td></tr>
<tr><td>编辑网络表、手工布局和布线操作正确</td><td>28</td><td></td><td></td><td></td></tr>
<tr><td>设计规则检查操作正确</td><td>6</td><td></td><td></td><td></td></tr>
<tr><td colspan="2">合计</td><td>100</td><td></td><td></td><td></td></tr>
<tr><td rowspan="2">总评</td><td rowspan="2">自我评价 ×20% + 小组评价 ×20% + 教师评价 ×60% =</td><td>综合等级</td><td colspan="3" rowspan="2">教师（签名）：</td></tr>
<tr><td></td></tr>
</table>

注：学习任务考核采用自我评价、小组评价和教师评价三种方式，考核分为 A（90～100）、B（80～89）、C（70～79）、D（60～69）、E（0～59）五个等级。

思考与练习

1. 将如图 1—2—36 所示的共射放大电路原理图按以下要求设计 PCB 图：

（1）单面板，手工设计电路板尺寸为 2 000 mil × 2 000 mil，禁止布线区与板边沿的距离为 200 mil。

（2）手工放置元件封装并合理布局。

（3）手工放置铜膜导线，安全间距为 15 mil，一般铜膜导线尺寸为 30 mil，电源/接地网络导线尺寸为 50 mil，导线拐角为 45°。

（4）在四个角放置 4 个安装孔，孔径为 90 mil。

（5）对 PCB 进行设计规则检查。

2. 将如图 1—2—37 所示的集成功率放大器电路原理图按以下要求设计 PCB 图：

（1）单面板，手工设计电路板尺寸为 1 500 mil × 1 200 mil，禁止布线区与板边沿的距离为 200 mil。

（2）手工放置元件封装并合理布局。

（3）手工放置铜膜导线，安全间距为 15 mil，一般铜膜导线尺寸为 30 mil，电源/接地网络导线尺寸为 50 mil，导线拐角为 45°。

（4）在四个角放置 4 个安装孔，孔径为 90 mil。

（5）对 PCB 进行设计规则检查。

3. 将如图 1—2—38 所示的实用门铃电路原理图按以下要求设计 PCB 图：

（1）单面板，手工设计电路板尺寸为 2 500 mil × 1 800 mil，禁止布线区与板边沿的距离为 200 mil。

（2）手工放置元件封装并合理布局。

（3）手工放置铜膜导线，安全间距为 15 mil，一般铜膜导线尺寸为 30 mil，电源/接地网络导线尺寸为 60 mil，导线拐角为 45°。

（4）在四个角放置 4 个安装孔，孔径为 90 mil。

（5）对 PCB 进行设计规则检查。

附录

附录 1　Protel DXP 2004 常用快捷键

一、设计浏览器快捷键（附表 1）

附表 1　　设计浏览器快捷键

快捷键	相关操作
鼠标左击	选择鼠标位置的文档
鼠标双击	编辑鼠标位置的文档
鼠标右击	显示相关的弹出菜单
Ctrl + F4	关闭当前文档
Ctrl + Tab	循环切换所打开的文档
Alt + F4	关闭设计浏览器 DXP

二、原理图编辑器和 PCB 编辑器通用快捷键（附表 2）

附表 2　　原理图编辑器和 PCB 编辑器通用快捷键

快捷键	相关操作
Shift	当自动平移时，快速平移
X	放置元件时，左右翻转
Y	放置元件时，上下翻转
Shift + ↑ （↓←→）	箭头方向以十个网格为增量，移动光标
↑↓←→	箭头方向以一个网格为增量，移动光标
Space	放弃屏幕刷新
Esc	退出当前命令
End	屏幕刷新

续表

快捷键	相关操作
Home	以光标为中心刷新屏幕
PageDown，Ctrl + 鼠标滚轮	以光标为中心缩小画面
PageUp，Ctrl + 鼠标滚轮	以光标为中心放大画面
鼠标滚轮	上下移动画面
Shift + 鼠标滚轮	左右移动画面
Ctrl + Z	撤销上一次操作
Ctrl + Y	重复上一次操作
Ctrl + A	选择全部
Ctrl + S	保存当前文档
Ctrl + C	复制
Ctrl + X	剪切
Ctrl + V	粘贴
Ctrl + R	复制并重复粘贴选中的对象
Delete	删除
V + D	显示整个文档
V + F	显示所有对象
X + A	取消所有选中的对象
单击并按住鼠标右键	显示滑动小手并可移动画面
单击鼠标左键	选择对象
单击鼠标右键	显示弹出菜单，或退出当前命令状态
单击鼠标左键并按住拖动	选择区域内部对象
单击对象并按住鼠标左键	选择光标所在的对象并移动
在对象上双击鼠标左键	编辑对象属性
Shift + 单击鼠标左键	依次选择或取消多个对象

续表

快捷键	相关操作
Tab	编辑正在放置的对象属性
Shift + C	清除当前过滤的对象，恢复正常显示状态
Shift + F	可选择与之相同的对象
Y	弹出快速查询菜单
F11	打开或关闭 Inspector 面板
F12	打开或关闭 List 面板

三、原理图编辑器快捷键（附表 3）

附表 3　　原理图编辑器快捷键

快捷键	相关操作
Alt	在水平和垂直线上限制对象移动
G	循环切换捕捉网格设置
Space	放置对象时旋转 90°
Shift + Space	放置电线、总线、多边形线时切换放置模式
Backspace	放置电线、总线、多边形线时删除最后一个拐角
Ctrl + 单击并拖动鼠标左键	拖动选中的对象
Ctrl + PageDown	显示所有对象
P + W	放置导线
P + B	放置总线
P + U	放置总线分支线
P + N	放置网络标签
P + O	放置电源及接地符号

续表

快捷键	相关操作
P + P	放置元件
P + S	放置方块电路（图纸符号）
P + A	放置方块电路内部端口
P + R	放置电路输入/输出端口
P + J	放置电路节点
P + I + N	设置忽略电路法则测试
P + I + P	设置 PCB 布线规则

四、PCB 编辑器快捷键（附表 4）

附表 4　　PCB 编辑器快捷键

快捷键	相关操作
Shift + E	打开或关闭电气网格
Ctrl + G	弹出捕获网格对话框
G	弹出捕获网格菜单
Backspace	放置铜膜导线时删除最后一个拐角
Shift + Space	放置铜膜导线时切换拐角模式；移动对象时顺时针旋转 90°
Space	移动对象时逆时针旋转 90°
Shift + S	切换打开/关闭单层显示模式
单击对象并按住鼠标左键 + L	镜像元件到另一布局层
L	显示 Board Layers 对话框
O + D + D + Enter	选择草图显示模式
O + D + F + Enter	选择正常显示模式

续表

快捷键	相关操作
O + D	显示/隐藏 Preferences 对话框
Ctrl + H	选择连接铜膜导线
Ctrl + Shift + 单击鼠标左键	打断线
+ （小键盘）	切换到下一层
– （小键盘）	切换到上一层
* （小键盘）	在底层与顶层之间切换
M + V	移动分割平面层顶点
P + T	放置铜膜导线
P + P	放置焊盘
P + V	放置过孔
P + S	放置字符串
P + O	放置坐标
P + C	放置元件（封装）
P + E	边缘法绘制圆弧
P + N	角度旋转法绘制圆弧
P + A	中心法绘制圆弧
P + U	绘制圆
P + F	放置矩形填充
Alt	避开障碍物和忽略障碍物之间切换
Ctrl	布线时暂时不显示电气网格
Ctrl + M	测量距离
Q	公制和英制之间的单位切换
E + J + O	跳转到当前原点
E + J + A	跳转到绝对原点

附录 2　电路图常见电子元器件符号及名称

电路图常见电子元器件符号及名称见附表 5。

附表 5　　电路图常见元器件符号及名称

序号	名称	符号	序号	名称	符号
1	整流/检波二极管		13	电解电容（极性电容）	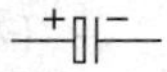
2	光敏二极管（光电二极管）		14	熔断器	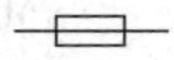
3	稳压二极管		15	铁芯线圈	
4	开关		16	磁芯线圈	
5	联动开关	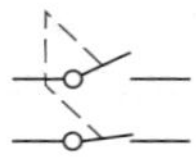	17	带抽头的铁芯线圈	
6	发光二极管		18	可变电容	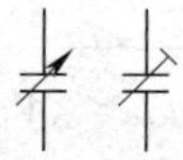
7	变容二极管		19	可调电阻	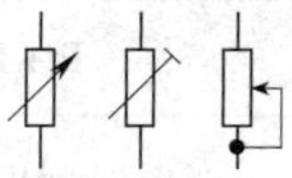
8	按钮联动开关	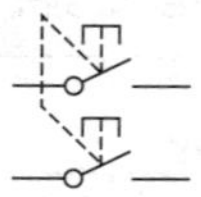	20	光敏电阻	
9	按钮开关（常开）	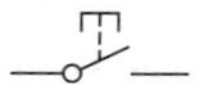	21	热敏电阻	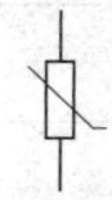

续表

序号	名称	符号	序号	名称	符号
10	按钮开关（常闭）	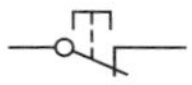	22	NPN 型三极管	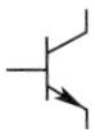
11	电阻	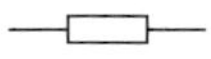	23	PNP 型三极管	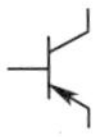
12	固定电容（无极性电容）	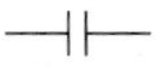	24	P 沟道结型场效应管	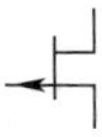
25	N 沟道结型场效应管	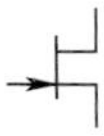	33	双向触发二极管	
26	光敏三极管	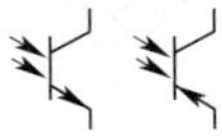	34	可调单结晶体管	
27	P 沟道绝缘栅场效应管	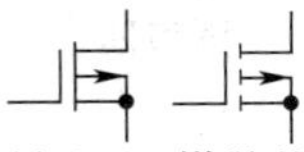 耗尽型　增强型	35	晶体振荡器（陶瓷滤波器，压电陶瓷片）	
28	N 沟道绝缘栅场效应管	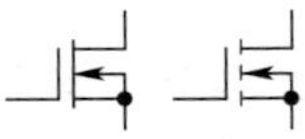 耗尽型　增强型	36	三端陶瓷滤波器	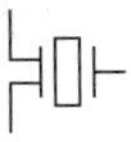
29	单向晶闸管		37	双联电位器	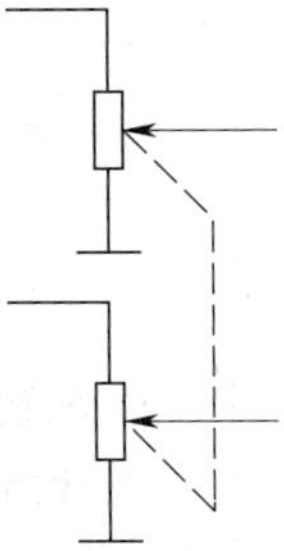

续表

序号	名称	符号	序号	名称	符号
30	双向晶闸管		38	双联可变电容	
31	绝缘栅双极晶体管	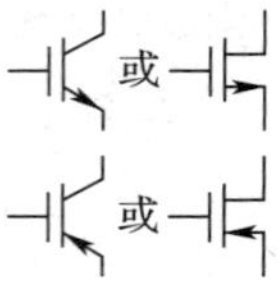 或 或	39	变压器（电压互感器）	 输入（二次侧线圈） 抽头 输出（二次侧线圈）
32	双基极晶体管	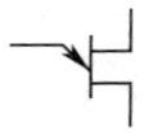	40	晶闸管型光电耦合器	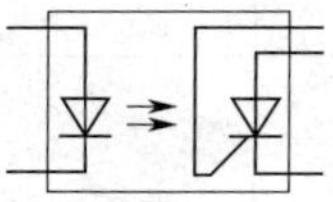
41	电位器	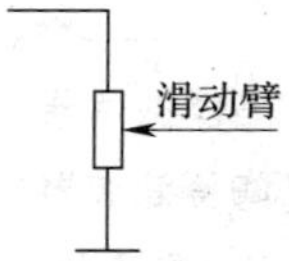 滑动臂	51	扬声器	
42	中频变压器（中周）	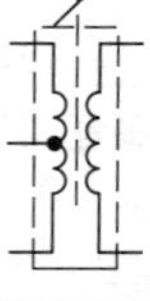	52	双色发光二极管	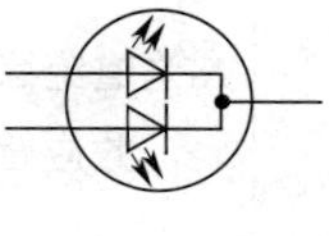
43	双栅极场效应管	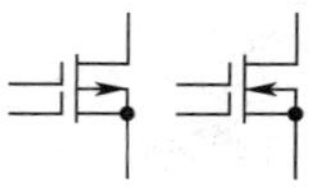	53	驻极体话筒	
44	红外发射/接收对管	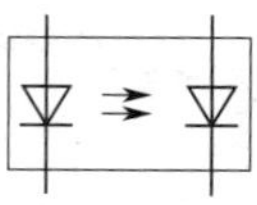	54	电池	

续表

序号	名称	符号	序号	名称	符号
45	光电耦合管		55	硅光电池	
46	立体声耳机插座		56	天线	
47	精密稳压集成电路 TL431（KA431、LM431 为同类产品）		57	电铃	
48	拨动开关		58	蜂鸣器	
49	继电器	J	59	电灯/指示灯	
50	单声道耳机插座（电源插座）		60	放音磁头	
61	录音磁头		70	或门	≥1
62	录放磁头		71	异或门	=1

续表

序号	名称	符号	序号	名称	符号
63	消音磁头		72	非门（反相器）	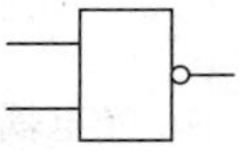
64	干簧管（利用电流磁效应的继电器）	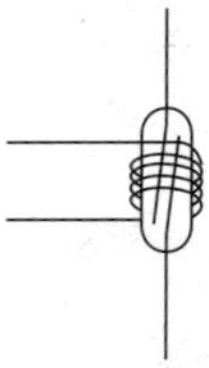	73	变压器	
65	运算放大器（简称运放）	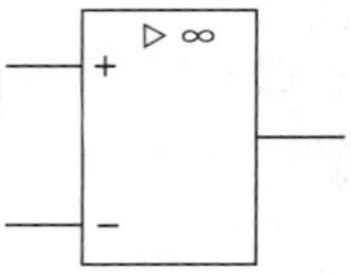	74	与非门	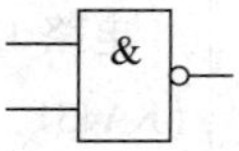
66	电流型运放	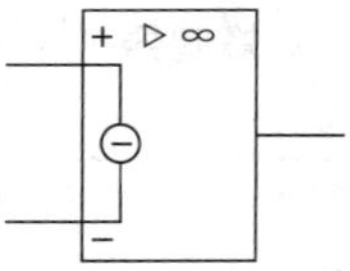	75	或非门	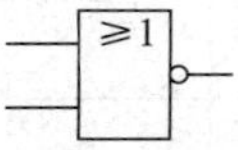
67	与或门	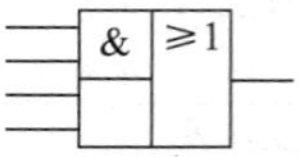	76	异或非门	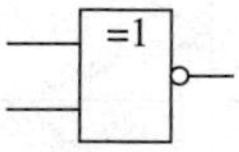
68	与或非门	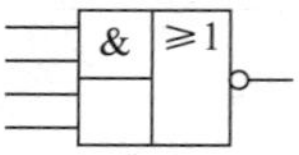	77	恒流二极管	
69	与门	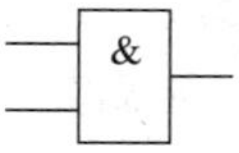	78	恒流三极管	

附录 3 Protel DXP 2004 常用元件库（Miscellaneous Devices. Intlib）中的常用元件及封装类型

Protel DXP 2004 常用元件库中的常用元件及封装类型见附表 6。

附表 6　　Protel DXP 2004 常用元件库中的常用元件及封装类型

常用元件	库中元件名称	封装型号
电阻系列	res *	AXIAL *，C1608 – 0603，VR *
排组	res pack *	DIP – *，SSO – G *，SO – G *
电感	inductor *	INDC * – *，AXIAL *，DIODE SMC
电容	cap *，capacitor *	RAD *，CAPP *，RB *，CC *
二极管系列	diode *，d *	DIO *
三极管系列	npn *，pnp *，mos *，MOSFET *（半导体场效应晶体管），MESFET *，jfet *，IGBT *	BCY *，DSO *，DFM *
运算放大器系列	op *	CAN *，DIP *
继电器	relay *	DIP – P *
8 位数码显示管	dpy *	LEDDIP *
整流桥	bri *	E – BIP – P4 *
光电耦合器	opto *，optoisolator	CAN *，SO – G5 *，DIP – 4，SIP *
光电二极管、三极管	photo *	SFM *，PIN2
模数转换/数模转换器	adc – 8/dac – 8	TSSO *
晶振	xtal	BCY – W *
电源	battery	BAT – 2
喇叭	speaker	PIN2
麦克风	mic *	PIN2

续表

常用元件	库中元件名称	封装型号
小灯泡	lamp *	PIN2
响铃	bell	PIN2
天线	antenna	PIN1
熔丝	fuse *	PIN *
开关系列	sw *	DIP *，SO - G *，SW - 7，DPDT - 6，DPST - 4，SPST - 2，TL36 *
跳线	jumper *	RAD0.2
变压器系列	trans *	TRANS，TRF *